战略性新兴领域"十四五"高等教育系列教材

泵控液压缸技术

主 编 权 龙
副主编 葛 磊 郝云晓
参 编 夏连鹏 黄伟男 王翔宇 李泽鹏

机 械 工 业 出 版 社

泵控液压缸系统即由电动机驱动液压泵，再由液压泵直接驱动液压缸的系统，液压泵输出流量和压力，并以容积调速方式控制液压缸运动。除绪论外，本书分为3篇11章。绪论部分介绍了泵控液压缸系统的基本原理、组成及分类。第1篇为泵控液压缸系统关键元部件，包括第1~5章，分别为液压泵类型及工作原理、电动机变转速控制原理及类型、电液动力源控制特性、补油系统回路类型及性能分析、液压缸类型与设计；第2篇为典型泵控液压缸系统，包括第6~10章，分别为单泵控双出杆液压缸系统、单泵控单出杆液压缸系统、双泵控单出杆液压缸系统、分腔容积直驱单出杆液压缸系统、非对称泵控单出杆液压缸系统；第3篇为泵控液压缸系统典型应用，包括第11章，为泵控单出杆液压缸系统典型应用。本书内容全面，取材新颖，注重学生创新能力的培养，图文并茂，并附有思考题，引导读者深入思考液压传动技术的发展方向。

本书适合作为机械电子工程、机器人工程、智能制造工程等专业高年级本科生及低年级研究生的教材，也可供相关工程技术人员参考。

图书在版编目（CIP）数据

泵控液压缸技术／权龙主编. -- 北京：机械工业出版社，2024.12. --（战略性新兴领域"十四五"高等教育系列教材）. -- ISBN 978-7-111-77631-4

Ⅰ. TH137.51

中国国家版本馆 CIP 数据核字第 2024GY8883 号

机械工业出版社（北京市百万庄大街 22 号　邮政编码 100037）
策划编辑：徐鲁融　　　　　　责任编辑：徐鲁融　王　荣
责任校对：梁　园　丁梦卓　　封面设计：王　旭
责任印制：单爱军
北京盛通数码印刷有限公司印刷
2024 年 12 月第 1 版第 1 次印刷
184mm×260mm · 14.75 印张 · 365 千字
标准书号：ISBN 978-7-111-77631-4
定价：55.00 元

电话服务　　　　　　　　　　网络服务
客服电话：010-88361066　　机　工　官　网：www.cmpbook.com
　　　　　010-88379833　　机　工　官　博：weibo.com/cmp1952
　　　　　010-68326294　　金　书　网：www.golden-book.com
封底无防伪标均为盗版　　　机工教育服务网：www.cmpedu.com

传统的液压系统多采用阀控液压缸技术，虽然该技术具有力或功率密度大、动态响应速度快、控制精度高、便于实现无级调速和调压、坚固耐用等优势，广泛应用于工业自动化、航空航天、航海等领域，是实现自动控制和智能化的关键核心技术，但致命不足是节流损失大、能量效率低，而且阀控系统都是开式回路，油液使用量大，废油处理会造成环境污染。

随着国际上对液压系统能源效率、环境污染问题的日益关注，以及对即插即用的安装便利性、结构紧凑性、使用灵活性要求的日益提高，泵控液压缸技术逐渐受到人们的重视并成为目前国际研究的热点。泵控液压缸系统通过改变液压泵的排量或转速，使泵输出流量与压力、负载需求完全匹配，从而消除节流损失，极大提升液压缸系统的能源利用效率。

围绕装备的高效、绿色和智能化发展，作为重载装备首选的流体传动与控制系统也发生很大变化。得益于低节流损失、电液互联、便于一体化集成和模块化设计等优点，电液融合的泵控液压缸技术已成为高效液压传动技术的发展趋势和研究热点。编者团队将近30年来的研究成果和国际前沿技术引入到本书中来，以便更好地反映流体传动与控制的最新进展。

本书为了更好地开展教与学，贯彻理论联系实际、学以致用的原则，从元部件、系统到应用都进行了介绍，并给出了理论与数据相结合的元部件及系统实例，不仅便于教师授课，也有利于提高学生理论用于实践以及解决实际工程问题的能力。

除绪论外，本书分为3篇11章。绪论部分介绍了泵控液压缸系统的基本原理、组成及分类。第1篇为泵控液压缸系统关键元部件，包括第1~5章，分别为液压泵类型及工作原理、电动机变转速控制原理及类型、电液动力源控制特性、补油系统回路类型及性能分析、液压缸类型与设计；第2篇为典型泵控液压缸系统，包括第6~10章，分别为单泵控双出杆液压缸系统、单泵控单出杆液压缸系统、双泵控单出杆液压缸系统、分腔容积直驱单出杆液压缸系统、非对称泵控单出杆液压缸系统；第3篇为泵控液压缸系统典型应用，包括第11章，为泵控单出杆液压缸系统典型应用。

通过对泵控液压缸系统关键元部件、系统及应用的全面介绍与分析，本书力求使读者充分了解泵控液压缸系统工作原理和应用领域，掌握泵控液压缸系统设计、分析和控制方法，为我国工业自动化、航空航天、航海等领域培养液压方面的专业技术人才。

本书由权龙教授任主编，葛磊、郝云晓任副主编，夏连鹏、黄伟男、王翔宇、李泽鹏参与编写。其中，权龙编写了绪论，夏连鹏编写了第 1 章和第 11 章，李泽鹏编写了第 2 章和第 10 章，葛磊编写了第 3 章，王翔宇编写了第 4 章和第 7 章，郝云晓编写了第 5 章和第 6 章，黄伟男编写了第 8 章和第 9 章。全书由权龙负责统稿。

本书编写参考了大量同仁发表的高水平成果，并将其列于参考文献中，在此谨向各位作者表示衷心的感谢。

由于编者水平有限，书中难免有不足和错误，敬请广大读者批评指正。

编　者

CONTENTS

目 录

第2篇 典型泵控液压缸系统

第 0 章 绪论

液压系统具有结构紧凑、功率密度高、输出力大等优势，在工程机械、重型机械、矿山机械、航空航天、军事机械等装备领域占据不可替代的主导地位。但现有系统普遍采用集中式动力源供能、液压阀和管路分配与传递动力进而控制多执行器复合动作的技术方案，由于液压阀的节流作用，大量能量经阀口节流转换为热能耗散掉，导致液压系统能效很低。据统计，液压系统的平均能效仅为20%左右，严重制约了装备的绿色化和高端化发展。

在我国"双碳"目标和全球节能减碳背景下，改善液压系统能效、提高能源利用效率、实现机械装备全生命周期减碳、培育液压行业新质生产力具有十分重要的意义。本书所讨论的泵控液压缸技术，随着液压泵变排量调控、电动机变转速调控等技术的发展，已成为液压系统实现高能效驱动的重要途径。泵控液压缸系统是由电动机驱动液压泵，输出流量和压力，以容积调速方式控制液压缸运动的液压系统，与传统阀控系统相比，主回路无液压阀，因此可消除节流损失，具有能效高的特性。图 0-1 所示为泵控液压缸系统基本原理及元部件组成。由图 0-1 所示系统原理可知，泵控液压缸系统主要包括电动机、液压泵、液压缸、传感器以及由安全阀、单向阀、蓄能器或油箱组成的补油系统。

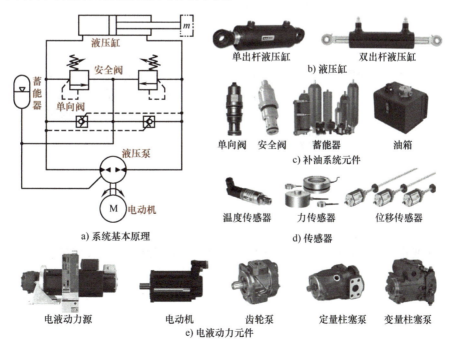

图 0-1 泵控液压缸系统基本原理及元部件组成

在泵控液压缸系统中，电动机将电能转换为机械能，驱动液压泵旋转，实现排油与吸油。电动机需具有四象限运行功能，即第一象限和第三象限处于"电动机"工况，转速和转矩方向相同，电动机向外界提供能量；第二象限和第四象限处于"发电机"工况，转速和转矩方向相反，外界向电动机提供能量。液压泵将机械能转换为液压能，驱动液压缸活塞杆伸出和缩回，完成执行机构的作业任务。液压泵同样需具有四象限运行功能，即第一象限和第三象限处于"液压泵"工作状态，转速和转矩方向相同，液压泵向外界输出能量；第二象限和第四象限处于"液压马达"工作状态，转速和转矩方向不同，外界向液压泵输入能量。

如图 0-1 所示，为补偿泄漏或液压缸两腔不对称流量，泵控液压缸系统需配置由单向阀、安全阀、蓄能器或增压油箱等组成的补油系统，改善系统控制性能。同时，为对液压缸实现精准的速度、位置和力控制，还需配置压力传感器、位移传感器和力传感器，对系统压力以及液压缸速度、位置和输出力等进行实时检测。

泵控液压缸系统根据电动机、液压泵和液压缸的不同组合，具有图 0-2 所示的不同类型。液压泵具有定排量与变排量两种控制方式，电动机具有定转速与变转速两种控制方式。变排量液压泵与定转速电动机构成定转速变排量动力源，液压泵排量可正、负双向控制。定排量液压泵与变转速电动机构成变转速定排量动力源，液压泵可双向旋转。液压缸是泵控液压缸系统的执行元件，主要功能是将油液的液压能转换为活塞杆的机械能，根据液压泵的油液流量控制活塞杆的速度和位置。液压缸主要包括双出杆液压缸和单出杆液压缸等。

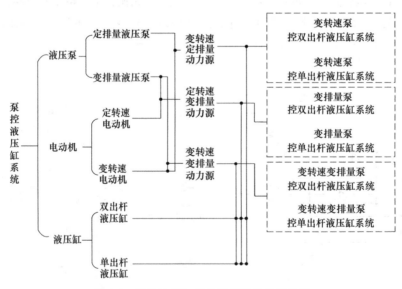

图 0-2　泵控液压缸系统根据元件类别分类

定转速变排量和变转速定排量动力源可分别与双出杆液压缸构成变排量泵控双出杆液压缸系统、变转速泵控双出杆液压缸系统。根据动力源类型及数量，单出杆液压缸可分别构成单变转速泵控单出杆液压缸系统、单变排量泵控单出杆液压缸系统及双变转速泵控单出杆液压缸系统、双变排量泵控单出杆液压缸系统。

泵控液压缸系统关键元部件

第1章 液压泵类型及工作原理

在常规开式阀控液压系统中，控制阀的节流作用常常导致系统能效低下，为了改善系统能效，可采用开式或闭式泵控液压系统。在此类系统中，液压泵既是将机械能转换为液压能的动力元件，同时也是控制执行器运动速度和方向的控制元件。

本章针对泵控液压缸系统原理，对所用到的轴向柱塞泵、径向柱塞泵、内啮合齿轮泵、外啮合齿轮泵、叶片泵、新型非对称柱塞泵、数字排量泵的工作原理及特性，以及液压泵的发展趋势等内容进行介绍。

1.1 液压泵概述

泵控液压系统可分为开式和闭式两大类。开式泵控液压系统中，液压泵由固定的工作油口完成吸油和排油，输出流量方向不变，执行器运动方向由换向阀控制，执行器运动速度则由液压泵输出流量的大小控制。根据应用场合不同，泵的输出流量可以有三种控制方式。在使用内燃机等转速相对固定的动力源驱动时，需使用变排量液压泵，则形成定转速变排量控制方式；当使用伺服电动机等调速性能较好的动力源驱动时，既可以使用定排量液压泵，也可以使用变排量液压泵，则形成变转速定排量或变转速变排量控制方式。具体动力源和液压泵的组合形式及工作特性将在第3章中详细分析。

在闭式泵控液压系统中，执行器的运动方向和速度均由液压泵控制，因此相比开式泵控液压系统，还要求液压泵能够改变输出流量的方向，从而控制执行器的运动方向。对于定排量液压泵，要求液压泵能够双向旋转工作，通过改变液压泵旋向来控制输出流量的方向；而对于变排量液压泵，一般通过双向变排量（即控制变量机构双向摆动）来控制输出流量的方向。此外，根据负载工况不同，液压泵每个工作油口都有高压排油、低压排油、高压吸油、低压吸油四种可能的工作状态，这就要求液压泵两油口均可承受高压，且具备四象限工作能力。

根据上述分析，在开式泵控液压系统中，使用变排量或定排量的开式液压泵即可满足要求，而在闭式泵控液压系统中，需要能够在四象限工况工作的双向变排量闭式液压泵或双向变转速定排量闭式液压泵，并且变转速液压泵的工作转速范围要尽可能宽，尤其是最低工作转速要尽可能低。目前可满足上述要求的液压泵主要有轴向柱塞泵、径向柱塞泵、外啮合齿轮泵、内啮合齿轮泵、叶片泵、新型非对称柱塞泵及数字排量泵，以下将逐一介绍。

1.2　轴向柱塞泵

轴向柱塞泵工作压力高,结构紧凑,功率密度高,应用较为广泛。以博世力士乐 A4VG 系列斜盘式轴向柱塞泵为例,其外形及结构原理如图 1-1 所示。该泵由驱动轴、回程盘、变量活塞、控制单元、配流盘、缸体、柱塞、滑靴、斜盘等主要部件组成。这是一款双向变排量液压泵,排量规格范围为 29~280mL/r,转速工作范围为 500~3400r/min,额定压力可达 45MPa,还可以集成补油泵,用于实现闭式系统预压紧及流量补偿等功能。

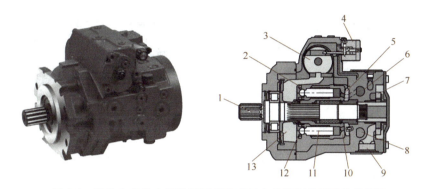

图 1-1　博世力士乐 A4VG 系列斜盘式轴向柱塞泵外形及结构原理
1—驱动轴　2—回程盘　3—变量活塞　4—控制单元　5—配流盘　6—高压侧　7—补油泵　8—低压侧
9—吸油口　10—缸体　11—柱塞　12—滑靴　13—斜盘

　　图 1-2 所示为博世力士乐 A4VG 系列斜盘式轴向柱塞泵变排量控制原理,其中,油口 A、B 为液压泵工作油口,S 为补油泵吸油口,T_1、T_2 为泄漏油口,X_1、X_2 为先导控制油

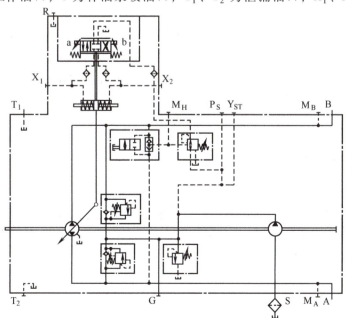

图 1-2　博世力士乐 A4VG 系列斜盘式轴向柱塞泵变排量控制原理

口，G、P_S、Y_{ST} 为先导输入输出油口，M_A、M_B、M_H 为测压口。液压泵工作时，控制电磁铁 a 或 b 即可改变变量活塞腔的压力，从而控制变量活塞的位移，改变斜盘摆角，最终控制液压泵输出流量的大小。使用电磁铁 a 或 b 也可以控制斜盘的摆动方向，从而控制液压泵输出流量的方向。

此外，针对变转速驱动的应用场景，博世力士乐还开发了系列化变转速轴向柱塞泵产品，图 1-3 所示为 A10FZG 系列斜盘式轴向柱塞泵外形及结构原理。该泵为变转速定排量轴向柱塞泵产品，在内部结构上，相较于变排量柱塞泵，去掉了变量机构，结构变得更为紧凑。为了满足大范围转速变化要求，其最低工作转速可下降到 200r/min，远低于常见的 500r/min。

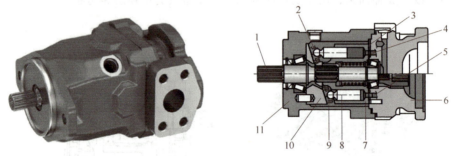

图 1-3 博世力士乐 A10FZG 系列斜盘式轴向柱塞泵外形及结构原理
1—驱动轴 2—回程盘 3—配流盘 4—高压侧 5—低压侧 6—端盖 7—缸体
8—柱塞 9—滑靴 10—斜盘 11—壳体

1.3 径向柱塞泵

径向柱塞泵的柱塞呈径向排列，具有噪声低等优点，一般用于功率较大的场合。图 1-4 所示为穆格径向柱塞泵外形及结构原理，该泵主要由定子、星形缸体、柱塞、滑靴、回程环、配流轴、变量活塞等结构组成，并且可以配合不同型号的补偿器实现不同的控制功能。该泵为变排量泵，排量规格范围为 19~250mL/r，额定压力为 28MPa（中压系列）和 35MPa（高压系列），最高转速可达 2900r/min。

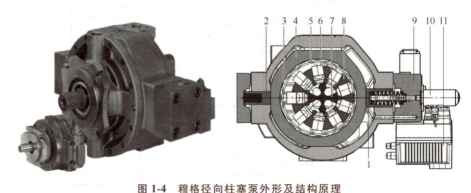

图 1-4 穆格径向柱塞泵外形及结构原理
1、2—变量活塞 3—滑靴 4—定子 5—回程环 6—柱塞 7—配流轴 8—星形缸体
9—补偿器 10—位移传感器 11—伺服先导阀

图 1-5 所示为穆格径向柱塞泵变排量控制原理，其中，油口 A、B 为液压泵工作油口，L 为泄漏油口，F 为先导补油油口。外控油源油液由 F 口进入，同时与液压泵 B 口的油液经梭阀比较，取两者压力较高的油液进入比例阀 P 口，通过控制比例阀的开度与方向控制变量活塞 2 的作用压力。变量活塞 1 与液压泵 B 口相通。变量活塞 1 与 2 作用面积不同，通过控制变量活塞 2 的作用压力使定子在两变量活塞作用力下产生偏心位移，控制器根据位移传感器反馈信息与接收的控制信号对偏心位移进行闭环控制，进而实现径向柱塞泵排量的控制。

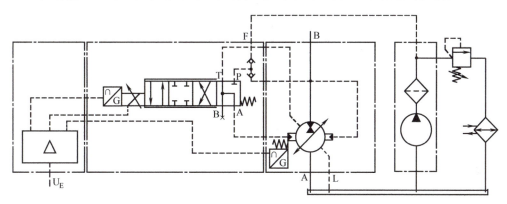

图 1-5　穆格径向柱塞泵变排量控制原理

1.4　外啮合齿轮泵

齿轮泵是液压系统中广泛采用的一种液压泵，一般为定量泵。按结构不同，齿轮泵分为外啮合齿轮泵和内啮合齿轮泵。

图 1-6 所示为凯斯帕 K30 系列外啮合齿轮泵外形及内部结构原理，主动轮和从动轮啮合时，齿轮齿廓、壳体内表面和侧板等形成多个密封工作容腔。吸油区和压油区隔开，起到配流作用。吸油腔的轮齿脱离啮合使齿间容积变大，出现真空而从油箱吸油；吸入的油液由旋转的齿间工作容腔携带至压油腔；压油腔由于齿间容积减小而将油液压出，给系统供油。

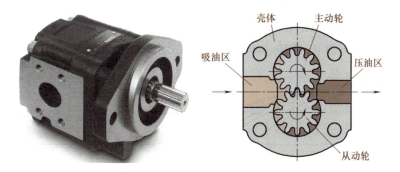

图 1-6　凯斯帕 K30 系列外啮合齿轮泵外形及内部结构原理

以图 1-6 所示凯斯帕 K30 系列外啮合齿轮泵为例，其额定压力为 30MPa，可双向旋转，转速范围为 300 ~ 2800r/min。整体效率在泵工况下约为 88%，在马达工况下约为 85%。

图 1-7 所示为凯斯帕 KP40 系列外啮合齿轮泵输入功率与转矩随转速和压力变化曲线。

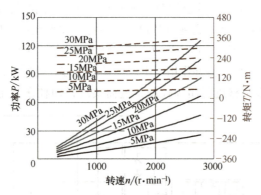

图 1-7　凯斯帕 KP40 系列外啮合齿轮泵输入功率与转矩随转速和压力变化曲线

1.5　内啮合齿轮泵

图 1-8 所示为布赫 QXEM 内啮合齿轮泵外形及内部结构原理。运行时主动小齿轮和从动内齿圈同向旋转，两者间加装一个月牙形（或楔形）隔板，用于实现高压侧和低压侧的分隔。齿轮泵具有流量脉动小、噪声小、效率高、结构紧凑等优势，基本为定排量，部分型号可双向旋转。

图 1-8　布赫 QXEM 内啮合齿轮泵外形及内部结构原理

以图 1-8 所示布赫 QXEM 系列内啮合齿轮泵为例，其额定压力为 21MPa，可双向旋转，其转速范围在泵工况下为 0~3250r/min，在马达工况下为 0~6000r/min。图 1-9 所示为内啮

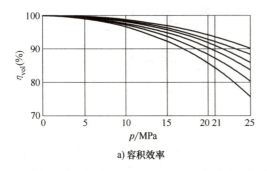

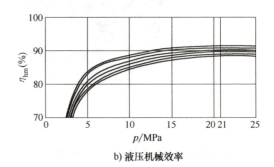

a) 容积效率　　　　　　　　　　　　　　b) 液压机械效率

图 1-9　内啮合齿轮泵效率曲线

合齿轮泵效率曲线，6 条曲线自上而下均分别对应于排量规格为 22、32、42、52、62、82mL/r 的泵。

1.6　叶片泵

叶片泵按照转子转动一周过程中的吸、排油次数可以分为单作用和双作用叶片泵。在转子转动一周的过程中，完成一次吸油和一次排油的叶片泵称为单作用叶片泵，完成两次吸油和两次排油的叶片泵称为双作用叶片泵。

单作用叶片泵主要是由转子、叶片（可沿转子叶片槽径向滑动）、定子和前后配流盘构成，其定子内表面和转子外表面都为圆柱面，定子中心和转子中心不重合，而是保持一个偏心距，可以通过调整偏心距的大小改变叶片泵的排量。单作用叶片泵结构及工作原理如图 1-10 所示。

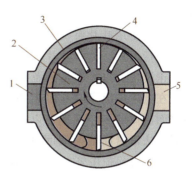

图 1-10　单作用叶片泵结构及工作原理
1—压油口　2—转子　3—定子
4—叶片　5—吸油口　6—配流盘

双作用叶片泵的定子曲线由两段大圆弧曲线、两段小圆弧曲线和四段过渡曲线组成，转子中心和定子中心重合。转子按顺时针方向转动时，处在左上角和右下角的叶片从转子叶片槽中向外伸出，相邻两叶片组成的工作腔容积增大，油液通过配流窗口流进工作腔中；处在左下角和右上角的叶片缩回，相邻两叶片组成的工作腔容积减小，工作腔中的油液通过配流窗口被压出。转子转动一周完成两次吸油和排油。双作用叶片泵具有流量均匀、径向力平衡、轴和轴承基本不受径向力等优点，因此，双作用叶片泵相较于单作用叶片泵使用领域更广。双作用叶片泵结构及工作原理如图 1-11 所示。

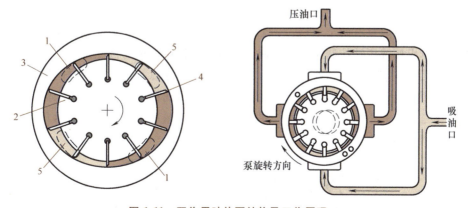

图 1-11　双作用叶片泵结构及工作原理
1—压油口　2—转子　3—定子　4—叶片　5—吸油口

通过对两种叶片泵对比分析可知，单作用叶片泵容易改变输出流量和方向，但存在轴承径向受力过大和困油的问题，轴承容易损坏，故其一般只能工作在低压和中低压的工况下。双作用叶片泵均为定量泵，具有径向液压力平衡和流量均匀等优点，故其能工作在中高压和高压工况下，且效率和输出流量相较于单作用叶片泵更高。单作用叶片泵多为变量泵，工作压力最大为7MPa。双作用叶片泵一般最大工作压力也为7MPa，经结构改进的高压叶片泵最大工作压力可达16~21MPa。

图1-12所示的限压叶片泵在定子上装有反馈柱塞和调压弹簧组成的限压式反馈装置，调整调压弹簧的压缩量即可调整叶片泵出油口压力，当泵出油口压力超过此调节限压压力时，高压油通过反馈柱塞推动定子移动，调压弹簧被压缩，偏心距减小，输出流量也就减少，从而限制叶片泵输出压力不高于设定值。

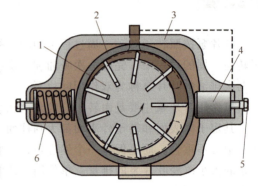

图1-12 限压叶片泵结构及工作原理
1—转子 2—定子 3—壳体 4—反馈柱塞
5—流量调节螺钉 6—调压弹簧

在泵控液压系统中，液压泵需要正、反双向转动工作，并且既有泵工况，还有马达工况，因此实际使用叶片泵马达。为了对输出流量和方向进行调控，需要叶片泵马达能够大范围调速及正反转。为了满足大范围调速的要求，需解决在低速工况下叶片因离心力不足而与定子内表面脱离的脱空问题，以及高压腔和低压腔之间无法密封而泄漏的问题。解决办法有：在叶片根部增加预压紧弹簧，保证泵在启动时和低转速运行时，叶片顶能与定子内表面紧密接触；叶片根部容腔通过油路与两工作油口中较高压力的油口连通，在泵工作时，高压油液的作用可使叶片与定子紧密接触。为了满足正、反转双向工作要求，叶片在转子中设计为沿径向布置，并且叶片顶端采用对称倒角的形式。

1.7 新型非对称柱塞泵

常规柱塞泵一般只有两个油口，一个吸油，另外一个排油，且两油口流量一致。将常规柱塞泵用于单出杆液压缸控制系统时，液压泵吸、排油口流量与液压缸输入、输出流量存在较大差异，无法直接匹配，需要增加非对称流量补偿回路以解决流量差异问题。太原理工大学权龙教授团队设计了具有流量自平衡功能的非对称轴向柱塞泵，将传统配流盘的两个配流窗口修改为三个，其中两个排油口可与单出杆液压缸流量准确匹配，配流盘具有图1-13a、b所示的并联型、串联型两种结构。

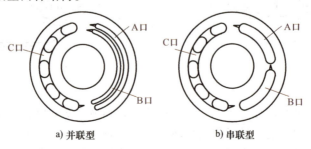

a) 并联型   b) 串联型

图1-13 权龙教授团队设计的非对称柱塞泵配流盘结构原理

　　并联型非对称柱塞泵缸体和配流盘结构如图 1-14 所示。与常规对称型柱塞泵相比，不同之处在于并联型非对称柱塞泵缸体和配流盘设计成具有内环和外环并联的两组配流窗口，在图 1-14b 所示配流盘中，右侧外环为 A 口，右侧内环为 B 口，左侧内、外环合并为 C 口，A 口和 B 口的面积之和与 C 口相同。柱塞数为偶数，间隔分为两组，分别通过缸体内环和外环油口与配流盘油口连通。调整 A 口和 B 口面积比，即可使 A 口和 C 口配流面积比与所控制的非对称液压缸两腔作用面积比一致，从而解决常规对称型柱塞泵控制非对称液压缸时流量不匹配的难题。配流盘配流窗口并联布置，因此称其为并联型。

a) 缸体　　　　　　　　　　　　　　　　　　b) 配流盘

图 1-14　并联型非对称柱塞泵缸体和配流盘结构

　　除并联型外，还有串联型非对称柱塞泵，串联型非对称柱塞泵缸体和配流盘结构如图 1-15 所示。与常规对称型柱塞泵相比，串联型非对称柱塞泵的不同之处在于将配流盘的一个配流窗口分割为两个独立的配流窗口 A 和 B。与并联型非对称柱塞泵相比，串联型非对称柱塞泵的柱塞不再分组，每个柱塞都会依次经过三个配流窗口，因此称为串联型。

图 1-15　串联型非对称柱塞泵缸体和配流盘结构

　　图 1-16a 所示为并联型非对称柱塞泵配流盘的实物图，其 C 口为内、外环合并的形式。

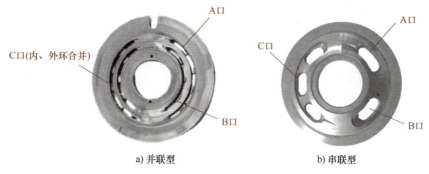

a) 并联型　　　　　　　　　　　　　　　　　b) 串联型

图 1-16　非对称柱塞泵配流盘实物图

图 1-16b 所示为串联型非对称柱塞泵配流盘的实物图，与并联型相同，其 A 口和 B 口配流面积之和等于 C 口配流面积，调整 A 口和 B 口的面积比，即可使 A 口和 C 口配流面积比与所控制的非对称液压缸两腔作用面积比一致。

非对称液压泵既可工作于泵工况，也可工作于马达工况；既可采用变转速控制，也可采用变排量控制。图 1-17a 所示为变转速非对称柱塞泵试验样机，图 1-17b 所示为变排量非对称柱塞泵试验样机。非对称液压泵设计方法及工作特性将在本书第 10 章中进行介绍。

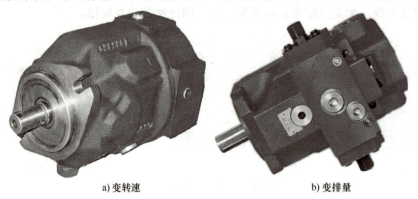

a) 变转速　　　　　　　　　　　　　　b) 变排量

图 1-17　非对称柱塞泵试验样机

1.8　新型液压泵及其发展趋势

1. 浮杯式轴向柱塞泵

传统柱塞泵由于结构的原因存在高压脉动大、机械和容积效率低、噪声大、最低稳定转速高等不足，并且由于倾覆力矩和摩擦副的存在，实现高转速运行仍较为困难。为克服传统柱塞泵的上述不足，德国 IFAS 研究机构的 Berbuer 博士最早提出了浮杯式轴向柱塞泵的原理，后由 INNAS 公司持续研究，并由布赫公司推出了商业化产品。浮杯式轴向柱塞泵简称浮杯泵，图 1-18 所示为布赫 AX 系列浮杯泵产品的外观及内部结构。

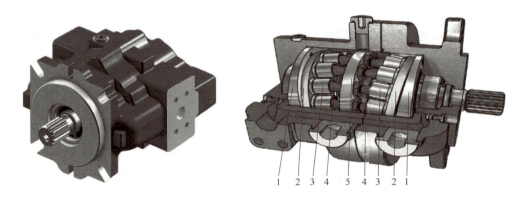

图 1-18　布赫 AX 系列浮杯泵外形及内部结构

1—配流盘　2—浮杯盘　3—浮杯　4—柱塞　5—柱塞板

浮杯泵采用镜像对称设计，柱塞板两侧各有 12 个柱塞呈环形排列，且两侧柱塞错开一定角度。柱塞与浮杯一一对应，柱塞头部为球形，保证柱塞与浮杯之间的密封为线密封，降低摩擦损失。柱塞板与轴设计为一体，通过轴销驱动浮杯盘随轴转动。镜像对称设计使浮杯泵在工作时不存在斜盘式柱塞泵因高工作压力而产生倾覆力矩的问题。

工作时，柱塞在浮杯内沿轴向运动从而实现液压泵的吸油和排油。与斜盘式柱塞泵相比，由于柱塞数大幅增加，浮杯泵的输出流量更加平稳，压力脉动大幅减少，噪声显著降低。在压差为 40MPa 条件下，平均转速为 1r/min 的 24mL/r AX 系列浮杯泵，压力脉动降低了 80%；低转速条件下转矩损失小，整体效率高。在油温为 50℃ 的条件下，45mL/r 定排量浮杯泵总效率随转速和泵出口压力变化曲线如图 1-19 所示（图片来自 INNAS 官网），总效率最高达 96%，在 500~3500r/min 和 10~40MPa 之间，平均效率为 95%；无最低转速限制；该泵可双向工作，既可以用于泵工况，也可用于马达工况，既可用于开式系统，也可用于闭式系统，且排量尤其适用于变转速控制的泵控系统。目前产品的规格范围为 18~122mL/r。

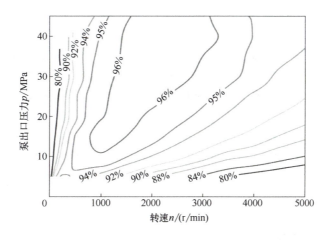

图 1-19　45mL/r 定排量浮杯泵总效率随转速和泵出口压力变化曲线

2. 数字排量泵

目前大多数变排量柱塞泵是通过控制斜盘摆角来改变柱塞的行程，从而控制其排量大小的，而斜盘摆角的液压控制回路需要消耗一部分液压泵输出流量，因此会损失一部分容积效率，在小排量工况时尤其明显。为此，英国爱丁堡大学的学者提出了一种采用数字式排量控制的径向数字排量泵（DDP）方案，该泵采用阀配流方式，其配流控制的高速开关阀通过嵌入式计算机控制，可实时控制"短路"某一个或多个柱塞腔，从而以数字化的方式控制泵的排量，在小排量工况下，其效率相比传统斜盘式柱塞泵有明显提升。

数字排量泵技术前期由英国的 Artemis Intelligent Power 公司开发，该公司后被丹佛斯公司收购，图 1-20 所示是丹佛斯数字排量泵外观与内部结构。该泵由多组径向柱塞组成，每组柱塞相互错开一定角度，根据需要，可方便地通过组合不同组数的柱塞从而形成不同规格的产品，柱塞数越多，排量变化量越小。一般配置使用 12 个柱塞，分为三组，每组 4 个。

六柱塞数字排量泵简化回路示意图如图 1-21 所示。数字排量泵是一种径向柱塞泵，其柱塞由凸轮驱动。每个柱塞腔可以单独打开和关闭，且有独立的由电磁开关阀、单向阀和柱塞位置传感器构成的控制系统。当凸轮旋转时，柱塞交替地吸油与排油。当某一柱塞对应的

图 1-20　丹佛斯数字排量泵外观与内部结构

电磁开关阀关闭时，该柱塞通过两个单向阀吸油和排油，排出的油液进入高压回路，意味着该柱塞单元为有效工作单元；当某一柱塞对应的电磁开关阀打开时，该柱塞与低压回路直接连通，排出的油液无法进入高压回路，意味着该柱塞单位被"短路"。控制每个电磁开关阀的打开和关闭，便可控制每次参与工作的柱塞数量，从而以数字化的方式改变液压泵的排量。此外，每个柱塞腔的输出可以隔离而作为单独的泵源处理，只使用一个数字排量泵就可以为多个回路提供流量。图 1-21 所示数字排量泵可以形成六个单独的回路对外供能。

　　数字排量泵一方面利用电磁开关阀实现变量，没有了传统的变量机构，减少了变量机构的流量消耗；另一方面，在轴旋转的情况下，如果负载不需要流量，则所有柱塞腔都与外部压力管路隔离，从而产生的流量损失非常小，弥补了现有斜盘式变排量轴向柱塞泵在小排量工况时能效低的不足。数字排量泵与常规斜盘式变排量轴向柱塞泵能量效率和损失功率对比如图 1-22 所示。

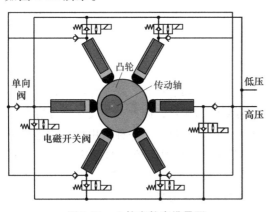

图 1-21　六柱塞数字排量泵

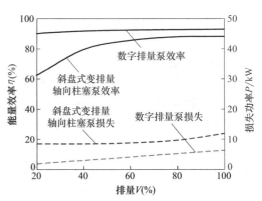

图 1-22　数字排量泵与常规斜盘式变排量轴向柱塞泵能量效率和损失功率对比

3. 发展趋势

　　液压泵除了在整体效率、噪声、压力等级等方面持续提升以外，未来还将在高速化、动力源一体集成等方面创新发展。

　　高速化是液压泵提升功率密度的重要手段。在工业领域，EHA（Electro-Hydrostatic Actuator，电动静液作动器）等要求动力源体积小，且驱动电动机转速可达上万转，因此非常需要小排量高速泵，国内浙江大学、佛山市海之力机械有限公司推出了排量为 1mL/r，最高转速为 6000r/min 的 HYC-MHP1 系列四象限微型高压柱塞泵。在液压传动技术广泛应用的移动液压装备领域，使用电动化的动力源替代原有内燃机已成为重要的发展方向。为了提高动力源功率密度，未来电动机的转速将会远远高于内燃机。因此，未来的液压泵设计将会朝着提升工作转速的方向发展，从而与高速电动机实现转速、转矩、功率的匹配，实现小型化和高功率密度化。目前，日本川崎重工业株式会社已研发出了 K-Axle 系列电动液压泵，用于电动化的移动液压装备，如电动化液压挖掘机等，相比传统产品，该泵具有转速高、体积小的优点，未来还可用于开式阀控型的分布式液压系统动力源。

此外，电动机和液压泵的有机融合一体化也是未来的一个发展方向。两者高度集成，具有体积小、结构紧凑、功率密度大、噪声低等诸多优点。早期美国 Eaton-Vickers 公司将电动机输出轴与液压泵轴对接，省去了联轴器，缩小了电动泵轴向尺寸。后期出现了将泵集成于电动机结构内的方案。美国普渡大学使用齿轮泵与电动机集成，国内浙江大学和燕山大学使用柱塞泵，兰州理工大学使用叶片泵，分别开展了电动泵的相关研究工作。集成一体化的高性能电动泵可用于航空航天 EHA、机器人控制、舰船作动系统及高端装备领域，具有广阔的发展和应用前景。

思考题

1-1　为什么液压泵工作时转速不能低于最低工作转速？影响最低工作转速的因素有哪些？

1-2　当使用变转速定排量液压泵作为动力源时，液压泵工作转速应高于最低工作转速，意味着液压泵输出流量只能在最低输出流量与最高输出流量之间调节，那么当执行器液压缸需要从 0 开始调速时，应如何控制？

1-3　除本章所介绍的措施外，提高液压泵的能效还能从哪些方面入手？

第 2 章　电动机变转速控制原理及类型

电动机是将电能转换为机械能的装置，在液压传动与控制技术领域，尤其是工业液压技术领域应用广泛。在泵控液压缸系统中，电动机作为原动机驱动液压泵为系统提供高压油液。变转速电动机的调速技术是泵控液压缸系统中变转速驱动的关键，其性能好坏直接影响系统性能。

本章介绍变转速电动机的调速原理和常用变转速电动机，为泵控液压缸技术的电动机选型提供参考。

2.1　交流电动机转速控制的基本原理

2.1.1　电动机分类

电动机主要由定子和转子组成，通过通电线圈（定子绕组）产生旋转磁场并作用于转子形成磁电动力转矩，从而带动负载旋转。根据应用场合和电源情况的不同，电动机可分为直流电动机和交流电动机。

直流电动机是能将直流电的电能转变为机械能的电动机，其优点是调速范围宽，易于平滑调速，起动转矩、制动转矩和过载转矩较大，且易于控制。直流电动机的缺点是电动机结构较复杂，制造成本较高，存在换向问题而使其单机容量、最高转速和使用环境受到限制，维护不便。由于起动性能、调速性能和转矩控制性能较好，直流电动机在调速要求较高的应用领域中长期占据主导地位。

交流电动机是能将交流电的电能转变为机械能的电动机，可分为定转速电动机和变转速电动机，两者的区别在于变转速电动机是在定转速电动机的基础上将固定转速的散热风扇替换为可变转速的散热风扇。交流电动机的优点是结构简单、价格低廉、运行可靠、维护方便，是各行各业中使用最广泛的一种电动机。交流电动机的缺点是启动转矩与过载转矩小，其调速与转矩控制较复杂，调速性能不够理想。20 世纪 70 年代以后，功率晶体管（BJT）、门极关断晶闸管（GTO）、功率 MOS 场效应晶体管（Power MOSFET）、绝缘栅双极晶体管（IGBT）、MOS 控制晶闸管（MCT）、集成门极换流晶闸管（IGCT）、注入增强门极晶体管（IEGT）等一批新型电力电子器件的问世，为交流传动系统的发展奠定了基础。

电动机是泵控液压缸技术的原动机，在动力源为固定转速驱动的泵控液压缸系统中，既可使用定转速电动机作为动力源，也可使用变转速电动机作为动力源；在动力源为变转速驱动的泵控液压缸系统中，只能使用变转速电动机作为动力源。因此，在泵控液压缸系统中，尤其是工业生产领域，大部分使用变转速电动机作为系统的原动机。

2.1.2　交流电动机基本原理

异步电动机使用单相电源或三相电源，按转子构造不同，异步电动机可分为笼型异步电动机和绕线转子异步电动机。二者的定子结构相同，均为三相对称绕组，当定子中通入对称的三相电流时，将产生旋转磁场。笼型异步电动机构造简单，运转效率高，功率因数大，成本低，在工厂、家庭中广泛使用。笼型异步电动机的缺点是起动性能差，采用深槽或双笼式结构可以改进它的起动性能。绕线转子异步电动机的转子通常为三相对称绕组，运行时通过集电环短接，起动时通过集电环串接电阻提高起动转矩，改善起动性能。相比之下，绕线转子异步电动机不仅价格高，还需要对集电环及电刷进行维护。

在工业自动控制领域通常使用伺服异步电动机。所谓伺服，是通过伺服机构对位置和运动进行正确控制。早在蒸汽机时代，进行速度控制的调速机构就是一种伺服机构。伺服用电动机主要是直流电动机，但近年来交流伺服电动机的使用日益广泛。交流伺服电动机有永磁同步电动机和异步电动机，前者主要用于中、小功率的系统，后者主要用于大、中功率的系统。为了提高系统的动态响应速度，伺服电动机的转子转动惯量比普通电动机的转子转动惯量要小。交流伺服电动机通常由电动机、控制器和检测单元组成。其中，控制器为电动机提供适当的电压和电流。检测单元包括检测电压、电流等电气参数和转速、位置、转矩等机械参数的传感器，检测机械参数的传感器往往安装在转子轴上。控制器根据检测到的电压、电流、转速、位置等信息，对电动机进行控制。

无论是普通异步电动机，还是伺服异步电动机，它们的运行原理都是相同的。当异步电动机定子绕组中通入对称的三相电流后，电动机内部会形成旋转磁场，旋转磁场的速度由输入交流电流的频率，即同步频率决定。置于这个旋转磁场之中的电动机转子绕组由于切割磁力线而产生电动势，进而产生转子电流，从而产生径向的电磁转矩，带动转子沿磁场的运动方向旋转。转子旋转的速度略低于同步转速，否则没有相对运动，转子中就不会产生电流和转矩。转子旋转的转速与同步转速之差与同步转速的比值称为转差率。

2.1.3　变频器

变频器是利用交流电动机的同步转速随电动机定子电压频率的变化而变化的特性而实现电动机调速运行的装置，是电动机实现变频调速的主要元器件。变频器最早的形式是采用旋转变频电动发电机组，作为可变频率电源提供电能给交流电动机，主要是对异步电动机进行调速。随着电力半导体器件的发展，静止式变频电源成了变频器的主要电源形式。

静止式变频器从主电路的结构形式上可分为交-直-交变频器和交-交变频器。

1. 交-直-交变频器

交-直-交变频器首先通过整流电路将电网的交流电变为直流电，再由逆变电路将这个直流电逆变为频率和幅值可变的交流电供给交流电动机。这类变频器根据直流部分电流、电压的形式不同，又可分为电压型和电流型两种。

（1）电压型变频器　电压型变频器主电路的典型形式如图2-1所示，在电路中的直流部分接有大容量的电容器，施加于负载上的电压值基本不受负载的影响而基本保持恒定，其特性类似于电压源，因而称为电压型变频器。电压型变频器输出的交流电为方波电压或方波电压脉冲序列，而电流经过电动机负载滤波后为近似正弦波电流。

电压型变频器作为电压源向交流电动机提供交流电能，其主要优点是运行几乎不受负载的功率因数或换流的影响，缺点是当负载出现短路或在变频器运行状态下加入负载，易出现过电流，必须在极短的时间内施加保护措施。

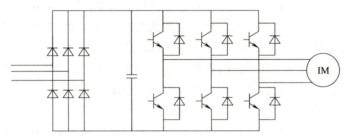

图 2-1　电压型变频器主电路的典型形式

电压型变频器根据不同的分类方法，又有许多不同的类型。按换流方式分，有采用半控器件（如晶闸管）的强迫换流型和采用全控器件的自关断型；按频率控制方式分，有外部控制式（频率由控制器决定）和自控式（频率受控于负载本身）；此外还有其他分类方法，详见表2-1。

表 2-1　电压型变频器的分类

分类方法	类型
换流方式	强迫换流型、自关断型
频率控制方式	外部控制式、自控式
输出电压控制方式	脉冲幅度调制（PAM）型、脉冲宽度调制（PWM）型、PAM 加 PWM 型
输出电压波形	矩形波、模拟正弦波、多重式
输出相数	单相、三相、多相

（2）电流型变频器　电流型变频器与电压型变频器在主电路结构上相类似，不同的是电流型变频器的直流部分接入的是大容量的电抗器，而不是电容器，如图2-2所示。变频器施加于负载上的电流值保持恒定，基本不受负载的影响，其特性类似于电流源，因而称为电流型变频器。电流型变频器逆变输出的交流电为方波电流，而电压为近似正弦波电压。

电流型变频器的整流部分一般采用相控整流或直流斩波构成可调的直流电源，通过改变直流电压来控制直流电流，达到控制输出的目的。电流型逆变器由于电流的可控制性较好，可以限制由逆变装置换流失败或负载短路等引起的过电流，保护的可靠性较高，所以多用于要求频繁加减速或要求四象限运行的场合。所谓四象限运行，是将电动机的电磁转矩方向用 X 轴表示，运行速度方向用 Y 轴表示，两者将电动机的运行工况分成四个象限，每个象限代表电动机处于正、反转和电动、发电两种工况，故称为电动机的四象限运行。

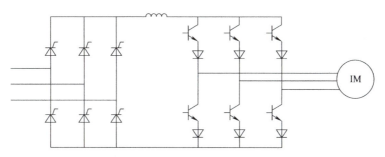

图 2-2　电流型变频器主电路的典型形式

　　上述两种变频器主要特点的比较见表 2-2。随着全控型电力半导体器件和微处理器的发展，电压型变频器正成为变频器的主流。

表 2-2　电压型变频器与电流型变频器主要特点的比较

比较项目	电压型	电流型
直流环节滤波元件	电容器	电抗器
输出电压波形	方波	取决于负载，当负载为异步电动机时，为近似正弦波
输出电流波形	决定于负载，当负载为电感性负载时，为近似正弦波	方波
输出动态阻抗	小	大
能量回馈电网再生制动	在整流侧需反并联逆变器	方便，不需附加设备
过电流保护及短路保护	困难	容易
对电力半导体器件要求	耐压较低	耐压高

2. 交-交变频器

　　交-交变频器把一种频率的交流电直接变换为另一种频率的交流电，中间不经过直流环节，故又称为频率变换器。

　　传统交-交变频器有两组反并联整流器，控制系统按照负载电流的极性，交替控制这两组反并联整流器，使之轮流处于整流和逆变状态，从而获得变频交流电压。这种交-交变频器的控制方式决定了其最高输出频率只能达到电源频率的 1/3～1/2，其缺点是不能高速运行。但由于没有中间环节，不需要换流，换流效率较高，因而多用于低速大功率系统中，如回转窑、轧钢机等。

　　矩阵变换器作为一种交-交变频器正受到广泛的关注，矩阵变换器的概念最初于 20 世纪 70 年代末被提出，80 年代初得到改进。相对于传统的交-交变频器，矩阵变换器具有较强的可控性，输出频率不受输入频率的限制；可得到较为理想的正弦输入电流和输出电压，波形失真度小；输入功率因数为 1，且功率因数与负载情况无关；易于实现能量双向传递；没有大的储能元件，相对于传统的交-交变频器，体积大为减小。矩阵变换器的研究集中于两个方面，即矩阵变换器开关的实现及矩阵变换器的控制。从开关的实现方式来说，典型三相矩阵变换器的拓扑图如图 2-3 所示，它包括 9 个双向开关，三相输入通过双向开关可以与任何一相输出相连，因此控制双向开关便可使输出电压波形及频率符合要求。由于现在的双向开关都是由非双向器件组合而成，因此控制电路复杂，给矩阵变换器的实际应用带来困难。

图 2-4 所示为无双向开关的矩阵变换器结构图，它可以看成由交流-直流电流控制型整流器和直流-交流电压源逆变器串联而成。这种结构不需要双向开关，因而避免了使用双向开关所带来的问题。

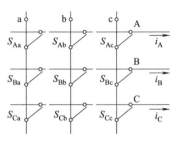

图 2-3　典型三相矩阵变换器的拓扑图

从控制方式来说，矩阵变换器有占空比设定方式和空间矢量调制（SVM）方式两种控制方式。占空比设定方式根据给定三相输入电压的幅度和频率，计算出每个开关元件的占空比，使输出电压的波形和频率满足要求，且输入端功率因数为1。SVM 方式的基本原理是使矩阵变换器输出电压矢量近似于参考旋转空间电压矢量。当矩阵变换器有 9 个双向开关时，有 27 种可能的开关组合，则形成 27 个电压矢量，这 27 个电压矢量可分为 5 组；第一组矢量的相角随输出电压变化而变化；其后的三组矢量有两个共同的特征，即每一组含有 6 个相角固定的矢量，每一组的 6 个矢量组成六边形；最后一组为零矢量。在任意给定的时间 T 内，SVM 方式选择 4 个静止空间矢量来近似参考空间电压矢量，4 个空间矢量的持续时间可以由公式给出。

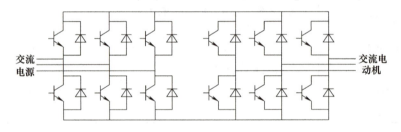

图 2-4　无双向开关的矩阵变换器结构图

2.2　变频调速控制

2.2.1　异步电动机调速方法

根据异步电动机的基本原理，异步电动机的转速表达式为

$$n = n_0(1-s) = \frac{60f_0(1-s)}{p} \tag{2-1}$$

式中，f_0 为定子电压频率（Hz）；p 为电动机极对数；n 为转子转速（r/min）；s 为转差率；n_0 为同步转速（r/min）。

由式（2-1）可知，改变定子电压频率 f_0、电动机极对数 p 及转差率 s 都可以实现电动机的速度调节，具体可以归纳如下：

$$
异步电动机
\begin{cases}
变极调速 \\
变转差率调速
\begin{cases}
定子调压调速 \\
转子串电阻调速 \\
串级调速 \\
电磁转差离合器调速
\end{cases} \\
变频调速
\end{cases}
$$

下面简单介绍异步电动机的调速方法。

1. 变极调速

异步电动机的极对数取决于定子绕组的连接方式。在电动机生产制造完成后，通过改换定子绕组的连接来改变异步电动机的极对数而实现速度调节的方式即为变极调速。

变极调速方式只能用于笼型异步电动机，这是因为绕线转子的变极十分麻烦，而笼型转子则能自动跟踪定子的极对数变化，只要改变定子绕组的连接就可完成电动机的变极。变极调速的主要优点是设备简单、操作方便、机械特性较硬、效率高，既适用于恒转矩调速，又适用于恒功率调速；其缺点是有极调速、极数有限，因而只适用于不需要平滑调速的场合。

2. 定子调压调速

从异步电动机的机械特性分析，当调节定子电源电压时，可以得到如图 2-5 所示的机械特性。由图 2-5 所示曲线可知，当负载转矩一定时，如果改变电动机定子电压，则电动机可以在不同的转差率 s 下运行，从而达到速度调节的目的，这种调速方式即为定子调压调速。

定子调压调速的主要特点如下。

1）改变定子电压时，同步转速 n_0 不变，最大转矩对应的转差率 s 也不变。

2）最大转矩 T_m 与起动转矩 T_s 和定子电压的二次方成正比。

3）定子电压越低，机械特性越软。

4）定子调压调速既非恒功率调速，也非恒转矩调速。

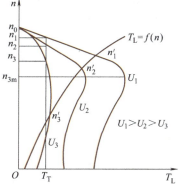

图 2-5　调节定子电压时的机械特性

定子调压调速主要适用于风机泵类负载，并且宜采用绕线转子异步电动机，以便在低速时，可以在转子回路中串入电阻或频敏变阻器，将热量损耗引到电动机外部，减轻电动机内部发热，以保护电动机。

3. 转子串电阻调速

在电动机运行时，通过调节转子绕组的串联电阻改变电动机的励磁电流，从而改变电动机转速的方式即为转子串电阻调速。当串联电阻增大时，电动机的励磁电流减小，电动机的电磁转矩也随之减小，从而使电动机的转速增大；反之，串联电阻减小时，电动机的转速也随之减小。

异步电动机转子串电阻调速在性能上类似于定子调压调速，也是通过改变转差率而达到速度调节的效果，此外，由于调速时定子电压不变，因此电动机的主磁通维持不变。当保持转子电流为额定值时，调速前后转矩保持不变，属于恒转矩调速。转子串电阻调速的优点是设备和线路简单、投资不高，但其机械特性较软，调速范围受到一定限制，且低速时转差功率损耗较大，效率低，经济性差。目前，转子串电阻调速只用在一些调速要求不高的场合。由于该方式的起动转矩大，主要用于起重机械中。

4. 串级调速

串级调速的基本思想是将转子中的转差功率 sP_m 通过变换加以利用，以提高设备的效率。在没有静止型变流装置的时代，通常通过串联一台或几台电动机实现这种变换，将这部分电功率转换为机械功率或电功率回馈到电网。例如，可以将两台极数分别为 p_1 和 p_2 的异步电动机以机械方式同轴连接，再以电气方式将两台转子绕组串联，两台电动机可以单独运行，也可以同时运行。这种电动机可以获得对应于 p_1、p_2、p_1+p_2 的三种空载转速。其中，对应 p_1+p_2 的空载转速相当于将两台电动机的极数串联起来，因而这种电动机也称为级联式电动机。这种电动机不能实现速度连续调节，很少用于调速，但若采用半导体变流装置加以控制，则可以用于调速。

串级调速具有机械特性较硬、调速平滑、损耗小、效率高等优点，便于提高电动机功率，已广泛用于风机泵类、矿井提升机等多种机械中，但它也存在功率因数较低的缺点。

5. 电磁转差离合器调速

异步电动机电磁转差离合器调速系统以恒定转速异步电动机为原动机，通过改变电磁转差离合器的励磁电流进行速度调节，因此这种调速方式称为电磁转差离合器调速。

电磁转差离合器调速装置的结构如图 2-6 所示，其结构包括异步电动机、电磁转差离合器和整流电路三部分。异步电动机为笼型电动机，拖动电磁转差离合器的电枢旋转，整流电路将交流电变为直流电，为电磁转差离合器提供直流励磁。

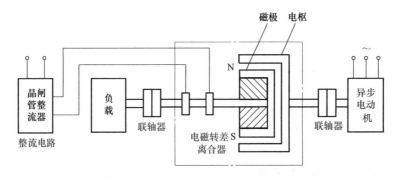

图 2-6　电磁转差离合器调速装置的结构

电磁转差离合器控制简单，运行可靠，能平滑调速，采用闭环控制后可扩大调速范围，主要应用于通风类或恒转矩类负载。用电磁转差离合器调速时，在电枢旋转过程中要产生损耗，因而效率降低，这与异步电动机转子串电阻调速、定子调压调速相同。

6. 变频调速

根据异步电动机的转速表达式（2-1），当电动机的极对数 p 不变时，转子转速 n 与定子电压频率 f_0 成正比，因此连续地改变供电电源的频率就可以连续平滑地调节电动机的转速，这种调速方法称为变频调速。变频调速具有较好的调速性能，是一种具有重要意义的现代交流调速方法。

变频调速系统由电力半导体变流器、电动机、控制、检测四部分组成，这四部分相互依存, 共同作用。变频调速系统驱动精度高, 使用方便, 转矩脉动低, 噪声低, 无传感器而体积较小。电力半导体变流器的硬件主要采用 SCR、GTO、GTR、IGBT 等电力半导体器件, 利用 PWM 技术、元件串并联技术、多重化技术、多相化技术, 实现 DC→AC、AC→AC、DC→DC、AC→DC 的能量变换。

异步电动机变频调速具有调速范围广、平滑性较高、机械特性较硬的优点, 可以方便地实现恒转矩或恒功率调速, 整个调速特性与直流电动机调压调速和弱磁调速十分相似, 并可与直流调速相类比。目前, 变频调速已成为异步电动机最主要的调速方式, 在很多领域都得到了广泛的应用, 随着矢量控制、无速度传感器技术等新技术在异步电动机变频调速中的应用, 它将向更高性能、更大容量及智能化等方向发展。由于改变电动机供电电源的频率会引起电动机参数的变化, 参数的变化又会反过来影响电动机的运行性能, 因此仅改变供电电源的频率难以获得最佳的调速特性。异步电动机各种调速方法性能指标的评价见表 2-3。

表 2-3　异步电动机各种调速方法性能指标的评价

比较项目	变极调速	变频调速	定子调压调速	转子串电阻调速	串级调速	电磁转差离合器调速
同步转速是否改变	变	变	不变	不变	不变	不变
静差率	小	小	开环时小闭环时大	大	小	开环时大闭环时小
调速范围	较小	较大	闭环时较大	小	较小	闭环时较大
调速平滑性	差	好	好	差	好	好
适应负载类型	恒转矩恒功率	恒转矩恒功率	通风机恒转矩	恒转矩	恒转矩	通风机恒转矩
设备投资	小	大	小	小	大	较小
电能损耗	小	较小	大	大	较小	大
适用电动机类型	多速电动机	笼型	绕线式	绕线式	绕线式	转差电动机

2.2.2　U/f 恒定控制

1. 控制原理

当电动机带负载运行时, 电动机转子转速略低于电动机的同步转速, 即存在转差。转差的大小与电动机的负载大小有关。保持 U/f 恒定控制是异步电动机变频调速最基本的控制方式, 它在控制电动机的电源频率变化的同时控制变频器的输出电压, 并使二者之比 U/f 恒定, 从而使电动机的磁链基本保持恒定。

电动机定子的感应电动势 E 为

$$E = 4.44 K_w \Phi_m f W \tag{2-2}$$

式中, K_w 为绕组系数; Φ_m 为每极最大磁通 (Wb); f 为电源频率 (Hz); W 为定子绕组匝数 (匝)。

电动机电压 U 和感应电动势 E 的关系式为

$$U = E + (r + jx) I \tag{2-3}$$

式中, U 为绕组系数; r 为定子电阻; x 为定子漏电抗; I 为定子电流。

定子磁链 Ψ 由定子电压 u、电流 i、电阻 R 进行积分计算，计算式为

$$\Psi = \int (u - Ri)\,\mathrm{d}t \tag{2-4}$$

在电动机以额定功率运行的情况下，电动机定子电阻和漏电抗的压降较小，电动机的电压和电动机的感应电动势近似相等。当电动机电源频率发生变化时，如果电动机电压不随之改变，那么电动机的磁链将会出现饱和或欠励磁现象。例如，当电动机电源频率 f 降低时，如果继续保持电动机的端电压 U 不变，即继续保持电动机的感应电动势 E 不变，那么电动机的磁链 Ψ 将增大。由于电动机的磁链常被设计为处于接近饱和值的状态，磁链的进一步增大将导致电动机出现饱和现象，进而造成电动机中流过很大的励磁电流，增加电动机的铜损耗和铁损耗。而电动机出现欠励磁现象将会影响电动机的输出转矩。因此，在改变电动机频率时应对电动机的电压或电动势进行控制，以维持电动机的磁链恒定。显然，在对电动机进行变频控制时，若能保持 E/f 为恒定，可以维持磁链恒定。

2. 控制特性

图 2-7 是采用 E/f 恒定控制的异步电动机变压变频调速的转矩特性曲线，可以看出，随着频率的变化，转矩特性的直线段部分近似为一组平行线，电动机的最大转矩相同，但产生最大转矩的转速不同，表明电动机的转差率不同，但所对应的转差频率不变。

由于电动机的电动势检测比较困难，考虑到电动机在正常运转时其电压和电动势近似相等，因此可以通过控制 U/f 恒定以保持磁链恒定。

U/f 恒定控制常用在通用变频器上，这类变频器主要用于风机、水泵的节能调速，以及对调速范围要求不高的场合。U/f 恒定控制的突出优点是可以进行电动机的开环速度控制。

U/f 恒定控制存在的主要问题是低速性能

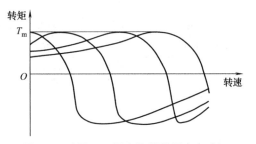

图 2-7　采用 E/f 恒定控制的异步电动机变压变频调速的转矩特性曲线

较差，其原因是低速时异步电动机定子电阻和漏电抗的电压降所占比重增大，已不能忽略，不再能认为定子电压与电动机感应电动势近似相等，仍按 U/f 恒定控制已不能保持电动机磁链恒定。电动机磁链的减小，势必造成电动机的电磁转矩减小。

除了电动机定子电阻和漏电抗的影响外，变频器桥臂上、下开关器件的互锁时间也是影响电动机低速性能的重要原因。对电压型变频器，考虑到电力半导体器件的导通和关断均需一定时间，为了防止桥臂上、下器件在导通和关断切换时出现直通造成短路而损坏元器件的现象，在控制导通时设置一段开关导通延迟时间。在开关导通延迟时间内，桥臂上、下电力半导体器件均处于关断状态，因此又将开关导通延迟时间称为互锁时间。互锁时间的长短与电力半导体器件的种类有关。对于大功率晶体管，互锁时间为 $10 \sim 30\mu s$；对于绝缘栅晶体管，互锁时间为 $3 \sim 10\mu s$。由于互锁时间的存在，变频器的输出电压将比控制电压降低。互锁时间造成的电压降还会引起转矩脉动，在一定条件下将会引起转速、电流的振荡，严重时变频器将不能运行。

3. 控制性能改善

对磁链进行闭环控制是改善 U/f 恒定控制性能十分有效的方法。采用磁链控制后，电动

机的电流波形可获得明显改善，气隙磁链更加接近圆形。根据式（2-4），可利用定子磁链积分值作为反馈量构成闭环。图 2-8 所示为采用磁链闭环的通用变频器的控制原理，其中虚线框内的计算由数字信号处理器（DSP）完成，变频器电压矢量选择控制主电路的开关状态和开关持续时间，由磁链设定值 Ψ^* 和磁链实际值（计算值）Ψ 决定。检测出的电动机定子电流和定子电压经 A/D 转换后，进行坐标变换，利用电动机的数学模型计算磁链实际值 Ψ，磁链设定值 Ψ^* 由频率设定值 f^* 及加、减速控制等部分决定。

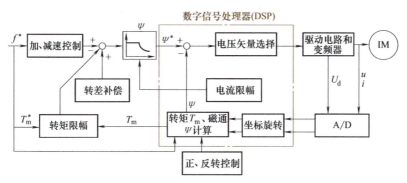

图 2-8　采用磁链闭环的通用变频器的控制原理

2.2.3　恒转矩调速

恒转矩调速有两种含义，一种是负载具有恒转矩特性，另一种是电动机具有输出恒定转矩的能力。

（1）负载具有恒转矩特性　对起重机械等位能性负载，电动机需要提供与速度基本无关的恒定转矩转速特性，即在不同转速条件下，负载转矩不变。当然，负载的转矩转速特性随负载的改变而变化，例如，升降机的转矩特性随提升货物的重量的改变而变化。对恒转矩负载进行调速时，即使电动机的转速下降或上升，电动机仍可输出恒定转矩。这种转矩不随转速变化的调速方式称为恒转矩调速。

（2）电动机具有输出恒定转矩的能力　在电动机加速或减速过程中，为了缩短过渡过程的时间，在电动机机械强度和电动机温升等条件容许的范围内使电动机产生足够大的加速或制动转矩，也就是使电动机输出的最大转矩保持恒定。2.2.2 小节所述 U/f 恒定控制就属于恒转矩控制，因为这种控制方式可以在一定调速范围内近似维持磁链恒定，在相同的转矩相位角条件下，如果能够控制电动机的电流为恒定值，就可控制电动机的转矩为恒定值。严格地说，只有控制 E/f 为恒定值才能控制电动机的转矩为恒定值。对直流电动机而言，若磁通恒定，电刷处于几何中心线上，控制电枢电流为定值即可控制转矩为恒定值。

2.2.4　恒功率调速

与恒转矩调速相类似，恒功率调速也包含两种含义，一种是电动机具有输出恒定功率的能力，另一种是负载具有恒功率的转矩转速特性。

（1）电动机具有输出恒定功率的能力　当电动机的电压随着频率的增大而升高时，若电动机的电压已经达到电动机的额定电压，继续增加电压有可能使电动机的绝缘失效。为此，在电动机达到额定电压以后，使电动机电压保持恒定而不随频率变化，这样电动机所能输出的功率由电动机的额定电压和额定电流的乘积所决定，不随频率的变化而变化，具有恒功率特性。

（2）负载具有恒功率的转矩转速特性　恒功率的转矩转速特性是指负载在速度变化时需要电动机提供的功率为恒定值。下述类型的负载具有此特性。

1）轧机在轧制小件时用高速轧制，轧制大件时用低速轧制，因低速时轧制量大，故需较大转矩。

2）当车床以相同的圆周速度加工不同直径的工件时，假定车刀的切削力相等，则工件直径小的时候转速高，转矩小；直径大的时候转速低，转矩大。

3）当卷绕机用同样的张力卷绕以同一速度出来的板材或线材时，由于开始卷绕的卷筒直径小，因此用较小的转矩即可，但转速较高。随着不断地卷绕，卷筒直径变大，转矩随之变大，转速相应降低。

4）运输机械在载重大时速度慢，载重小时速度快。无论是高速还是低速，所需功率不变。

对上述负载进行调速时，随着速度的变化，电动机应能满足负载的变转矩要求。

使用恒转矩调速的电动机驱动变转矩负载（如风机、水泵）时，速度变化到低速时电动机所能输出的转矩仍有剩余，因此恒转矩调速电动机可以满足调速要求。但是恒转矩调速电动机驱动恒功率负载时，低速转矩可能不能满足负载要求。

异步电动机变压变频调速时，通常在基频以下采用恒转矩调速，基频以上采用恒功率调速。

在进行恒转矩调速时，若负载为恒转矩负载，电动机冷却方式为自通风冷却，因低速时冷却条件恶化，有时电动机不能长期使用；若负载为风机类负载，减速时电流随之减小，电动机发热量减小，电动机可以连续使用；若电动机的冷却方式为外部强迫冷却，低速时的冷却条件不变，即使负载是恒转矩负载，电动机仍可以连续运行。

2.2.5　矢量控制

矢量控制是一种高性能异步电动机控制方式，它基于电动机的动态数学模型，分别控制电动机的转矩电流和励磁电流，具有与直流电动机相类似的控制性能。

直流电动机具有两套绕组，分别是励磁绕组和电枢绕组。两套绕组在机械上是独立的，在空间上互差90°；两套绕组在电气上也是分开的，分别由不同的电源供电。在励磁电流恒定时，直流电动机所产生的电磁转矩和电枢电流成正比，控制直流电动机的电枢电流可以控制电动机的转矩，因而直流电动机具有良好的控制性能，当进行闭环控制时，可以很方便地构成速度、电流双闭环控制，系统具有良好的静态、动态性能。

异步电动机有两套多相绕组，即定子绕组和转子绕组，只有定子绕组与外部电源相接，在定子绕组中流过定子电流；转子绕组通过电磁感应在其绕组中产生感应电动势，形成电流，并将定子侧的电磁能转变为机械能供给负载。因此异步电动机的定子电流包括两个分量，即励磁电流分量和转子电流分量。由于励磁电流是异步电动机定子电流的一部分，很难像直流电动机那样仅仅控制异步电动机的定子电流达到控制电动机转矩的目的。事实上，异步电动机所产生的电磁转矩和定子电流并不成比例，定子电流大并不能保证电动机的转矩大。例如，异步电动机起动时，定子电流是额定电流的 5~7 倍，但起动转矩仅仅是额定转矩的 80%~120%。如果选择合适的控制策略，异步电动机应能得到与直流电动机相类似的控制性能，这就是矢量控制。

在进行矢量控制设计时，经常要进行 3/2、2/3 变换的计算，这里的 3 和 2 指的是电动机的三相和两相。从产生电动机的旋转磁场看，三相绕组中通入三相对称电流可以产生圆形旋转磁场，两相绕组中通入互差 90° 的电流也可以产生圆形旋转磁场。因此从磁场的作用看，三相绕组所产生的磁场可以用两相绕组所产生的磁场来等效，这是分析电动机运行原理的基本方法。矢量控制中的 3/2、2/3 变换的计算也是一种等效计算。将三相电动机等效为两相电动机后，电动机的定子绕组只有两个，而且在空间上互差 90°。同样，可以用两相绕组等效多相转子绕组。从几何上看，直流电动机的两套绕组在空间上也互差 90°，因而变换后的异步电动机具有与直流电动机相类似的绕组结构。另外，从产生旋转磁场的角度考虑，旋转磁场是由交流电流产生的还是由直流电流产生的，都并不影响电动机性能的分析。假设它是由直流电流产生的，那么产生磁场的绕组需要以电动机的同步转速旋转。这时，在控制计算中需要增加旋转变换的步骤，也就是将静止的定子绕组由交流电流产生的旋转磁场等效为由旋转的绕组通入直流电流所产生的磁场。旋转变换是矢量控制的又一重要变换。

基于以上变换，可以得到异步电动机矢量控制，图 2-9 所示为直接磁场定向矢量控制系统框图，它可以对电动机的励磁电流和转矩电流分别控制，改善电动机的动态性能。图 2-9 中虚线的右侧表示定子坐标系上的物理量，虚线左侧表示旋转坐标系上的物理量，通过计算转子磁链的相位获得坐标变换所需要的坐标轴角度。定子电流经过坐标变换得到定子电流的励磁分量和转矩分量，它们与定子电流的励磁分量设定值 i_{1d}^*、转矩电流设定值 i_{1q}^* 构成闭环控制，经过 PI 控制器的作用，产生定子电压设定值 u_{1d}^* 和 u_{1q}^*，再经过矢量变换产生定子坐标系上的电压设定值 $\boldsymbol{u}_1^*$。

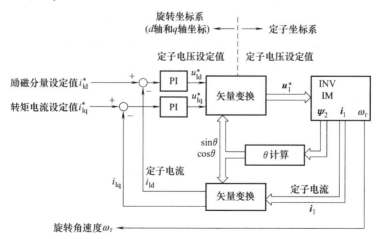

图 2-9　直接磁场定向矢量控制系统框图

矢量控制和标量控制的主要区别是矢量控制不仅控制电流的大小，而且控制电流的相位，而标量控制只控制电流的大小。矢量控制技术经过 30 多年的发展，在异步电动机变频调速中已经获得广泛应用。但是，矢量控制技术需要对电动机参数进行正确估算，如何提高参数的准确性一直是重要的研究课题。如果能对电动机参数（主要是转子电阻 R）进行实时辨识，则可以随时修改系统参数。另外一种思路是设计新的控制方法，降低性能对参数的敏感性。近年发展起来的直接转矩控制，采用滞环比较控制电压矢量使磁链、转矩跟踪给定值，系统具有良好的静态、动态性能，在电力机车、交流伺服系统中具有良好的应用前景。矢量控制技术的另一项发展是在同步电动机控制中的应用，采用矢量控制的同步电动机调速系统同时控制电动机电压和电流并使二者同相，使功率因数等于 1。

2.3　转差频率控制

2.3.1　基本原理

异步电动机稳态运行时所产生的电磁转矩 T_e 为

$$T_e = 3p \frac{U_1^2}{\omega_1} \frac{s\omega_1 r_2'}{(sr_1+r_2')^2 + s^2(x_1+x_2')^2}$$

式中，p 为极对数（个）；U_1 为定子电压（V）；ω_1 为定子频率（r/min）；s 为转差率；r_1 为定子电阻（Ω）；r_2' 为转子电阻（Ω）；x_1 为定子漏抗（Ω）；x_2' 为转子漏抗（Ω）。

当转差率 s 很小时，可忽略 sr_1 及 $s^2(x_1+x_2')^2$ 两项，则异步电动机稳态电磁转矩可近似为

$$T_e \approx 3p \frac{U_1^2}{\omega_1} \frac{s\omega_1}{r_2'} \tag{2-5}$$

由此可以看出，当频率一定时，异步电动机的电磁转矩正比于转差率，机械特性为线性的。式（2-5）中，$s\omega_1$ 为转子绕组感应电动势的频率，称为转差频率，用 ω_s 表示。显然，在定子频率 ω_1 不同时，相同的转差率所对应的转差频率不同；同样，在定子频率 ω_1 不同时，相同的转差频率所对应的转差率不同。

当采用 U/f 恒定控制时，式（2-5）中 $\dfrac{U_1^2}{\omega_1}$ 为常数，电磁转矩正比于转差频率 $s\omega_1$。因此不同频率的电磁转矩曲线为一组平行直线，产生最大转矩的转差频率相同。控制电动机的转差频率可以达到控制电动机转矩的目的。

2.3.2　系统构成

图 2-10 所示为转差频率控制系统构成。采用转子速度闭环控制，速度调节器通常采用比例积分（PI）控制，它的输入为转子角频率设定信号 ω_2^* 和检测的电动机实际转子角频率 ω_2 之间的误差信号，输出为转差频率设定信号 ω_s^*。变频器（INV）的设定频率即电动机的定子电源频率 ω_1^*，为转差频率设定值 ω_s^* 与实际转子角频率 ω_2 的和。当电动机带负载运行

时，定子频率将会自动补偿由负载所产生的转差率，保持电动机的速度为设定速度。速度调节器的限幅值决定了系统的最大转差频率。

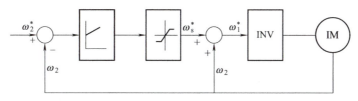

图 2-10　转差频率控制系统构成

2.3.3　控制性能

1. 起动过程

由于速度调节器为 PI 调节器，在调节器不饱和时，它的输入输出关系为

$$\omega_s^* = K_p(\omega_2^* - \omega_2) + K_i \int (\omega_2^* - \omega_2)\,\mathrm{d}t \qquad (2\text{-}6)$$

式中，K_p 为比例放大系数；K_i 为积分系数。

在调节器出现饱和时，它的输出由设定的限幅值 ω_{smax}^* 确定。

变频器的设定频率为

$$\omega_1^* = \omega_s^* + \omega_2 \qquad (2\text{-}7)$$

在起动瞬间，电动机的速度为零，速度调节器的输入即为

$$\omega_2^* - \omega_2 = \omega_2^* \qquad (2\text{-}8)$$

式中，等号（＝）表示赋值。

速度调节器的积分部分在起动瞬间输出为零，调节器的输出由比例放大部分确定，即

$$\omega_s^*\big|_{t=0^+} = K_p\omega_2^* \qquad (2\text{-}9)$$

如果 $\omega_s^*\big|_{t=0^+} \geqslant \omega_{smax}^*$，则

$$\omega_s^*\big|_{t=0^+} = \omega_{smax}^* \qquad (2\text{-}10)$$

变频器起动瞬间的设定频率为

$$\omega_1^*\big|_{t=0^+} = \omega_{smax}^* \qquad (2\text{-}11)$$

随着时间的推移，电动机开始运转起来，积分部分将开始起作用。在 t 时刻，调节器未出现饱和时的转差频率设定值为

$$\omega_s^*\big|_t = K_p(\omega_2^* - \omega_2) + K_i \int_0^t (\omega_2^* - \omega_2)\,\mathrm{d}t \qquad (2\text{-}12)$$

如果 $\omega_s^*\big|_t \geqslant \omega_{smax}^*$，则 t 时刻的转差频率设定值为

$$\omega_s^*\big|_t = \omega_{smax}^* \qquad (2\text{-}13)$$

t 时刻定子频率设定值为

$$\omega_1^*\big|_t = \omega_s^*\big|_t + \omega_2\big|_t \qquad (2\text{-}14)$$

由于电动机的转速变化相对缓慢，速度调节器在起动后很快进入饱和状态。如果忽略在起动后速度调节器进入饱和状态的时间，可以认为在起动瞬间速度调节器立即进入饱和状态，即速度调节器的输出为 $\omega_s^*\big|_{t=0} = \omega_{smax}^*$。于是变频器以

$$\omega_1^* \big|_{t=0} = \omega_s^* \big|_{t=0} + \omega_2 \big|_{t=0} = \omega_{smax}^* \qquad (2\text{-}15)$$

开始对电动机进行加速。异步电动机的起动转矩为 ω_{smax}^* 所对应的电磁转矩。

电动机的速度随之升高，变频器的设定频率 ω_1^* 随着转子转速的升高而升高，有

$$\omega_1^* = \omega_{smax}^* + \omega_2 \qquad (2\text{-}16)$$

电动机的速度继续升高。但是，只要转子角频率 ω_2 低于转子角频率的设定值 ω_2^*，速度调节器的输入仍为正值，由于积分的作用，速度调节器继续处于饱和状态，其输出值即转差频率设定值仍为限幅值 ω_{smax}^*，即在电动机升速过程中，电动机的转差频率由于速度调节器处于饱和状态始终为 ω_{smax}^*。这就是说采用转差频率控制的异步电动机在加速过程中始终以所对应的电磁转矩进行加速。在系统调试时，合理设定 ω_{smax}^* 可以设定加速过程中的加速转矩。如果设定的 ω_{smax}^* 大于异步电动机产生最大转矩的转差频率，则在加速过程中不仅得不到所需的加速转矩，而且由于电动机在加速过程中运行在高转差下，加速过程的电动机损耗将会加剧，引起电动机发热。因此加速过程中可以设定的最大转差频率应为对应电动机产生最大转矩的转差频率。

当异步电动机的转子角频率 ω_2 高于转子角频率的设定值 ω_2^* 时，速度调节器的输入变为负值，由于积分的作用，调节器开始退饱和，速度调节器的输出将减小，即电动机的转差频率减小。于是，电动机的输出电磁转矩也随着减小，电动机的加速过程开始变慢。当电动机的输出转矩等于或小于负载转矩时，电动机的加速过程停止。但这时异步电动机的转子角频率 ω_2 仍高于转子角频率的设定值 ω_2^*，速度调节器的输出继续减小，即电动机的转差频率减小。于是电动机的输出转矩减小，电动机开始减速。如此反复若干次，最后异步电动机的转速稳定在转子角频率的设定值 ω_2^*，转差频率 ω_s 则由负载的大小所决定，变频器的频率设定值为

$$\omega_1^* = \omega_2 + \omega_s^* \qquad (2\text{-}17)$$

由于系统采用 PI 调节器作为速度调节器，在稳态时可以实现无静差，即

$$\omega_2 = \omega_2^* \qquad (2\text{-}18)$$

如果电动机为空载，则

$$\omega_s^* = 0 \qquad (2\text{-}19)$$

此时变频器的设定频率为

$$\omega_1^* = \omega_2 \qquad (2\text{-}20)$$

图 2-11 所示为异步电动机转差频率控制起动过程的转速-转矩特性曲线，其中的多条转矩转速曲线对应异步电动机加速过程中变频器设定频率的变化。

2. 制动过程

假设异步电动机在制动过程开始前，电动机空载运行，即

$$\omega_s^* = 0 \qquad (2\text{-}21)$$

电动机的转子角频率为 ω_2，在制动开始瞬间异步电动机转子角频率设定值变为

$$\omega_2^* = 0 \qquad (2\text{-}22)$$

速度调节器的输入为

$$\omega_2^* - \omega_2 = -\omega_2 \qquad (2\text{-}23)$$

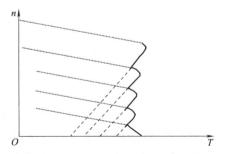

图 2-11 异步电动机转差频率控制的起动过程的转速-转矩特性曲线

速度调节器的输出在制动开始前为零，在制动开始瞬间调节器的输出由比例放大部分确定，即

$$\omega_s^* \big|_{t=0^+} = -K_p \omega_2 \tag{2-24}$$

如果 $\omega_s^* \big|_{t=0^+} \leqslant -\omega_{smax}^*$，则

$$\omega_s^* \big|_{t=0^+} = -\omega_{smax}^* \tag{2-25}$$

变频器制动瞬间的设定频率为

$$\omega_1^* \big|_{t=0^+} = \omega_2 - \omega_{smax}^* \tag{2-26}$$

变频器的设定频率减小，电动机的转差频率变为负值，电动机开始在第二象限制动运行，以 $-\omega_{smax}^*$ 所对应的电磁制动转矩开始减速。

随着时间的推移，积分部分将开始起作用。在 t 时刻，调节器未出现饱和状态时的转差频率设定值为

$$\omega_s^* \big|_t = -K_p \omega_2 - K_i \int_0^t \omega_2 \mathrm{d}t \tag{2-27}$$

如果 $\omega_s^* \big|_t \leqslant -\omega_{smax}^*$，则 t 时刻的转差频率设定值为

$$\omega_s^* \big|_t = -\omega_{smax}^* \tag{2-28}$$

于是电动机继续以 $-\omega_{smax}^*$ 所对应的制动转矩减速，速度随之变慢。变频器的设定频率 ω_1^* 随着转子转速的降低而降低，此时有

$$\omega_1^* = -\omega_{smax}^* + \omega_2 \tag{2-29}$$

电动机的速度继续降低。但是，只要电动机尚未停转，即转子角频率 $\omega_2 > 0$，速度调节器的输入仍为负值，由于积分的作用，速度调节器继续处于饱和状态，其输出值即转差频率设定值仍为限幅值 $-\omega_{smax}^*$，即在电动机制动过程中，电动机的转差频率由于速度调节器处于饱和状态而始终为 $-\omega_{smax}^*$。这就是说采用转差频率控制的异步电动机在制动过程中始终以 $-\omega_{smax}^*$ 所对应的电磁转矩进行减速。在系统调试时，合理设定 $-\omega_{smax}^*$ 可以设定制动过程中的减速转矩。与电动机的加速过程类似，如果设定的 $-\omega_{smax}^*$ 小于异步电动机产生最大制动转矩的转差频率，则在减速过程中不仅得不到所需的减速转矩，而且由于电动机在制动过程中运行在高转差下，制动过程的电动机损耗将会加剧，引起电动机发热。因此制动过程中可以设定的最大转差频率应为对应电动机产生最大制动转矩的转差频率。

如果在电动机的转速降低到 0 时不适时地关断变频器的输出，电动机将会在零速附近摇摆一段时间，最后完全停转。通常，变频器在检测到电动机的速度为 0 时，立即封锁变频器的 PWM 控制信号，停止制动过程。图 2-12 所示为异步电动机制动过程的转速-转矩特性曲线。在制动开始前，电动机以转子角频率 ω_2 运转，定子设定频率为 ω_1^*。制动开始后，电动机

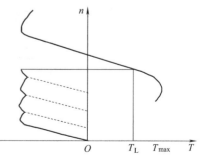

图 2-12　异步电动机制动过程的
转速-转矩特性曲线

的转速不可能立即改变，但是定子设定频率变为 $\omega_1^* = -\omega_{smax}^* + \omega_2$，电动机以 $-\omega_{smax}^*$ 所对应的转矩减速。

3. 负载运行

当采用转差频率控制的异步电动机变频调速系统在空载运行状态下突然加载时，如果不考虑电动机和变频器的过渡过程，系统将在新的状态下运行。由于系统采用 PI 调节器作为速度调节器，在稳态时可以实现无静差，其转子角频率 ω_2 变为转差频率 ω_2^*，由负载转矩和电动机的转矩转速特性所决定。变频器的设定频率为

$$\omega_1^* = \omega_2 + \omega_s^* \qquad (2\text{-}30)$$

异步电动机运行时的转速-转矩特性曲线将从 $\omega_1^* = \omega_2$ 的曲线移转到 $\omega_1^* = \omega_2 + \omega_s^*$ 的曲线，如图 2-13 所示。

实现转差频率控制的前提是保持磁链恒定，如果离开了这一条件，异步电动机的控制特性将会发生变化，而控制磁链并非易事。转差频率控制主要用于间接磁场定向矢量控制，有兴趣的读者可以阅读有关参考文献和书籍。

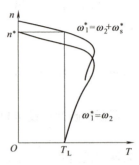

图 2-13　异步电动机负载运行时的转速-转矩特性曲线

2.4　直接转矩控制

2.4.1　基本原理

虽然矢量控制从理论上可以改善变转速电动机系统的动态特性，但在电动机运行过程中，随着温度的升高和磁路的饱和，用于矢量解耦控制的电动机参数可能大范围变化，使电动机的动态过程难以完全解耦。为了解决上述问题，可以引入参数的补偿算法和在线辨识流程，但这会进一步增加系统的复杂性，电动机的实际控制效果难以达到理论分析程度。

在矢量控制的基础上，如图 2-14 所示的电动机直接转矩控制原理出现。

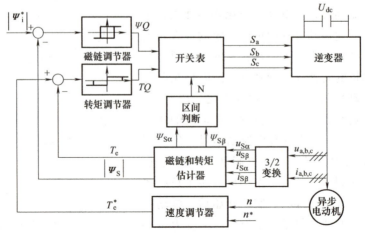

图 2-14　电动机直接转矩控制原理

直接转矩控制是将电动机和逆变器视为一个整体，采用电压矢量分析方法计算出电动机转矩和磁链，从而得出 PWM 逆变器的开关状态切换的依据，直接控制电动机转矩。在直接转矩控制中，定子磁通用定子电压积分得到，而转矩是以估测的定子磁通向量和测量到的电流向量内积为估测值。磁通和转矩会与参考值比较，若磁通或转矩与参考值的误差超过允许值，则变频器中的功率晶体会进行切换，使磁通或转矩的误差尽快缩小。因此直接转矩控制也可以视为一种磁滞或继电器式控制方式。

2.4.2　控制特点

与矢量控制系统一样，直接转矩控制也是分别控制异步电动机的转速和磁链，但在具体控制方法上，直接转矩控制系统与矢量控制系统具有以下不同的特点。

1）直接转矩控制系统的转矩和磁链的控制采用双位式砰-砰控制器（起停式控制器），并在 PWM 逆变器中直接用这两个控制信号产生电压的 SVPWM 波形，因而不需要将定子电流分解成转矩和磁链分量，省去了旋转变换和电流控制部分，简化了控制器的结构。

2）选择定子磁链作为被控量，而不像矢量控制系统那样选择转子磁链，这样一来，计算磁链的模型可以不受转子参数变化的影响，提高了控制系统的鲁棒性。如果从数学模型推导，那么按定子磁链控制规律的系统结构显然要比按转子磁链定向时复杂，但是，由于采用了砰-砰控制，这种复杂性对控制器并没有影响。

3）由于采用了直接转矩控制，在电动机加、减速或负载变化的动态过程中，直接转矩控制系统可以获得快速的转矩响应，但必须注意限制过大的冲击电流，以免损坏功率开关器件，因此实际的转矩响应的快速性也是有限的。

4）在定子坐标系下分析电动机的数学模型进而直接控制磁链和转矩，而不需要与直流电动机比较和进行等效、转化处理，省去复杂的计算。

2.4.3　发展趋势

随着现代科学技术的进步，直接转矩控制得到了极大的发展。现代控制理论和智能控制理论是人们改善直接转矩控制的主要理论依据。直接转矩控制的研究趋势主要有以下几个方面。

1. 高频化

为了进一步提高控制性能，改善低速时不可避免的转矩和磁链脉动过大的问题，交流调速必然向高频化方向发展。然而频率过高会导致逆变器的开关损耗过大，如何在逆变器的开关损耗和电动机的转矩和磁链脉动之间寻求一个最优的平衡点，将是异步电动机直接转矩控制的一个新的研究方向。

2. 智能化

异步电动机直接转矩控制与现代控制理论及智能控制理论相结合，将会进一步提高异步电动机直接转矩控制的静、动态性能。目前，模糊自适应控制、鲁棒控制等智能控制理论已经用在直接转矩控制系统中，但是这些控制技术与实际工业现场的结合还有一段距离，还需要很多研究工作。

33

3. 理论化

直接转矩控制的相关理论还只是针对电动机控制的具体理论，而未形成理论系统。把异步电动机直接转矩控制的相关理论进行总结提炼，丰富和充实已有的经典控制理论和现代控制理论，并应用到运动控制的其他领域和自动化相关领域，将是一个很有挑战性的研究方向。

2.5 变转速电动机类型

2.5.1 变频电动机

泵控技术所采用的电动机大多为如图 2-15 所示的交流变频电动机，它也是交流异步电动机的一种。一般的变频电动机是由传统的笼型电动机衍生而来，通常把传统的电动机用自冷风机改为独立的风机，并提高电动机绕组绝缘的耐电晕性能。在一些对电动机输出特性要求不高的场合，如小功率及工作频率在额定频率附近的情况下，可以用普通笼型电动机代替。

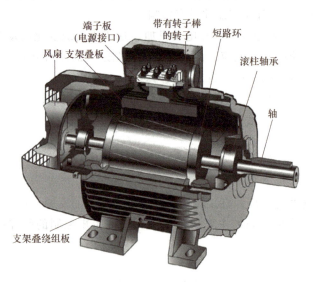

图 2-15 交流变频电动机结构示意图

交流变频电动机的基本特点是，转子绕组不需要与其他电源相连，其定子电流直接取自交流电力系统。与其他电动机相比，变频电动机结构简单，制造、使用、维护方便，运行可靠性高，重量轻，成本低。以三相异步电动机为例，与同功率、同转速的直流电动机相比，前者重量只有后者的 1/2，成本仅为其 1/3。变频电动机还容易按不同环境条件的要求，派生出各种系列产品。它还具有接近恒转速的负载特性，能满足大多数工农业生产机械拖动的要求。其局限性是，它的转速与其旋转磁场的同步转速有固定的转差率，因而调速性能较差，在要求有较宽广的平滑调速范围的使用场合（如传动轧机、大型机床等），不如直流电动机经济、方便。此外，异步电动机运行时，从电力系统吸取无功功率以励磁，这会导致电力系统的功率因数降低。因此，在大功率、低转速场合（如拖动球磨机、压缩机等），不如用同步电动机合理。

交流变频调速系统一般由三相交流异步电动机、变频器及控制器组成，它与直流调速系统相比具有以下显著优点。

1）异步电动机比直流电动机结构简单，重量轻，价格低，没有换向器，运行可靠。

2）控制电路比直流调速系统简单，易于维护。

3）变频调速系统调速范围宽，能平滑调速，其调速静态精度及动态品质好，而且节能显著，是目前世界公认的交流电动机最理想、最有前途的调速技术，因而在国际上获得了广泛的应用。

图 2-16 所示为某 45kW 变频器驱动的额定电流为 70A、功率为 37kW 的变频电动机在不同负载工况下定子电压-频率关系曲线。由图 2-16 所示曲线可知，在实际工作过程中，变频电动机定子电压与频率基本呈线性关系，电动机磁通为一定值，即在不同转速下，电动机电磁转矩为一定值。在变频器中，一旦定子频率给定了，定子电压也就确定了。

图 2-17 所示为变频电动机加速起动时，角加速度-负载转矩关系曲线。测试过程为：负载转动惯量为 $0.01\text{kg} \cdot \text{m}^2$，变频器最大起动电流限制为 60A，电动机开始时不动作，在某一时间设定变频器频率，使电动机开始加速起动，直到达到设定转速，在此过程中测量电动机的角加速度。由数据的拟合曲线可知，电动机起动角加速度与负载转矩基本呈线性关系。由电动机转矩平衡方程式（2-31）可知，忽略系统黏性阻尼，起动过程中，电动机电磁转矩基本为一定值。

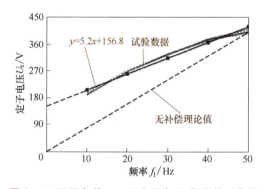

图 2-16 不同负载工况下定子电压-频率关系曲线

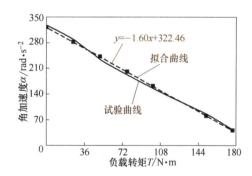

图 2-17 电动机角加速度-负载转矩关系曲线

电动机转矩平衡方程为

$$T_{em}\eta_m - T_L - T_f = J\alpha + B_m\omega \tag{2-31}$$

式中，T_{em} 为电动机有效电磁转矩（N·m）；η_m 为电动机机械效率；T_L 为电动机负载转矩（N·m）；T_f 为摩擦转矩（N·m）；J 为电动机转动惯量（$\text{kg} \cdot \text{m}^2$）；$\alpha$ 为电动机角加速度（rad/s^2）；B_m 为电动机黏性阻尼系数（$\text{N} \cdot \text{m} \cdot \text{s/rad}$）；$\omega$ 为电动机角频率（rad/s）。

根据图 2-17，按电动机机械效率 $\eta_m \approx 90\%$，$T_f = 5\text{N} \cdot \text{m}$ 计算，忽略黏性阻尼，电动机的转动惯量可计算得 $J \approx 0.62\text{kg} \cdot \text{m}^2$，有效电磁转矩 $T_{em} \approx 229.2\text{N} \cdot \text{m}$，与其额定转矩 $235.5\text{N} \cdot \text{m}$ 比较接近。

变频器一般采用速度调节器，利用比例积分微分（PID）调节器实现电动机的转速控制。在加速过程中，当设定值与实际转速差异较大时，PID调节器输出较大的控制信号，使电动机快速起动；当设定值与实际转速差异较小时，由于偏差较小，PID调节器输出信号也较小，加速度也较小。

电动机负载设置为零，变频器最大起动电流限制为60A，在1s时给电动机的转速控制信号分别为300r/min、600r/min、900r/min、1200r/min和1500r/min，电动机从静止起动到设定转速的动态特性如图2-18所示。由图2-18所示曲线可知，电动机转速从零上升到300r/min、600r/min、900r/min、1200r/min和1500r/min的时间分别为0.23s、0.25s、0.31s、0.34s和0.43s。由数据可知，电动机空载起动速度较快，满足液压系统使用要求。

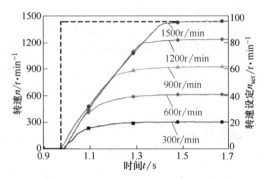

图2-18　电动机不同转速响应曲线

然而，电动机电磁转矩与主磁通和转子电流有功分量乘积成正比，当增大电动机的最大起动电流时，电动机角加速度也会增大，但会对电网产生较大的电流冲击。

最大起动电流分别设置为60A和120A，负载转矩为150N·m时，电动机转速阶跃响应和起动电流曲线如图2-19所示。由图2-19所示曲线可知，当最大起动电流为120A时，电动机转速从零加速到额定转速需要0.29s，起动速度较快，基本可以满足液压系统使用要求，但最大起动电流为113A，约是其额定电流的1.6倍，对电源冲击较大。当最大起动电流为60A时，电动机从零速加速到额定转速需要1.25s，最大起动电流为58A，略小于其额定电流。

因此，对于变频电动机而言，带载起动速度和起动峰值电流是一对难以协调的矛盾体，较大的起动速度势必对电源峰值电流提供能力提出较高的要求。这个问题，在工业上可以通过增大供电容量解决，但在电池型电源供电系统中仍难以解决，是移动工程装备应用必须解决的难题。

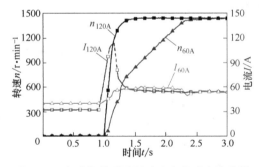

图2-19　电动机转速阶跃响应和起动电流曲线

2.5.2　伺服电动机

交流伺服电动机是将电能转变为机械能的一种机器，其结构示意图如图2-20所示。

交流伺服电动机主要由一个用以产生磁场的电磁铁绕组或分布的定子绕组和一个旋转电枢或转子组成。其定子铁心中安放着空间相差90°的两相绕组，一相称为励磁绕组，一相称为控制绕组。电动机工作时，励磁绕组接单相交流电压，控制绕组接控制信号电压，要求两相电压同频率。

交流伺服电动机使用时，励磁绕组两端施加恒定的励磁电压U_f，控制绕组两端施加控

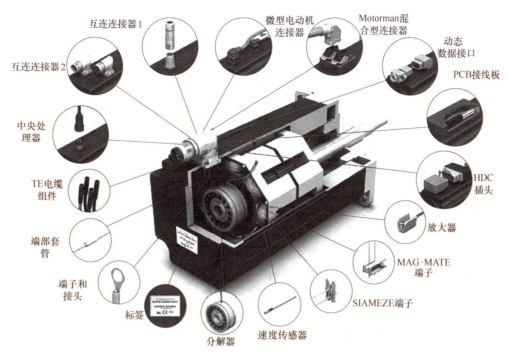

图 2-20 交流伺服电动机结构示意图

制电压 U_k。当定子绕组加上电压后，伺服电动机很快就会转动起来。通入励磁绕组及控制绕组的电流在电动机内产生一个旋转磁场，旋转磁场的转向决定了电动机的转向，当任意一个绕组上所加的电压反相时，旋转磁场的方向就发生改变，电动机的方向也发生改变。为了在电动机内形成一个圆形旋转磁场，励磁电压 U_f 和控制电压 U_k 之间应有 $90°$ 的相位差，常用的方法有：①利用三相电源的相电压和线电压构成 $90°$ 的移相；②利用三相电源的任意线电压；③采用移相网络；④在励磁相中串联电容器。

与变频电动机相比，伺服电动机具有更快的响应速度、更高的控制精度和更好的响应特性，广泛应用于变转速控制系统中，但总体成本较高，是同功率常规变频电动机价格的 2~4 倍。在驱动原理上，伺服电动机与变频电动机类似，与变频电动机恒定磁通控制方式一样，伺服电动机控制同样采用恒压频比和定子压降补偿的控制方式，增强电动机的带载能力。

如图 2-21 所示，伺服电动机普遍采用外环位置控制、中环速度控制和内环电流控制的三环控制方式，这种控制方式比普通变频电动机动态特性更好、控制方式多。

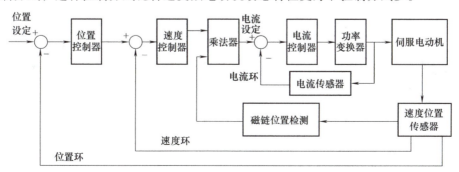

图 2-21 伺服电动机控制原理

相比于变频电动机和开关磁阻电动机，伺服电动机具有以下特点。

1）高精度：伺服电动机实现了位置、速度和力矩的闭环控制；伺服电动机在低转矩时具有较高的位置精度，几乎可以实现独立动作、运动速度的电动机控制。

2）高转速：伺服电动机高速性能好，一般额定转速能达到 $2000\sim3000\mathrm{r/min}$。

3）强适应性：伺服电动机抗过载能力强，能承受额定转矩 3 倍的负载，对有瞬时负载波动和要求快速起动的场合特别适用；采用关节式转子设计，抗失常及抗扰动性能较强，具有良好的稳定性，操作性能更加可靠。

4）高稳定性：伺服电动机在低速工况下运行平稳，低速运行时不会产生类似于步进电动机的步进运行现象。

5）高响应速度：伺服电动机加、减速的动态响应时间短，一般在几十毫秒之内，适用于有高响应速度要求的场合。

6）高舒适性：伺服电动机发热量小，噪声低。

7）强解码能力：伺服电动机具有较强的矢量解码能力，在控制负载较大的应用场合中，可以有效抑制负载，极大地提高伺服控制系统的精度。

8）高可靠性：伺服电动机本身具有较高的可靠性，电动机在运行过程中没有泄漏电磁干扰，无零件阻力及回转摩擦损失，较少出现磨损现象，极大地提高了电动机及伺服系统的可靠性。

9）操作及维护方便：伺服电动机可以通过操作界面实时调整转矩和加速度，减少系统调整时间，非常适合节能导向的系统。

伺服电动机定子电压-转速关系曲线如图 2-22 所示。与变频电动机相比，相同的转速工作时，伺服电动机的定子电压较低。

负载转动惯量为 $0.0088\mathrm{kg\cdot m^2}$，驱动器最大起动电流限制为 33A，额定功率为 15kW 的伺服电动机加速起动时角加速度-负载转矩关系曲线如图 2-23 所示。由数据的拟合曲线可知，电动机起动角加速度与负载转矩基本呈线性关系，由电动机转矩平衡方程可知，忽略系统黏性阻尼，起动过程中，电动机电磁转矩基本为一定值。根据图 2-23 和转矩平衡方程式（2-31），按电动机机械效率 $\eta_m\approx95\%$，$T_f=5\mathrm{N\cdot m}$ 计算，忽略黏性阻尼，电动机的转动惯量可计算得 $J\approx0.015\mathrm{kg\cdot m^2}$，有效电磁转矩 $T_{em}\approx81.1\mathrm{N\cdot m}$，与其额定转矩 $72.0\mathrm{N\cdot m}$ 比较接近。

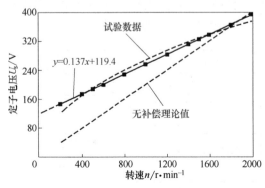

图 2-22　伺服电动机定子电压-转速关系曲线

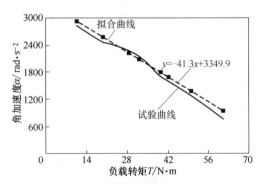

图 2-23　伺服电动机起动时角加速度-
负载转矩关系曲线

伤服电动机负载设置为零，伺服驱动器最大电流限制为 72A，最大角加速度限制为 1300rad/s² ，伺服电动机不同转速的动态响应曲线如图 2-24 所示。由图 2-24 所示曲线可知，伺服电动机转速从零上升到 400r/min、800r/min、1200r/min、1600r/min 和 1800r/min 的时间分别为 0.08s、0.10s、0.12s、0.14s 和 0.15s。由数据可知，伺服电动机空载起动速度较快，完全满足液压系统使用要求。如果增大最大允许角加速度和电流，则伺服电动机可在 0.05s 时间内从转速为零起动到额定转速。

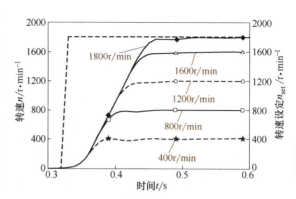

图 2-24　伺服电动机不同转速的动态响应曲线

最大起动电流分别设置为 33A 和 72A，负载转矩为 64N·m（额定转矩为 72N·m），伺服电动机转速阶跃响应和起动电流曲线如图 2-25 所示。由图 2-25 所示曲线可知，当最大起动电流为 72A 时，电动机转速从零加速到额定转速需要 0.12s，起动速度较快，最大起动电流约为 36.2A，约是其额定电流的 1.1 倍，对电源冲击较小。这时，系统最大角加速度受速度控制环中最大角加速度限制，如果调整该值，则伺服电动机在最大起动电流下甚至可以达到 3400rad/s² 的角加速度。当最大起动电流为 33A 时，伺服电动机转速从零加速到额定转速需要 0.33s，起动速度较快，满足液压系统使用要求，最大起动电流为 28.8A，略小于其额定电流。

37kW 变频电动机转动惯量约为 0.62kg·m² ，而同等功率的伺服电动机转动惯量约为 0.02kg·m² 。如果用变频电动机和伺服电动机分别驱动排量为 71mL/r 的液压泵，液压泵转动惯量约为 0.01kg·m² ，假设电动机负载转矩为其额定转矩且两电动机额定转矩相同，以额定角加速度（额定转矩所能达到的最大角加速度）起动时，

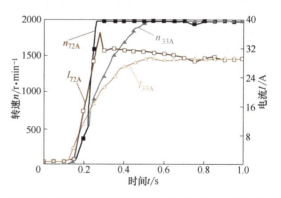

图 2-25　伺服电动机转速阶跃响应和起动电流曲线

变频电动机起动转矩约为额定转矩的 2 倍，而伺服电动机起动转矩只需 1.05 倍的额定转矩即可。通常情况下，变频电动机最大转矩不超过其额定转矩的 2 倍，而伺服电动机最大转矩可以达到额定转矩的 3 倍。假设伺服电动机和变频电动机以额定转矩空载起动，伺服电动机的角加速度可以达到变频电动机角加速度的 31 倍。

由于变频电动机转动惯量较大，在额定电流下，变频电动机空载阶跃响应时间约为 0.43s，在 1.6 倍额定电流下，带额定负载的阶跃响应时间约为 0.29s，对电网供电能力要求较高。采用伺服电动机，在额定电流下，伺服电动机空载阶跃响应时间约为 0.05s，在 1.1 倍额定电流下，带额定负载的阶跃响应时间约为 0.12s，动态响应速度非常快，同时起动电流仅为 36.2A。

2.5.3 高功率密度电动机

随着制造技术的逐步发展，工业生产频率的逐步加快，泵控技术面临更高的要求，液压泵需要实现高速化。当液压泵低速运行时，为满足系统所需流量，泵的排量非常大，对应的电动机转矩也非常大，导致电动机功率过大。因此，泵控技术要求电动机实现高功率密度化和高速化，才能满足液压泵的高速化性能要求。高功率密度电动机是指相同输出功率条件下，电动机尺寸更小、重量更轻、效率更高。高功率密度永磁电动机有着高速、高效率和高功率密度的优势，应用潜力极大，它几乎涵盖了各种功率等级的场合。下面介绍几款国内外企业研发的高功率密度电动机。

1. HPDM-30 型电动机

图 2-26 所示为美国 H3X 公司生产的 HP-DM-30 型高速电动机。HPDM-30 是一款高功率密度、集成化的电动机，额定功率为33kW，质量仅为 4.1kg。该电动机结合了新型分立式 SiC FET 逆变器，该逆变器能够运行公司内部开发的自感应转子位置算法。HPDM-30 的峰值比功率可达 10kW/kg，因此该电动机也可用作发电动机。该装置还可以轴向堆叠，形成 66kW 和 99kW 机器。HPDM-30 型高速电动机规格参数见表 2-4。

图 2-26 美国 H3X 公司的
HPDM-30 型高速电动机

表 2-4 HPDM-30 型高速电动机规格参数

规格	参数	规格	参数
峰值转矩	19.6N·m	连续比功率	8kW/kg
峰值功率	41kW	连续功率密度	15.9kW/L
速度范围	0~20000r/min	直径	130mm
连续转矩	15.8N·m	长度	156mm
额定功率	33kW	质量	4.1kg
峰值比功率	10kW/kg	体积	2.07L
峰值功率密度	19.8kW/L		

图 2-27 和图 2-28 所示分别为 HPDM-30 型高速电动机的转矩-转速特性曲线和功率-转速特性曲线。

HPDM-30 适用于高性能和质量敏感型应用场合。它将电动机、逆变器和变速箱组合成一个单元，是 H3X 公司在电磁学设计优化、高气隙磁通密度等领域的创新成果。HPDM-30 比采用 Halbach 阵列的等效智能功率设计值高 30%，有源电动机峰值比功率达 30kW/kg，能够无限期地维持短路电流；其结构可协同冷却夹套，使用单个增材制造的铝制冷却夹套同时冷却电力电子设备和定子；新型高导热、耐局部放电的定子绕组具有高过滤系数（>70%）、高热导率（>5W/m·K）和耐高温能力（265℃，20000h），在最大连续电流密度方面比传统绕组提高了 40%；鲁棒容错率高，所有定子线圈都是机械、热和磁去耦的，以实现容错操作和线路电压的低总谐波失真。逆变器中存在过电流和温度保护的冗余级别。

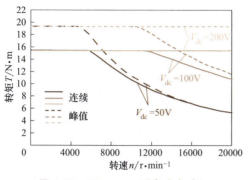

图 2-27　HPDM-30 型高速电动机
转矩-转速特性曲线

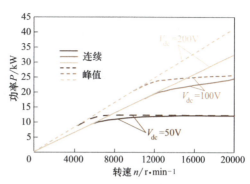

图 2-28　HPDM-30 型高速电动机
功率-转速特性曲线

2. EM-PMI240-T18 型电动机

图 2-29 所示为丹麦丹佛斯公司生产的 EM-PMI240-T18 型电动机。EM-PMI240-T18 型电动机功率范围为 48~114kW，额定转速为 2200~8800r/min，最高转速可达 9200r/min。该产品是专门为移动机械、道路车辆或船舶上的电动或混合动力系统而开发的，比传统的电动机产品体积更小，质量更轻，效率更高。

该电动机结构紧凑，质量为 85kg；在同类产品中效率最高（在全部工作范围内）；冷却液流量要求低；入水口冷却液允许使用温度最高为 65℃；满足 IP65 防护等级（可选 IP67）；具有 S45 系列开式泵标准连接接口。

图 2-29　丹麦丹佛斯公司的
EM-PMI240-T18 型电动机

3. ICMS1032220 型电动机

图 2-30 所示为我国汇川公司生产的 ICMS1032220 型电动机。

图 2-31 所示为汇川 ICMS1032220 型电动机的转矩-转速和功率-转速特性曲线。

图 2-30　中国汇川公司的 ICMS1032220 型电动机

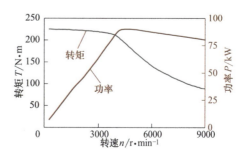

图 2-31　汇川 ICMS1032220 型电动机的
转矩-转速和功率-转速特性曲线

汇川 ICMS1032220 型电动机具有以下特点。

1）易用性：电动机与电控二合一集成，省去三相线、电控支架、电控水路等，电控电动机共壳体、共水道，机体小型化，提升易用性；轴向长度仅为 295mm，功率密度高，易于实现集成桥布置。

2）高性能：高压传导满足带载 3 等级；全新电磁方案及优化壳体设计提升模态刚度，而且支持变载频、随机载频、谐波注入功能，平顺性能大幅度提升；二合一系统最高效率为 95%，大于 85% 的区域占比 75.8%。

3）高可靠性：使用寿命设计为 10 年/30 万 km；满足 10.95g 振动标准；满足 720h 盐雾标准；满足 IP6K7 和 IP6K9K 防护等级。

4）可扩展性：功能安全等级 ASIL C 可选；PN 功率端子，接插件可选。

思考题

2-1　变频电动机、伺服电动机之间的异同点是什么？适合在什么场合中使用？各自的优势是什么？

2-2　电动机实现高速化的意义是什么？

2-3　查找 2.5.3 小节所述厂商外其他厂商的高速电动机，寻找相同输出功率的不同高速电动机之间存在的相同点和不同点。

2-4　目前最适合泵控技术的是哪种类型的电动机？泵控技术动力源的未来发展方向是什么？

第 3 章　电液动力源控制特性

电液动力源包括电动机和液压泵以及两者的连接件，其作用是根据控制信号将电能转化为液压能进而驱动执行器动作，既是泵控系统的动力部件，又是其控制部件。近年来，随着变转速技术的成熟和成本的降低，越来越多的变转速动力源被应用于各类重型装备中。工作中，电动机驱动液压泵输出液压油，液压油的压力和流量由电动机的转速、转矩和液压泵的排量、压力共同决定，尤其是泵控系统的稳态控制性能和动态响应特性很大程度上取决于电液动力源。本章重点阐述在电动机转速、转矩与泵排量、压力等参数相互耦合的条件下，动力源压力控制和流量控制特性，为泵直驱液压缸技术中电液动力源设计提供基础支撑。

3.1　电液动力源基本工作原理

电液动力源的基本原理是由电动机输出转速和转矩来驱动液压泵，液压泵输出一定流量和压力的液压油，供给执行器。根据采用的电动机、液压泵类型不同，电液动力源的组成方案和可实现的控制机能非常丰富。早期，电动机的变频技术和液压泵的变量控制技术尚未开发出来，在相当长的一个时间段内，电液动力源采用定转速电动机和定排量液压泵。随着变排量技术和变频技术的发展，电液动力源的构型逐渐演变成变排量定转速、定排量变转速和变排量变转速共存的格局，在许多价格低廉的装备中还保留有定转速定排量的构型。

3.1.1　电液动力源基本构型

根据采用的电动机和液压泵类型不同，电液动力源的基本构型见表 3-1。在许多应用中，还会存在一台电动机驱动两台泵或两台电动机驱动一台泵的组合构型。

表 3-1　电液动力源的基本构型

液压泵类型	电动机类型				
	定速电动机	变频电动机	伺服电动机	开关磁阻电动机	车用动力电动机
定量泵	液压泵 M 电动机				

（续）

液压泵类型	电动机类型				
	定速电动机	变频电动机	伺服电动机	开关磁阻电动机	车用动力电动机
变量泵					
闭式泵					

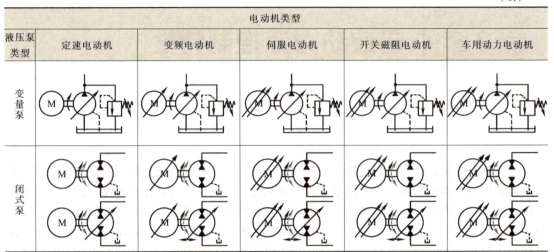

注：表中图示内容，电动机与液压泵转轴处实线箭头表示电动机和液压泵单向旋转，虚线双向箭头表示电动机和液压泵可双向旋转；液压泵排量处双向箭头表示液压泵排量双向调节；电动机上标识两个箭头表示电动机变速动态响应快，适合全功率范围变转速。

3.1.2 不同构型电液动力源的工作原理

1. 定转速电动机驱动定量泵

图 3-1 所示为定转速电动机和定量泵组合作为动力源的系统原理和能耗特性。在早期，这种构型广泛应用于工业装备中，电动机一般为普通异步电动机，定量泵可以是齿轮泵、叶片泵、柱塞泵等。

系统中，不存在可变量，液压泵始终输出最大流量。工作过程中，执行器不动作时，液压泵输出的流量全部通过溢流阀损失掉，虽然此时可以调低溢流阀设定值，但其损失仍然较大；执行器动作时，液压泵输出的流量一部分进入执行器，另一部分仍通过溢流阀损失掉，系统功率损失较大。但该系统在工作过程中，电动机和液压泵一般均工作在其额定工况附近，电液动力源自身效率较高。

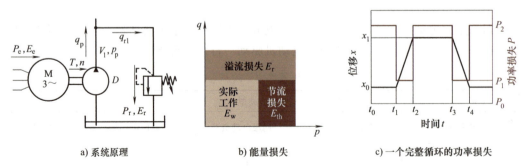

a) 系统原理　　　　　　b) 能量损失　　　　　　c) 一个完整循环的功率损失

图 3-1　定转速电动机和定量泵组合作为动力源的系统原理和能耗特性

该类型系统虽然在非工作周期或轻载工况下系统效率低，但可根据需要采用电比例溢流阀实时调整系统输出压力，或者采用电控先导溢流阀降低非工作周期能耗，目前在小型泵站中仍有应用。

2. 定转速电动机驱动变量泵

图 3-2 所示为定转速电动机和变量泵组合作为动力源的系统原理和能耗特性。

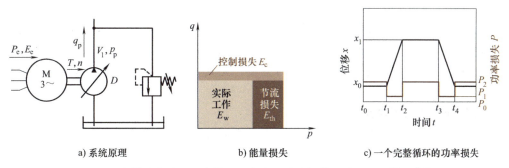

a) 系统原理　　　　　b) 能量损失　　　　　c) 一个完整循环的功率损失

图 3-2　定转速电动机和变量泵组合作为动力源的系统原理和能耗特性

系统中，电动机以额定转速工作，液压泵排量适应负载流量需求。工作过程中，执行器不动作时，电动机工作在额定转速附近，液压泵输出部分流量维持控制压力；执行器动作时，液压泵输出的流量全部进入执行器，系统中不存在溢流损失，只存在部分节流损失。

但该系统在工作过程中，电动机一直以额定转速运行，在部分负载和空载工况下，电动机效率较低，以 37kW 变频电动机为例，在空载工况下，电动机平均消耗电功率约为 3kW。为了满足控制和润滑需求，变量泵工作压力通常需要高于 3.5MPa，在执行器不动作时，变量泵工作在最小排量处，系统中存在部分流量损失，而且变量泵大部分时间工作在较小排量处，液压泵的效率也较低。

该类型系统中，动力源输出的流量与系统所需的流量匹配，整体效率较高，是目前工业和工程机械领域应用最为广泛的系统原理。

3. 变转速电动机驱动定量泵

图 3-3 所示为变转速电动机和定量泵组合作为动力源的系统原理和能耗特性。

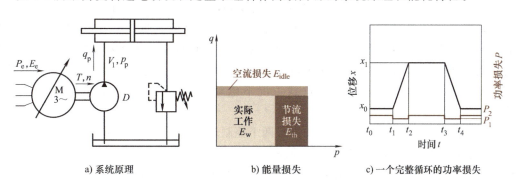

a) 系统原理　　　　　b) 能量损失　　　　　c) 一个完整循环的功率损失

图 3-3　变转速电动机和定量泵组合作为动力源的系统原理和能耗特性

系统中，电动机变转速工作，适应负载流量需求，液压泵工作在最大排量处。工作过程中，执行器不动作时，电动机可以停转，也可以以较低转速工作；执行器动作时，调控电动机转速即可调控系统流量，液压泵输出的流量全部进入执行器，系统中基本不存在溢流损失。

该系统在工作过程中，由于常规变频电动机转动惯量较大，因此其快速加速过程会对电网造成较大冲击，瞬时电流甚至会超过 5 倍的额定工作电流，并且相对于阀控和变量控制的系统而言，电动机动态响应速度较慢。随着高动态伺服电动机的应用，这些问题得以解决。另外，当系统流量需求较小而压力需求较大时，电动机工作在低速、大转矩工况下，需要附加相对独立的冷却装置来对电动机和液压泵进行降温；当系统流量需求较大而压力需求较小时，电动机工作在高转速、小转矩工况下，电动机效率较低。

目前该类型动力源，是变转速驱动的主流，尤其是在航空航天电静液执行器中应用较多。

4. 变转速电动机驱动变量泵

图 3-4 所示为变转速电动机和变量泵组合作为动力源的系统原理和能耗特性。

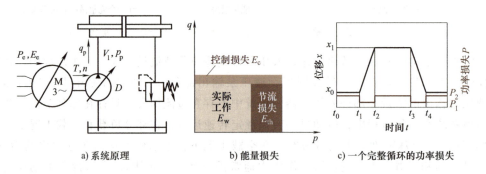

a) 系统原理 　　　　b) 能量损失 　　　　c) 一个完整循环的功率损失

图 3-4　变转速电动机和变量泵组合作为动力源的系统原理和能耗特性

系统中，电动机变转速、液压泵变排量工作，适应负载流量需求。工作过程中，执行器不动作时，电动机可以停转，也可以以较低转速工作，此时液压泵可工作在其最小排量处。执行器动作时，电动机转速和液压泵排量协调输出执行器需求的流量，液压泵输出的流量全部进入执行器，系统中不存在溢流损失。

对于图 3-4 所示动力源，其电动机可以是变频电动机，也可以是伺服电动机。对于变频电动机，其效率随负载的变化而较大范围变化，负载越低，效率也越低。一般情况下，异步电动机在负载率为 75% 以上时效率较高，负载率低于 50% 时效率明显下降，负载率低于 30% 时电动机效率显著变坏，因此可以通过协调电动机转速和液压泵排量来提升电动机负载率，从而解决小负载工况下电动机效率低的问题，整个动力源效率都较高。

由于该类型电液动力源存在转速和排量两个控制量，两者共同影响输出流量，因此需要设计协调控制策略。例如，电动机变转速时，由于电动机转动惯量较大，因此其快速加速过程对电网存在较大冲击，可以采用高动态的液压泵变排量控制策略来适应系统流量的动态需求，同时使电动机缓慢变转速，提升电液动力源整体效率。

3.1.3　电液动力源连接型式

长期以来，离散式电液动力源在液压系统中应用最普遍，其基本结构形态如图 3-5 所示，电动机与液压泵通过联轴器、连接套、支架等相连。

a) 电动机　　　　b) 联轴器　　　　c) 液压泵　　　　d) 连接后效果

图 3-5　离散式电液动力源基本结构形态

早在 20 世纪初，国外就出现了液压泵-电动机一体化的思想。早期，这种方案中液压泵与电动机不采用传统的联轴器，而是采用直插连接的连接方式，旋转部分不外露，其结构形态如图 3-6 所示。这种连接方式中，电动机、液压泵在结构上基本没有大的变化，只是电动机或液压泵无伸出轴。电动机轴心和定位法兰采用高精度加工工艺确保了装配的同轴度，较好地解决了液压泵与电动机不同心引起的噪声和振动。与图 3-5 所示方案相比，省去了联轴器、泵支座、公共底板等。

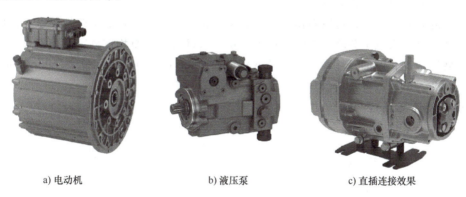

a) 电动机　　　　b) 液压泵　　　　c) 直插连接效果

图 3-6　电动机与液压泵直插连接结构形态

随着发展，出现了如图 3-7 所示的将液压泵集成在电动机转子内部的液压电动机泵，电动机和液压泵共用同轴、转子和壳体，结构更加紧凑。同时，电动机由油液冷却，转轴无外伸端，动力单元的振动和噪声均相对较小。但一般更换电动机或液压泵具有一定的困难。

图 3-7　液压电动机泵

3.2　变转速定排量控制特性

变转速电液动力源的基本结构是采用变转速电动机驱动定量泵，通过转速变化控制电液动力源的输出流量或压力，即电液动力源的动态特性由电动机决定。如图 3-8 所示，一般电液动力源基本控制包括流量控制和压力控制两类。

3.2.1　流量控制特性

变转速电液动力源的输出流量 q_p 由液压泵的排量 D、转速 n 和容积效率 η_{pv} 决定，即

$$q_p = nD\eta_{pv} \qquad (3\text{-}1)$$

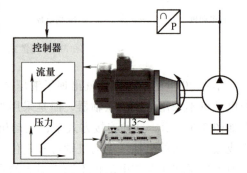

图 3-8　变转速电液动力源原理

图 3-9 所示为内啮合齿轮泵在不同转速和压力下的流量静态特性曲线，可以看出电液动力源输出流量与转速近似呈线性关系，但随着负载增大，液压泵输出流量会略有下降。此外，由于大部分液压泵均按额定转速设计，还往往存在最小转速限制，例如，柱塞泵一般最低转速为 500r/min，叶片泵一般为 600r/min，齿轮泵一般为 500r/min，因此这类液压泵不适用于变转速驱动。

电动机和液压泵之间的转矩平衡方程为

$$T_{em}\eta_m - T_{mp} - T_f = T_{em}\eta_m - \frac{\Delta pD}{2\pi\eta_{pm}} - T_f$$

$$= J\alpha + B_m\omega \qquad (3\text{-}2)$$

式中，T_{em} 为电动机的电磁转矩（N·m）；η_m 为电动机机械效率；T_{mp} 为电动机输入液压泵的转矩（N·m）；T_f 为电动机与液压泵之间的摩擦转矩（N·m）；J 为电动机和液压泵及连接件转动惯量（kg·m^2）；α 为电动机角加速度（rad/s^2）；B_m 为黏性阻尼系数（N·m·s/rad）；ω 为电动机角速度（rad/s）；Δp 为液压泵吸、排油口压差（MPa）；D 为液压泵排量（mL/r）；η_{pm} 为液压泵机械效率。

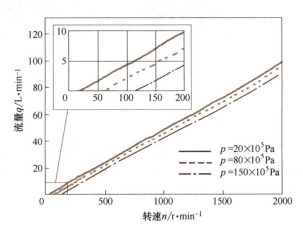

图 3-9　内啮合齿轮泵在不同转速和压力下的流量静态特性曲线

由式（3-2）可知，对于已经选定的电动机，其额定转矩不变。在额定电流作用下，电动机在变转速过程中，其转速动态响应受液压泵排量大小、负载压力大小等影响，液压泵排量和负载压力越大，电动机动态响应速度越慢。对于普通变频电动机而言，由于其转动惯量较大，在额定电流和额定负载下，速度从零加速到额定转速需历时 1.25s，起动较慢；即使在最大电流为额定电流的 2 倍时，变频电动机起动时间仍需 0.29s，难以满足系统对动态流

量变化的需求，大负载、大电流起动也会对电源提出更高的要求。

为了解决普通变频异步电动机带载起动速度慢、起动电流冲击大的问题，发展出了图 3-10 所示的电液动力源辅助起动原理。在电液动力源中，增设一个高压蓄能器，当电液动力源起动时，将液压蓄能器内高压油液引入液压泵吸油口，平衡液压泵负载，此时液压泵油口 B 工作在马达工况，辅助电动机起动。

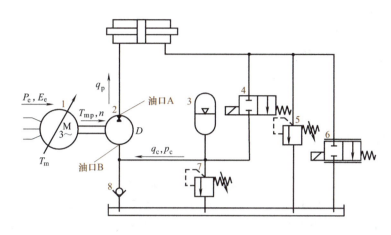

图 3-10　电液动力源辅助起动原理

1—电动机　2—液压泵　3—液压蓄能器　4—电磁开关阀　5、7—溢流阀　6—比例阀　8—单向阀

如图 3-10 所示，电动机带液压泵起动时，蓄能器内高压油液进入液压泵油口 B，液压泵油口 A 输出高压油液，因此，可将液压泵抽象为排量均为 D 的一个液压马达和一个液压泵，其转矩公式为

$$T_{mp} = \frac{p_p D}{2\pi \eta_{pmA}} - \frac{p_c D}{2\pi} \eta_{pmB} \tag{3-3}$$

式中，p_p 为液压泵排油口压力（MPa）；p_c 为液压泵吸油口压力（MPa）；η_{pmA} 为液压泵作为泵的机械效率；η_{pmB} 为液压泵作为马达的机械效率。

根据式（3-2）和式（3-3），可计算得起动时液压泵吸油口压力 p_c 与系统加速度 α 变化的关系为

$$\alpha = \frac{p_c D}{2\pi J} \eta_{pmB} \tag{3-4}$$

以额定功率为 37kW 的变频电动机驱动额定排量为 45mL/r 的液压泵的电液动力源为例，电动机及联轴器转动惯量为 0.64kg·m²，液压泵转动惯量为 0.033kg·m²，根据变频电动机参数和恒转矩起动原理可知，在额定电流作用下，电动机最大起动转矩为 230N·m，假设液压泵作为马达的机械效率为 90%，则可计算得：液压泵吸油口压力为 9MPa、排油口压力为 0MPa 时与液压泵吸、排油口压力均为零时相比，系统加速度可以增加 90.2rad/s²；液压泵吸油口压力为 0MPa、排油口压力为 9MPa 时与液压泵吸、排油口压力均为零时相比，系统加速度会减小 102.1rad/s²。

在蓄能器辅助起动系统中，变频
电动机额定功率为 37kW，最大起动
电流为 80A，液压泵额定排量为
45mL/r，分别设置蓄能器压力为
18MPa、15MPa、9MPa，液压泵排油
口压力分别为 0MPa、6MPa 和 9MPa，
得到的液压泵流量响应曲线如图 3-11
所示，其中，$q_{15\text{-}6}$ 指液压泵吸油口压
力为 15MPa、排油口压力为 6MPa，
其余同理。

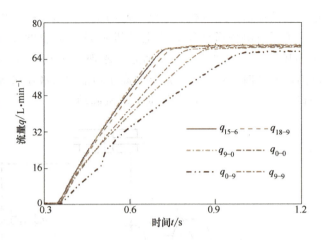

如图 3-11 所示，根据式（3-1），
当液压泵吸、排油口压力均为 0MPa
时，变频电动机从 0r/min 加速到

图 3-11　蓄能器辅助起动系统的液压泵流量响应曲线

1440r/min 历时 0.42s，根据加速度 $\alpha = \Delta n / \Delta t$，平均起动加速度约为 367.4rad/s^2；液压泵吸油口压力
为 0MPa、排油口压力为 9MPa 时，平均起动加速度约为 253.5rad/s^2，与吸、排油口压力均为
0MPa 时相比，加速度减小 31.0%；液压泵吸油口压力为 9MPa、排油口压力为 9MPa 时，平均起
动加速度约为 320.0rad/s^2，与吸、排油口压力均为 0MPa 时相比，加速度减小 12.9%；液压泵吸
油口压力为 9MPa、排油口压力为 0MPa 时，平均起动加速度约为 460.6rad/s^2。

对于伺服电动机驱动液压泵的电液动力源而言，伺服电动机惯性小，动态响应速度快，
即使是带额定负载，起动时间仍然可以控制在 100ms 左右，与变量泵动态响应基本一致，可
参考本书电动机和液压泵相关内容。

3.2.2　压力控制特性

由于常规异步电动机动态响应速度较慢，在变转速动力源中，难以直接用于压力控制，
故本书不进行描述。与变频电动机相比，伺服电动机具有更快的响应速度、更高的控制精度
和更好的响应特性，理论上可以用于压力控制。但一般情况下，实现电液动力源压力控制需
要增加压力反馈器件，在变转速定排量电液动力源中，一般需要增加压力传感器。

图 3-12 所示为采用压力反馈回路的电液动力源压力控制原理框图。采用图 3-12 所示原
理控制伺服电动机，进而驱动定量泵，实测得到的变转速压力反馈电液动力源压力控制阶跃
响应曲线如图 3-13 所示。

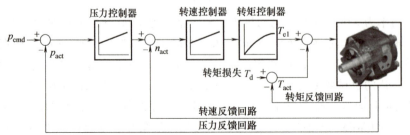

图 3-12　采用压力反馈回路的电液动力源压力控制原理框图

如图 3-13 所示，压力从 4MPa 上升到 12MPa 历时约 0.08s，从 12MPa 下降到 4MPa 历时约 0.044s，阶跃下降时间远小于上升时间，这主要是因为压力阶跃上升依赖电动机的动态响应性能。随着负载加大，电动机动态响应速度变慢，另外，随着误差值的减小，控制器的作用也在减小。压力阶跃下降时，系统压力为电动机制动提供能量，压力阶跃下降时间较短。

图 3-14 所示为变转速压力反馈电液动力源压力控制实测负载扰动阶跃响应特性。系统的初始压力为 16MPa，负载流量为 16L/min，负载容腔体积为 4L，作为扰动量的负载流量首先从 16L/min 降为 0，再由 0 上升为 16L/min。负载流量的改变引起伺服电动机转速的变化，由于初始工作点处电动机带有压力负载，因此伺服电动机的加速能力明显低于给定压力值阶跃响应时的情况，系统压力在两个方向都有较大的超调，都需要 500ms 的响应时间压力才能回到原始设定值。

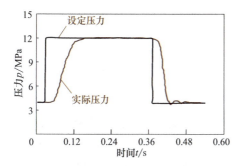

图 3-13　变转速压力反馈电液动力源压力控制实测阶跃响应曲线

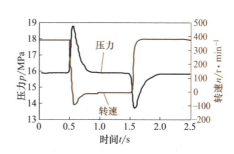

图 3-14　变转速压力反馈电液动力源压力控制实测负载扰动阶跃响应特性

在常规液压泵压力控制过程中，由于系统流量不可预知，因此通常是液压泵排量快速变化以保持出口压力恒定。而在变转速电液动力源中，由于电动机转速动态响应速度较慢且控制流量未知，通过控制转速对压力进行控制的系统动态响应速度相对较慢，而且控制器参数也对控制性能影响非常大。若不考虑液压泵效率影响，则液压泵输入转矩与负载压力和其排量成正比，因此在电液动力源中，如果液压泵排量一定，那么控制电动机的输出转矩即可控制动力源的输出压力。因此，在电液动力源排量已知的情况下，可以将动力源的压力控制转化到电动机的转矩控制上。为了验证通过转矩控制液压泵输出压力的可行性，可以用图 3-15 所示的基于转矩控制的伺服恒压电液动力源试验系统进行试验验证。

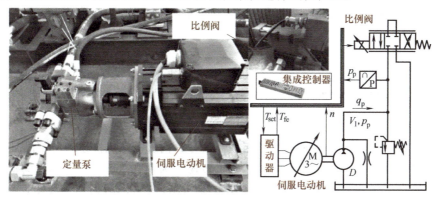

图 3-15　基于转矩控制的伺服恒压电液动力源试验系统

系统中，伺服电动机额定功率为 15kW，额定转矩为 72N·m，定量泵为博世力士乐双排量控制液压泵，额定排量为 45mL/r，系统采用额定流量为 100L/min 的比例阀进行加载。试验中，先关闭比例阀，调定溢流阀开启压力为 10MPa，设定转矩分别为 55N·m、60N·m、65N·m 和 70N·m，获得图 3-16 所示的只控制电动机转矩而无流量输出的压力控制特性曲线。

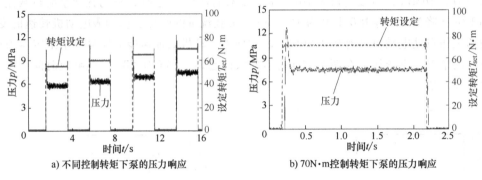

a) 不同控制转矩下泵的压力响应   b) 70N·m控制转矩下泵的压力响应

图 3-16 只控制电动机转矩而无流量输出的压力控制特性曲线

给定电动机驱动控制器转矩控制信号后，电动机迅速开始动作，由于无流量输出，压力开始迅速升高，由于泵出口容腔体积和泄漏流量都较小，在开始响应阶段存在较大的超调量。如图 3-16a 所示，当转矩分别设定为 55N·m、60N·m、65N·m 和 70N·m 时，压力响应的稳态值分别为 5.81MPa、6.35MPa、6.91MPa 和 7.46MPa。如图 3-16b 所示，设定压力为 70N·m 时，泵出口压力历时 0.05s 后达到设定值，动态响应速度非常快；当电动机转矩控制信号从 70N·m 变为 0N·m 时，电动机反向转动以对泵出口容腔进行减压，泵出口压力历时 0.038s 达到 0MPa，压力下降速度非常快。

图 3-17 所示为只控制电动机转矩获得的流量输出分别为 18L/min 和 28.4L/min 时，液压泵压力控制特性。试验中，使比例阀开启一定开度，调定溢流阀开启压力为 10MPa，设定转矩为 70N·m。

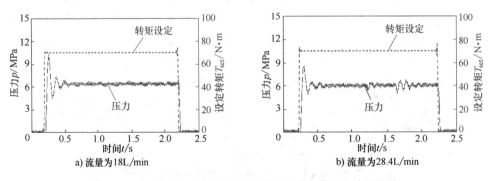

a) 流量为18L/min   b) 流量为28.4L/min

图 3-17 只控制电动机转矩获得的流量输出的压力控制特性

如图 3-17a 所示，在 0.18s 时给定转矩控制信号，伺服电动机快速起动，根据式（3-1），液压泵额定排量为 45mL/r，可获得伺服电动机转速约为 400r/min，泵出口压力历时 0.047s 后达到设定值，动态响应速度非常快。如图 3-17b 所示，在 0.22s 时给定转矩控制信号，伺服电动机快速起动，同理可获得转速约为 630r/min，泵出口压力历时 0.051s 后达到设定值，动态响应速度非常快。

图 3-18 所示为不同设定转矩、不同比例阀开度下液压泵输出压力与设定转矩的关系。可以看出，在固定阀口开度的情况下，泵输出压力与设定转矩近似呈线性关系。在相同设定转矩的情况下，阀口开度增大，液压泵输出压力减小。

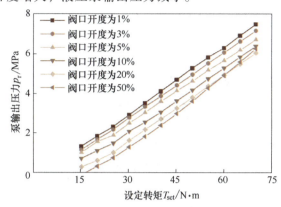

图 3-18　不同设定转矩、不同比例阀开度下液压泵输出压力与设定转矩的关系

从系统层面而言，改变阀口开度主要改变的是泵的转速，也即随着泵转速大幅增大，实际压力与理论计算压力的差值增大。为此，可以用图 3-19 所示的基于转速反馈的压力补偿控制原理，实现无压力传感器反馈的定排量电液动力源的压力输出控制。

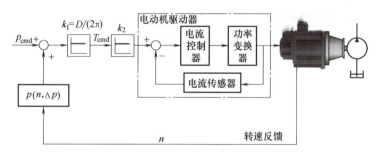

图 3-19　基于转速反馈的压力补偿控制原理框图

图 3-20 所示为压力设定为 8MPa 时，四种阀口开度下，电液动力源输出压力阶跃响应特性。设定阀口开度分别为 0、10%、20%、50%，实际压力分别为 7.5MPa、8.0MPa、7.9MPa、7.5MPa，可以看出转速对控制压力的影响大幅度降低。

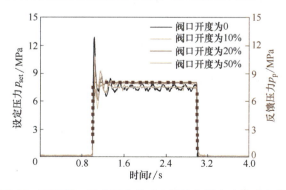

图 3-20　不同阀口开度下电液动力源输出压力阶跃响应特性

3.3 变转速变排量控制特性

3.3.1 流量控制特性

电液动力源的输出流量由液压泵的排量和转速决定，对于某一电液动力源，输出设定的流量可以有无数种液压泵的排量和转速匹配方案，如图 3-21 所示，其中 $q_1 = q_2$ 表示不同转速和排量组合下，液压泵输出流量相等。这种多样性给变转速和变排量电液动力源控制带来很大困难。

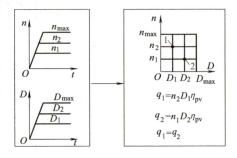

图 3-21 电液动力源液压泵的排量和转速匹配方案

忽略液压泵容积效率 η_{pv}，对式（3-1）两边求导可得

$$\frac{dq_p}{dt} = n\frac{dD}{dt} + D\frac{dn}{dt} \tag{3-5}$$

式中，q_p 为液压泵输出流量（L/min）；n 为电动机转速（r/min）。

结合式（3-2），忽略摩擦转矩和黏性阻尼系数，不考虑效率损耗，可得电动机角加速度

$$\alpha = \frac{1}{J}\left[T_{em} - \frac{pD(t)}{2\pi}\right]$$

则有电动机角速度为

$$\omega_1 = \omega_0 + \frac{1}{J}\int_{t_0}^{t_1}\left[T_{em} - \frac{pD(t)}{2\pi}\right]dt \tag{3-6}$$

液压泵排量为

$$D(t) = D_0 + \int_{t_0}^{t} D(t)\,dt \tag{3-7}$$

根据角速度与转速的关系 $\omega = 2\pi n$，即可得到转速。

由于液压泵动态响应速度较快，假设液压泵出口压力 p 不变，液压泵为变量泵时，液压泵排量与时间成正比例关系，则式（3-7）可以表示为

$$D(t) = D_0 + kt \tag{3-8}$$

给定设定流量为 q_1，假设液压泵设定排量和设定转速分别为 D_1 和 n_2，在 $t_0 \sim t_1$ 时间内，液压泵排量从 0 上升到 D_1，电动机转速从 n_0 上升到 n_1；在 $t_1 \sim t_2$ 时间内，液压泵排量维持为设定排量 D_1，电动机转速从 n_1 上升到 n_2。为电液动力源动态响应示意曲线如图 3-22 所示。

假设一开始液压泵排量为零，在 $t_0 \sim t_1$ 时间内，液压泵达到设定排量 D_1，响应时间可以表示为

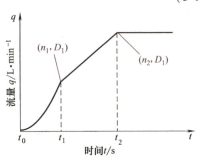

图 3-22 电液动力源动态响应示意曲线

$$t_1 - t_0 = \frac{D_1}{k} \tag{3-9}$$

假设系统压力不变，在 $t_0 \sim t_1$ 时间内，电动机转速变化为

$$n_1 = \frac{\omega_1}{2\pi} = \frac{1}{J} \int_{t_0}^{t_1} \left[T_{em} - \frac{pD(t)}{2\pi} \right] dt = \frac{1}{2\pi J} \frac{D_1}{k} \left(T_{em} - \frac{pD_1}{2\pi} \right) \tag{3-10}$$

式中，p 为液压泵进、出油口压力差（MPa）。

在 $t_1 \sim t_2$ 时间内，液压泵排量维持为设定排量，电动机转速变化为

$$n_2 - n_1 = \frac{1}{2\pi J} \int_{t_1}^{t_2} \left[T_{em} - \frac{pD(t)}{2\pi} \right] dt = \frac{1}{2\pi J} \left[T_{em}(t_2 - t_1) - \frac{pD_1}{2\pi}(t_2 - t_1) \right] \tag{3-11}$$

联立式（3-9）~式（3-11），可以求得

$$t_2 = \frac{D_1}{k} + \frac{2\pi J(n_2 - n_1)}{T_{em} - \frac{pD_1}{2\pi}} = \frac{2\pi J \frac{q_1}{D_1} - T_{em}\frac{D_1}{k} + \frac{pD_1^2}{4k\pi}}{T_{em} - \frac{pD_1}{2\pi}} + \frac{D_1}{k} = \frac{2\pi J \frac{q_1}{D_1} - \frac{pD_1^2}{4k\pi}}{T_{em} - \frac{pD_1}{2\pi}} \tag{3-12}$$

根据式（3-12）可知，当液压泵排量动态响应速度比电动机转速响应速度更快时，设置的液压泵排量越大，电液动力源动态响应速度越快。变转速电液动力源在变转速时，如果液压泵的排量和负载压力均发生变化，对于电动机而言，电动机的负载随之变化，则在恒转矩起动条件下，电动机的起动角加速度随之变化。根据液压泵变排量原理，压力对其变量过程影响较大，而转速对其影响较小，但转速越高，其流量越大，且压力升高速度也越快。根据电动机动态响应特性，变频电动机动态响应速度较慢，远低于液压泵动态响应速度，因此在变频电液动力源中应尽量避免电动机频繁变转速，可以在流量需求变化时，首先改变液压泵排量来匹配流量需求，当液压泵达到最大排量时若流量仍然不足，再改变电动机转速。而伺服电动机动态响应速度与变量泵比较接近，在控制过程中，可以通过同时调整电动机转速和液压泵排量实现流量匹配。

以 37kW 变频电动机驱动额定排量为 71mL/r 的变量液压泵为例，为了满足流量需求，将电动机转速计算分为两个模块：第一个模块是根据电液动力源效率谱优选出在当前负载功率下效率最高的液压泵转速和排量值，将该转速记为 n_{set1}；第二个模块是根据所需的流量需求，由液压泵最大排量计算出需要的液压泵最小转速，将该转速记为 n_{set2}。将 n_{set1} 和 n_{set2} 两个转速值进行比较，取较大值作为转速设定值。为了使电液动力源转速对流量微小突变和控制信号干扰不敏感，对计算出的转速控制值进行处理，将其阶跃信号处理成斜坡信号，获得电动机转速设定值 n_{set}。根据计算出的电动机转速设定值计算出当前流量需求下液压泵的排量控制值 D_{set}。如图 3-23 所示为变频电动机变排量电液动力源流量控制原理框图。

图 3-24 所示为采用图 3-23 所示流量控制原理获得的变频电动机驱动变排量泵流量动态响应曲线。图 3-24 所示曲线对应的电动机额定功率为 37kW，额定转速为 1500r/min，液压泵排量为 71mL/r，定转速变排量系统的电动机转速为 1500r/min，变转速变排量系统的电动机转速从 300r/min 上升到 600r/min。1.9 ~ 9.5s 时间内，流量需求为 30L/min。对定转速变

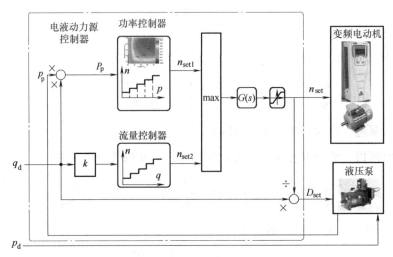

图 3-23　变频电动机变排量电液动力源流量控制原理框图

排量系统，在 1.9s 时液压泵排量为从 0mL/r 增加到 20.1mL/r，历时 0.18s。对变转速变排量系统，液压泵排量从 0mL/r 增加到 51.2mL/r 历时 0.15s。即在相同的流量需求下，采用变转速变排量方式，电液动力源流量动态响应与单纯采用变排量响应基本一致。

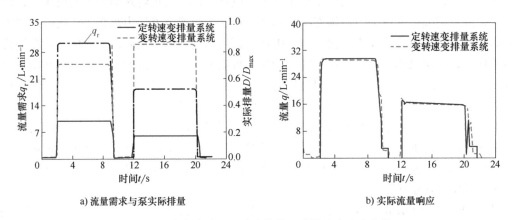

a) 流量需求与泵实际排量　　　　　　　b) 实际流量响应

图 3-24　变频电动机驱动变排量泵流量动态响应曲线

3.3.2　压力控制特性

要实现变转速变排量电液动力源压力控制，最好的方案是采用变转速电动机驱动恒压变量泵来控制系统压力和流量。变转速恒压电液动力源具有流量控制功能和压力控制功能：流量控制时，可以将恒压泵压力控制值设置为系统允许的最大压力，保证工作过程中只需控制电动机转速即可控制系统输出流量；压力控制时，主要通过恒压泵直接控制系统压力，同时，电动机转速用于匹配系统功率和降低噪声。

恒压控制过程中，电动机转速越高，压力变化速度越快。为了验证转速大小对恒压泵压力响应的影响，对不同转速下，恒压泵压力响应进行试验测试，获得图 3-25 所示结果。

如图 3-25 所示，泵的转速越高，压力动态响应速度越快，但超调量越大。液压泵转速为 1500r/min 时，液压泵压力达到设定值的 95% 历时约 0.167s，在 1200r/min 和 600r/min 时历时分别为 0.168s 和 0.247s。在 1500r/min、1200r/min 和 600r/min 时，压力超调量分别为 3.78MPa、3.16MPa 和 2.02MPa，超调量与转速成正比关系。

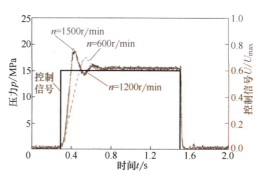

图 3-25　不同转速下恒压泵压力响应测试结果

在恒压控制过程中，为了使液压泵处于恒压工作工况，需要保证液压泵未达到最大排量，这就需要检测液压泵排量或系统输出流量，在液压泵接近其最大排量时，系统自动增大电动机转速。在液压泵排量低于某一限值时，系统自动降低电动机转速，从而保证液压泵工作在恒压工况。

3.4　新型电液动力源

3.4.1　开式电液动力源

博世力士乐是全球领先的传动与控制专家，也是我国工业领域应用较多的产品。近年来，博世力士乐推出了较多的变转速驱动方案。图 3-26 所示为变转速驱动成本变化曲线。20 世纪 90 年代，电动机变转速驱动所需的变频调控技术尚不成熟且设备昂贵，导致变转速驱动成本较高，未获得大规模推广应用。21 世纪，随着变频调速技术的成熟及设备的进步，变转速驱动系统价格从 1995 年到 2010 年降低了 75%，高性价比变转速驱动方案在 2010 年后获得了广泛应用。

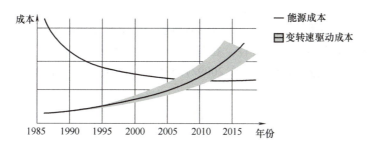

图 3-26　变转速驱动成本变化曲线

降低驱动系统能耗一直是装备领域的发展重点，也是未来产品的技术竞争关键点。变转速变排量系统可以通过转速和排量的协调大幅度降低液压泵工作在小排量工况下或电动机轻载工况下的能耗，可以通过优化泵和电动机的驱动组合实现快速响应和高能效来提高性能，以扩展液压控制功能。图 3-27 所示为博世力士乐 Sytronix 产品照片，主要包括变转速动力源产品及变转速变排量电液动力源产品。

a) 变转速动力源产品   b) 变转速变排量电液动力源产品

图 3-27 博世力士乐 Sytronix 产品照片

图 3-28 所示为 Sytronix 变转速动力源应用于不同吨位注塑机的能耗情况。得益于双变频驱动器或伺服驱动器,电动机的运行转矩和速度得以更有效地管理,电动机不是以额定转速连续运行,而是仅以足够快的速度转动以满足任何给定时间的系统需求。50t 级注塑机在注塑成形周期为 30s 的情况下,采用 Sytronix 变转速动力源后,相较于定转速变排量动力源,系统能耗减少 40.9%;160t 级注塑机在注塑成形周期为 15s 的情况下,采用 Sytronix 变转速动力源后,相较于定转速变排量动力源,系统能耗减少 33.3%。

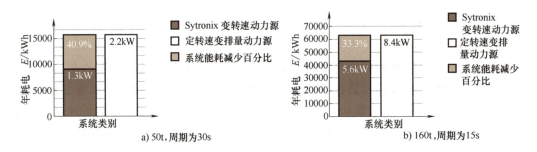

a) 50t,周期为30s   b) 160t,周期为15s

图 3-28 博世力士乐 Sytronix 变转速动力源应用于不同吨位注塑机的能耗情况

CytroPac 是博世力士乐在 Sytronix 基础上研发的动力源,产品照片和系统原理如图 3-29 所示,该动力源采用一体式变频器,能够根据当前的需求自动控制电动机转速。与恒定动力单元相比,能够根据不同的周期特性,在输出功率保持不变的情况下,将能耗降低 30%~80%,帮助厂家满足欧盟生态设计指令 2009/125/EC 对能耗和二氧化碳排放量的要求,以及汽车行业日益严格的要求。

CytroPac 可视为一个小型动力站,它包含了在最狭小的空间中快速完成安装而所需的一切零部件,包括经济型 Sytronix 驱动装置、已接线的变频器及工业 4.0 兼容功能模块;其功率可达 4kW,压力为 24MPa,高度为 60cm,直径为 36cm,与同规格电液动力源相比,安装空间减少 50%。开机时,连接电源、流体和数据接口即可使用。调试时,打开电源就可实现与控制系统、液压回路和冷却水回路的通信。

CytroPac 专为工业 4.0 时代日益提升的信息需求而设计,其核心是一体式变频器,有线连接压力、温度、油位、过滤堵塞和流量传感器,通过以太网网络接口对所有数据进行监测。CytroPac 由于可以持续获取设备运行状态,因此可以进行早期磨损和故障识别,并迅速进行修复。

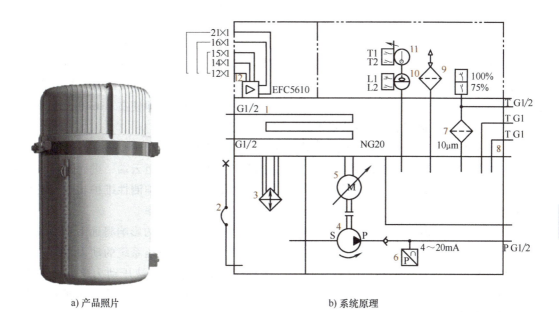

a) 产品照片   b) 系统原理

图 3-29 博世力士乐 CytroPac 动力源

1—油箱 2—可选油位检测与排油单元 3—冷却单元 4—液压泵 5—电动机 6—压力传感器 7—回油过滤器
8—换热器 9—污染度传感器 10—空气滤清器 11—浮动式油温传感器 12—变频器

在 2017 年推出令人惊艳的新一代小型液压动力站 CytroPac 后，博世力士乐研发团队进一步将节能、静音、互联、液压等全新理念融合应用，开发了新型中型液压站 CytroBox（7.5~30kW），其照片如图 3-30 所示。采用 CytroBox 将为机器带来以下优势：①结构紧凑，更小的安装空间为机器设计提供更多灵活性；②高效动力，为用户节约更多能源；③更低噪声，优化用户现场工作环境；④互联液压，开放式物联网（IoT）接口可以满足数字化工厂需求。

图 3-30 博世力士乐新型中型液压站 CytroBox（7.5~30kW）照片

CytroBox 采用博世力士乐 Sytronix 动力系统，通过博世力士乐伺服电动机 MS2N10 与 A10FZO 柱塞泵的完美匹配，可以为机器按需供能。CytroPac 集成伺服驱动器，通过预设参数，在待机或轻载工况下降低转速、节省能源，在机器需要重载工作时快速响应。在满足系统相同流量要求的情况下，CytroBox 将油箱体积减小了 75%，占地面积减小到 $0.5\mathrm{m}^2$，为机器设计提供更多灵活空间。与此同时，应用计算流体动力学（Computational Fluid Dynamics，

CFD）计算优化油箱内部流道，避免回油时将更多气体带入油箱，减少油液中的含气量，降低气蚀风险。

CytroBox 可配置带有 3D 砂芯打印技术的阀块，3D 打印技术的应用使流道设计有更多优化可能，减少管路压力损失，提高系统效率。其结构也便于集成现有阀块组合，通过预留空间适配机器应用环境，易于实现灵活设计，用户现场即插即用。CytroBox 的电动机泵组被布置在采用特殊设计的隔音底座上，通过内置隔音垫吸收壳体振动，即使在 CytroBox 满负荷工作时，使用噪声也可被控制在 75dB 以下。

CytroBox 可提供不同配置的传感器包和开放式接口，在标准配置（AAA）的基础上，用户可以选配更多传感器进行系统数据采集，通过通信模块将数据传至云端，进而实时掌握到机器运行状态。此外，基于大数据分析及机器学习模块，还可实现预测性维护功能，当系统出现异常时会发送预警信息，从而减少设备停机风险，提高工作效率。

CytroPac 与 CytroBox 这种"数字式智能型液压站"给用户带来的影响将远不止是液压动力产品在应用体验方面的提升，而是很可能彻底改变设备产线中液压系统的动力布局。工厂中的少数大功率分立液压站将因此被分布于运动部件周围的小功率液压动力单元网络所取代，这将为产线带来诸多益处，如优化的空间布局、灵活的动力分配、液压站的就近布置及整个系统的节能高效。

3.4.2 闭式电液动力源

图 3-31 所示为穆格公司生产的采用基础阀块的模块化电液伺服泵控单元照片及系统原理。该产品采用变转速伺服电动机驱动定量泵，并且将补油系统集成一体，可实现防过载、防吸空等闭式泵控系统基本功能。这种模块化电液伺服泵控单元的额定压力为 35MPa，额定流量范围为 85~450L/min，输出功率为 50~270kW。

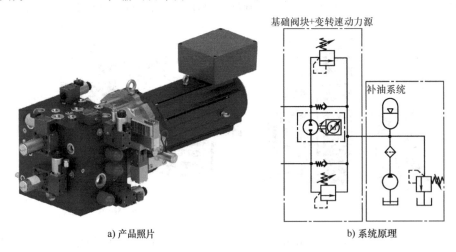

a) 产品照片　　　　　　　　　　b) 系统原理

图 3-31　穆格公司的采用基础阀块的模块化电液伺服泵控单元照片及系统原理

除上述采用基础阀块的模块化电动伺服泵控系统外，穆格公司还提供增设高速阀块的模块化电液伺服泵控单元产品，产品照片与系统原理如图 3-32 所示。其主要工作原理是工作液压缸与平衡液压缸机械连接，这两个液压缸相互作用可形成不同有效作用面积比的容腔，高速阀块通过切换液压泵进、出油口与工作液压缸和平衡液压缸的连接方式，从而改变液压缸进、出油腔的有效作用面积比，实现液压缸高速运动与大输出力功能的切换。

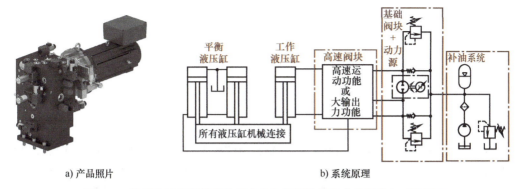

a) 产品照片　　　　　　　　　　　　b) 系统原理

图 3-32　增设高速阀块的模块化电液伺服泵控单元产品照片与系统原理

穆格电动伺服泵控系统的最新型号采用紧凑型设计，适用于高动态性能和高功率密度的应用场合，如用于汽车零部件试验设备中。同时，该系统也适用于金属加工领域，如金属冲压、切割、成型和折弯等，还可用于玻璃、陶瓷、塑料和皮革等其他材料的压制、冲剪和切割等工艺设备中。图 3-33 所示为穆格设计的紧凑型电动伺服泵控单元产品，主要应用于泵控单出杆或双出杆液压缸系统，实现直线运动，功率密度和动态性能俱佳。

a) 线性型　　　　　　　b) 平行型　　　　　　　c) 直角型

图 3-33　穆格公司的紧凑型电动伺服泵控单元产品

紧凑型电动伺服泵控系统单元包含 6 个部件，分别为伺服电动机、内齿轮泵、补偿油箱、控制阀块、截止阀和液压缸。与常规液压系统不同，紧凑型电动伺服泵控系统上的所有部件集成在一起，没有任何管道或软管。液压泵的输出流量和动力方向由伺服电动机控制，进而使液压缸做出指定的直线运动，还可实现液压缸输出力、速度和位置的可编程控制，具有出力性能好、功率密度高、噪声低、组件数量少等特点，与标准系统相比，油耗减少可达90%，不仅降低故障风险，而且便于更快维护和标准化、模块化设计。

思考题

3-1　变转速变排量系统成本较高，试结合本书电动机和液压泵的相关内容，给出使用变转速变排量系统的优势。

3-2　单独控制电动机转速或液压泵排量均可以控制动力源输出流量，在变转速变排量系统中，这两个变量应该如何控制？需要注意什么？

3-3　在设计变转速定排量系统和变转速变排量系统时分别需要考虑什么问题？

第4章 补油系统回路类型及性能分析

补油系统是协调和匹配泵控液压缸系统非驱动腔压力和流量的关键部件，在很大程度上影响泵控液压缸系统的控制可靠性、散热性能。本章就补油系统补油方案、补油阀、液压蓄能器、溢流阀、油箱等关键部件展开介绍，阐述补油系统各部件对补油过程、换热特性等的影响规律。

4.1 补油系统功能及回路类型

4.1.1 补油系统的功能

1. 补油系统的主要作用

泵控液压缸系统工作时存在机械效率与容积效率的损失，这会导致液压油的泄漏与油温的升高，故为保证系统正常工作，需要补油系统时刻向整个液压系统进行补油，以补偿系统液压油的泄漏以及降低系统油温。补油系统具有如下主要作用。

1）通过单向阀或单向溢流阀向系统低压腔补油，补偿系统液压油的泄漏。

2）在系统的低压腔建立起一定的压力，改善主泵进油口的吸入性能，防止系统工作时气蚀现象的出现。

3）通过补入凉油、以凉油置换系统内的热油，对系统进行冷却。

4）作为液压泵或液压马达变量控制机构、制动器控制机构等的先导控制油源。

2. 补油系统的类型

根据工作原理的不同，补油系统分为内置单一补油系统与外置集中补油系统，如图 4-1 所示。

1）内置单一补油系统一般为一个液压系统内的主泵对应一个补油泵，即一个闭式液压系统对应一个补油泵。补油泵为置于主泵内且排量为定值的齿轮泵，与主泵同轴，结构紧凑，价格相对来说比较便宜，但是当应用在一个液压泵对应多个液压马达的闭式液压系统时，会出现补油不足的现象，因此内置单一补油系统主要应用于单个闭式液压系统。

2）外置集中补油系统与内置单一补油系统相反，其原理是将内置的补油泵独立出来，通过外部的一个或多个液压泵集中式地向各个机构的闭式液压系统进行补油，能够时刻保证补油量充足，缺点是价格相对较高。外置集中补油系统的参数设置主要包括排量与补油压力两部分。补油压力的大小会影响系统排量控制的响应时间。对工作负载变化大或控制响应速度的系统要求高，需要设定较大的补油压力；反之，对工作负载变化不大或控制响应速度要求不高的系统时，需要设定较小的补油压力。若补油系统排量较小，则补入液压油流量不足，这样在系统低压腔出现波动时，就会因为补油压力，即系统低压腔压力过低而容易出现系统控制失压现象；系统低压腔压力过低将无法达到液控单向阀设定的开启压力，也就无法打开液控单向阀，液压马达壳体内的高温液压油不能正常进行冲洗，也无法通过散热器进行散热，会导致系统油温过高。反之，若补油系统的排量较大，则补入系统的液压油过量，这会导致补油压力，即系统低压腔压力过高，这时系统的需求功率也会增加，从而导致整机工作效率下降，而且多余的油液需要经过补油溢流阀进行卸荷，就会使系统产生不必要的发热和功率损失。

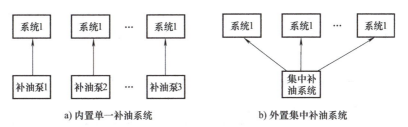

a) 内置单一补油系统　　　　　　　b) 外置集中补油系统

图 4-1　补油系统类型

3. 补油系统的工作原理

一种闭式泵控差动液压缸的补油系统如图 4-2 所示，该系统通过液控单向阀补偿非对称液压缸有效作用面积差造成的不平衡流量，属于对称泵控非对称液压缸系统。系统中，电动机驱动定排量闭式泵，泵的两个油口与液压缸直接相连，通过控制电动机的转速即可实现对液压缸速度的控制。系统中，为了补偿差动液压缸两腔的流量差，设置由补油泵（定量泵）、补油蓄能器和补油溢流阀组成的流量平衡回路，通过液控单向阀使流量平衡系统与主油路低压腔交换油液，溢流阀设定压力较小，工作过程中，系统高压腔压力控制与低压腔相连接的单向阀的打开，多余或缺少的油液通过该单向阀溢出或补充。

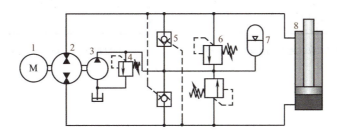

图 4-2　一种闭式泵控差动液压缸的补油系统

1—电动机　2—定排量闭式泵　3—补油泵　4—补油溢流阀　5—液控单向阀
6—安全溢流阀　7—补油蓄能器　8—液压缸

4.1.2　补油系统回路类型

补油系统回路一般称为流量平衡回路。按照回路中的辅助阀类型、是否有补油泵、辅助阀的控制信号类型，流量平衡回路可以分为不同类型。

1）按照所用辅助阀的类型不同，可分为液控单向阀流量平衡回路、液控三位三通换向阀流量平衡回路、电控二位二通换向阀流量平衡回路和电控三位三通换向阀流量平衡回路，分别如图 4-3a~d 所示。

2）按照回路中油源的不同，可分为无源和有源流量平衡回路。在无源平衡回路中（图 4-3a、c），采用带压油箱或蓄能器作为补油单元，回路元件少，易于集成，多见于集成化的泵控系统中，油源压力随着充放液变化，容积越小变化越大，对系统的性能有一定影响。在有源平衡回路中（图 4-3b、d），采用补油泵、溢流阀、蓄能器等小型供油系统作为补油单元，回路供油压力稳定，成本较高，可同时为泵变排量装置供油，补油泵与主泵同轴驱动或另由电动机驱动。

3）按照回路中辅助阀的控制信号类型，可分为辅助阀以压力信号作为控制信号的流量平衡回路（图 4-3a、b）和控制器根据所采集的压力信号控制辅助阀的启闭的流量平衡回路（图 4-3c、d）。

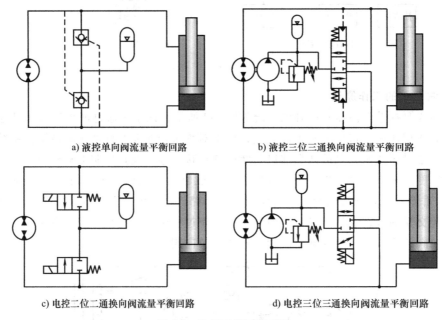

a) 液控单向阀流量平衡回路   b) 液控三位三通换向阀流量平衡回路

c) 电控二位二通换向阀流量平衡回路   d) 电控三位三通换向阀流量平衡回路

图 4-3 流量平衡回路类型

4.1.3 补油系统对系统运行特性的影响

补油系统的参数往往根据工程实际经验计算进行设定，多从容积效率、机械效率等方面考虑，还可从系统热平衡、泄漏量等方面对补油泵排量及补油压力进行分析。

根据系统各个部分的液压油泄漏量对补油泵排量进行估算。通过计算液压泵、液压马达等液压元件的效率与压力损失得到系统总的发热功率，根据液压泵和液压马达泄漏量、溢流阀通流量及系统低压腔压力值进行补油泵排量的匹配计算。

根据系统主要液压元件工作时的产热和散热之间的关系，进行闭式液压系统热平衡数学模型的建立，分析环境因素和工作参数等对系统稳态液压油温度的影响，在此基础上确定闭式液压系统所需补油量和系统内液压油温度的计算方法。补油系统工作时，由于液压泵和液压马达的机械效率和容积效率的存在，系统功率损失的部分都会通过不同的方式转化为系统的发热，且液压系统长期工作后液压元件会产生磨损，这会造成液压泵和液压马达容积效率下降，进而导致液压系统的泄漏量及发热功率增大，因此，在进行补油泵的参数设置时，排量必须留有一定的富余量。在达到液压系统的热平衡和压力匹配条件下进行闭式液压系统补油参数的设计计算。

系统输入转速、系统工作压力及主泵工作排量会导致系统产生不同的泄漏量与油温，导致不同补油系统的最小匹配排量不同。补油泵排量过小，会导致系统无法正常工作；补油泵排量过大，系统补油流量过大，则会产生不必要的功率损失。一般而言，系统工作压力越大，所需要的补油泵最小匹配排量也就越大，所选定溢流阀的最大通流量也就越大。补油系统需要时刻满足系统低压腔压力和系统油温都在合理的有效数值范围内，补油泵最小匹配排量必须满足在发动机有效输入转速范围内系统低压腔压力大于等于系统最低工作压力，系统油温低于 70℃。随着系统工作压力增大，系统低压腔压力、系统工作油温不断增大。在某一系统工作压力下，主泵工作排量为最大排量时，随着系统输入转速的增大，系统低压腔压力、系统工作油温不断增大，在系统输入转速为发动机额定输出转速时，分别达到最大值。在系统工作压力与主泵工作排量不变的情况下，随着系统输入转速的增大，补入系统的液压油需求量逐渐增大，系统所需最小匹配补油泵排量反而逐渐减小。

4.2 液控单向阀流量平衡回路性能分析

4.2.1 液控单向阀工作状态分析

理想的液控单向阀流量平衡回路状态如图 4-4a 所示，基本原理是利用两个液控单向阀 C_1、C_2 根据差动缸两腔压力差来控制油源与液压缸两侧回路的连通状态，进而平衡差动缸进出口的流量差异。正常情况下，我们希望两个液控单向阀一个开启，另一个则关闭，即油源在任何时刻都仅与液压缸一腔连通，回路的工作状态如图 4-4 所示。

下面以内泄式液控单向阀为研究对象，分析液控单向阀 C_1、C_2 在两腔压力 p_1、p_2 作用下的启闭状态，验证油源与差动缸两侧回路的连通状态是否与图 4-4 所示一致。

忽略管道损失，由于液控单向阀的动态性能对系统性能影响较小，因此假定液控单向阀仅有开、关两种状态。液控单向阀在液压缸两腔压力 p_1、p_2 及油源压力 p_c 的共同作用下控制液路的导通或关闭。当液控单向阀进出口压差大于其开启压力时，阀口可以在压差作用下打开；当液控单向阀进出口压差小于其开启压力时，阀口只能在先导液压油的作用下打开。

根据阀芯所受的液压力，阀 C_1 的开启条件为

$$\begin{cases} p_c - p_2 > p_{cr} \\ p_1 > \dfrac{p_2 - p_c + p_{cr}}{K_P} + p_c \text{ 且 } p_c - p_2 \leqslant p_{cr} \end{cases} \quad (4\text{-}1)$$

式中，p_{cr} 为单向阀开启压力，由弹簧预压缩量决定；K_P 为先导面积比，$K_P > 1$。

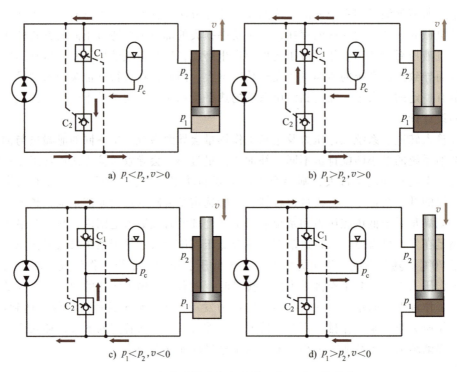

a) $p_1 < p_2, v > 0$　　　　　　　b) $p_1 > p_2, v > 0$

c) $p_1 < p_2, v < 0$　　　　　　　d) $p_1 > p_2, v < 0$

图 4-4　理想的液控单向阀流量平衡回路工作状态

同理，阀 C_2 的开启条件为

$$
\begin{cases}
p_c - p_1 > p_{cr} \\
p_2 > \dfrac{p_1 - p_c + p_{cr}}{K_P} + p_c \ 且 \ p_c - p_1 \leqslant p_{cr}
\end{cases}
\tag{4-2}
$$

将式（4-1）和式（4-2）在 p_1-p_2 坐标系中表示出来，可以得到在任意两腔压力值下阀 C_1、C_2 的开关状态，状态界限如图 4-5 中实线所示。图 4-4 中，阀 C_1 界限以上为关闭状态，界限以下为开启状态；阀 C_2 界限以上为开启状态，界限以下为关闭状态，由此可得到由阀 C_1、C_2 界限划分的开关状态：a_1 区域对应于阀 C_1、C_2 同时开启状态，a_2 区域对应于阀

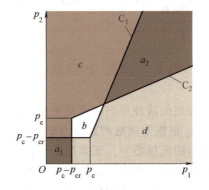

图 4-5　液控单向阀 C_1、C_2 在液压缸两腔压力下开关状态

C_1、C_2 同时开启状态，b 区域对应于阀 C_1、C_2 同时关闭状态，c 区域对应于阀 C_1 关闭、C_2 开启状态；d 区域对应于阀 C_1 开启、C_2 关闭状态。

4.2.2　液控单向阀流量平衡回路仿真分析

由两个液控单向阀开关状态的分析可以看出，除了图 4-4 所示的理想状态（图 4-5 中 c 区域和 d 区域，油源仅与一腔连通），还存在着同时开启（油源与两腔均相通）和同时关闭（油源与两腔均不相通）的情况。下面通过仿真分析液控单向阀 C_1、C_2 开关状态的变化以及对系统性能的影响。

忽略系统元件泄漏、管道损失等因素，假定油源压力不变。利用 AMESim 软件进行仿真，建立的液控单向阀流量平衡回路仿真模型如图 4-6 所示，主要仿真参数见表 4-1。

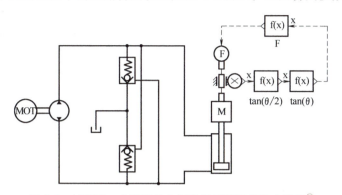

图 4-6　AMESim 中液控单向阀流量平衡回路仿真模型[一]

表 4-1　液控单向阀流量平衡回路仿真参数设置

名称及符号	数值	名称及符号	数值
活塞直径 D	95mm	油源压力 p_e	1MPa
活塞杆直径 d	60mm	单向阀开启压力 p_{cr}	0.3MPa
液压缸行程 L	1160mm	油源弹性模量 β_e	700MPa
折算质量 M	1000kg	黏性摩擦系数 V_c	1000N/(m/s)

以液压泵驱动挖掘机驱动斗杆为研究对象，模拟斗杆从最右侧位置摆动到最左侧位置的过程运行过程中保持液压泵转速不变，液压缸活塞杆逐渐伸出的过程中，系统主要参数的变化，如图 4-7 所示，可得如下分析结果。

1) 液压缸运行时，速度由零突然变化，由于惯性力、油液弹性等原因，液压缸速度表现为振荡衰减，逐渐趋于由液压泵输出流量 q 和液压缸有杆腔有效面积 A_2 确定的速度 $v=q/A_2$。斗杆在重力的作用下继续向左侧摆动，液压缸活塞杆伸出，有杆腔压力 p_2 随着外负载力的减小而减小，阀 C_2 在先导压力 p_2 的作用下开启，油源向液压缸无杆腔供油，使无杆腔压力 p_1 与油源压力 p_e 基本相等，此时阀 C_1、C_2 的开关状态位于图 4-5 中的 c 区域，即 C_1 关闭、C_2 开启状态，回路状态如图 4-4a 所示。

2) 液压缸活塞杆位于行程的中间位置时，外负载力 F 为零，但由于液压缸两腔有效面积不同，p_1 依然大于 p_2，阀 C_2 继续在先导压力 p_2 的作用下处于开启状态，使得斗杆在越过铅垂位置后的一定角度内，依然保持 C_1 关闭、C_2 开启的开关状态，p_1 基本不变，p_2 继续随着斗杆向左侧摆动而减小。

3) 液压缸活塞杆继续运动，p_2 继续减小，但在 p_2 减小到与 p_1 相同之前，p_2 先减小到了使阀 C_2 不能在先导压力的作用下开启的大小，C_2 由开启状态变为关闭状态，此时阀 C_1、C_2 的开关状态从图 4-5 中的 c 区域变化到了 b 区域，即 C_1、C_2 同时关闭的状态。从图 4-7d

---

[一] 本书中软件仿真模型图的符号、线条等不符合国家标准要求，考虑读者阅读方便，所有软件截图均保留原图效果。

中的局部放大图可以看出，通过阀 C_2 的流量 q_{C2} 迅速降为零，使液压泵进出口流量不同，这种状态很难维持下去，p_1、p_2 迅速减小，但此时的外负载还没有使两腔压力相等，从图 4-7c 中的局部放大图可以看出，两腔压力依然是 p_2 大于 p_1。因此阀 C_2 在压差作用下开启，q_{C2} 迅速上升，而阀 C_1 还没达到在压差作用下开启的状态，继续保持关闭状态，阀 C_1、C_2 的开关状态又迅速变化到了图 4-5 中的 c 区域，此过程引起了液压缸活塞杆速度的轻微振荡。

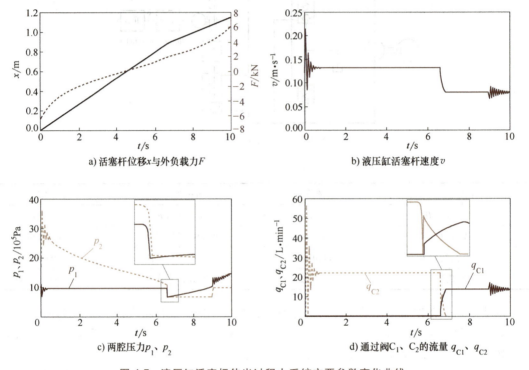

a) 活塞杆位移 x 与外负载力 F　　　　b) 液压缸活塞杆速度 v

c) 两腔压力 p_1、p_2　　　　d) 通过阀 C_1、C_2 的流量 q_{C1}、q_{C2}

图 4-7　液压缸活塞杆伸出过程中系统主要参数变化曲线

4）随着 p_2 减小到使阀 C_1 在压差作用下开启的大小，阀 C_1、C_2 同时开启，出现了油源同时向液压缸两腔供油的现象，q_{C1} 随着 p_2 的减小逐渐增大，q_{C2} 随着 p_1 的增大逐渐减小，如图 4-7d 中的局部放大图所示。决定液压缸活塞杆速度的有效作用面积逐渐变化为无杆腔面积，液压缸活塞杆速度逐渐减小，此时阀 C_1、C_2 的开关状态变化到了图 4-5 中的 a_1 区域。

5）随着液压缸活塞杆继续运动，p_1 增大到使阀 C_2 不能在压差作用下开启的大小时，阀 C_2 关闭，阀 C_1 继续在压差作用下处于开启状态，此时阀 C_1、C_2 的开关状态变化到了图 4-5 中的 d 区域。由于液压泵的流量保持不变，此时液压缸活塞杆速度减小到由液压泵输出流量 q 和无杆腔有效面积 A_1 确定的速度 $v = q/A_1$。

6）当 p_1 增大到使阀 C_1 在先导作用下开启的大小时，阀 C_1 进出口压差不再继续保持，p_2 迅速增大到接近油源压力 p_c。为保持液压缸受力平衡，p_1 也会迅速增大，在惯性力、油液弹性等的作用下，液压缸活塞杆速度发生振荡。此时回路的工作状态如图 4-4b 所示。

观察液压缸活塞杆从完全伸出到完全缩回的仿真结果，如图 4-8 所示，可得如下分析结果。

1）液压缸活塞杆在重力的作用下缩回，由于速度的突然变化，惯性力、摩擦力等发生较大的变化，进而引起两腔压力的变化，压力的变化又使两液控单向阀的开关状态改变，开关状态变化改变液压缸进出流量，必定会引起速度变化，又会造成惯性力、摩擦力等变化。因此在开关状态变化和惯性力、摩擦力等变化的相互作用下，液压缸活塞杆速度、两腔压力、阀 C_1 和 C_2 的开关状态、通过 C_1 和 C_2 的流量产生近似周期性的振荡现象，液压缸活塞杆位移发生爬行现象，如图 4-8b 所示。

2）随着液压缸活塞杆逐渐缩回，振荡现象随着外负载力的变化出现逐渐减小的趋势，并在某一时刻稳定下来，此时阀 C_1 关闭，阀 C_2 开启，回路状态如图 4-4c 所示。若在产生振荡现象后，外负载力不变，则振荡将持续下去。

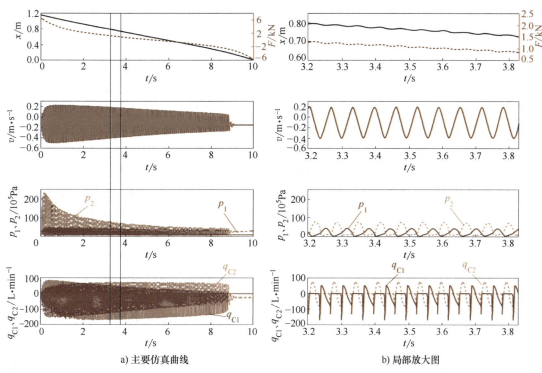

a) 主要仿真曲线　　　　　　　　　　　b) 局部放大图

图 4-8　液压缸活塞杆缩回过程中系统主要参数变化曲线

4.2.3　液控单向阀流量平衡回路性能特点及改进

通过对上述两液控单向阀开关状态及其流量平衡回路的仿真分析，可总结出液控单向阀流量平衡回路具有如下性能特点及改进方向。

1）两液控单向阀在进行正常的两种开关状态（指 C_1 开启、C_2 关闭和 C_1 关闭、C_2 开启状态）的切换过程中，会经历多种开关状态，油源与液压缸两腔的连通状态也多次改变。液压缸活塞杆伸出的过程中，两液控单向阀 C_1、C_2 的开关状态的变化曲线如图 4-9a 所示。此过程会产生压力突变、速度振荡等现象，因此应尽量减少两种正常开关状态之外的其他状态，使切换过程平稳。此外，在两种正常开关状态切换的前后，由于状态切换会导致决定液压缸活塞杆速度的有效作用面积发生变化，因此为使变化前、后液压缸活塞杆速度相同，应及时调整液压泵的输出流量。

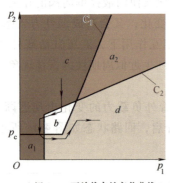
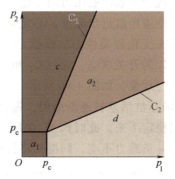

a) 阀 C_1、C_2 开关状态的变化曲线   b) $p_{cr}=0$ 时阀 C_1、C_2 开关状态的变化曲线

图 4-9   阀 C_1、C_2 开关状态

2）回路中液控单向阀开启方式的变化（压差作用或先导作用）会造成液压缸两腔压力发生突变，引起液压缸速度产生振荡现象。为减小这种变化的影响，使单向阀开启压力 p_{cr} 越小越好。考虑理想情况，使 $p_{cr}=0$，此时两阀的开关状态如图 4-9b 所示，b 区域面积为零，使两阀不能同时关闭。

3）速度的变化或外负载的变化都会使液压缸两腔压力发生变化，当两腔压力变化改变了两液控单向阀的开关状态，即改变了油源与差动缸两腔的连通状态时，两腔进出口流量发生改变，必定会引起液压缸速度的变化。某些工况下，在开关状态变化和惯性力、摩擦力等变化的相互作用下，系统出现振荡现象，可以通过限制液压缸的加速度减小液压缸两腔压力的变化，进而减轻振荡现象。

4）由于油液通过液控单向阀的压降较小，可以认为阀在先导作用下打开时，与油源相通的液压缸一腔压力即为油源压力 p_c。若使 $p_{cr}=0$，在点 $p_1=p_2=p_c$ 附近的区域，阀 C_1、C_2 的开关状态最易产生变化，也就容易产生振荡现象。区域的大小和形状与负载大小、液控单向阀的参数、摩擦等因素有关。

一般油源压力 p_c 较小，结合振荡产生的原因，可知振荡易发生在负载较小、速度较大、负载质量较大的工况下。为避免产生振荡现象，通过在液压缸两侧增加平衡阀，限制阀 C_1、C_2 先导压力和出口压力的最小值，在压力未达到此最小值时，平衡阀保持关闭，液压缸保持静止，但这种方法依然不能完全消除振荡现象。

4.3   液控换向阀流量平衡回路性能分析

4.3.1   液控换向阀流量平衡回路工作状态分析

液控三位三通换向阀的结构如图 4-10 所示。

换向阀阀芯在对中弹簧的作用下处于中间位置，阀芯位置由液压缸两腔压差决定，忽略阀芯的动态特性，仅考虑阀芯处于中间位置及完全开启的左、右两位，得到油源与液压缸两

腔回路连通的条件为

$$\begin{cases} p_1 - p_2 > p_{cr} & (\text{换向阀阀芯位于左位,油源与液压缸有杆腔相通}) \\ p_2 - p_1 > p_{cr} & (\text{换向阀阀芯位于右位,油源与液压缸无杆腔相通}) \end{cases} \quad (4\text{-}3)$$

式中，p_{cr} 为换向阀开启压力，由对中弹簧决定。

将式（4-3）表示在 p_1-p_2 坐标系中，如图 4-11 所示。

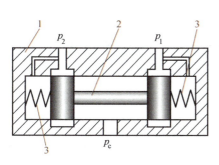

图 4-10　液控三位三通换向阀结构
1—阀体　2—阀芯　3—对中弹簧

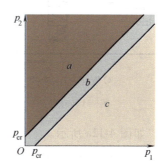

图 4-11　液控换向阀流量平衡回路油源与液压缸两腔的连通状态

结合式（4-3），得知图 4-11 中 a 区域为油源与液压缸无杆腔相通，c 区域为油源与液压缸有杆腔相通。而 b 区域作为两种连通状态的过渡区域，有三种可能：当滑阀的开口型式为正开口，油源同时与两腔相通；滑阀的开口型式为零开口时，虽然理论上此时 b 区域的面积为零，但实际零开口滑阀存在泄漏，因此认为滑阀的开口型式为零开口时，油源同时与液压缸两腔相通；滑阀的开口型式为负开口时，油源同时与两腔不连通。

根据对液控换向阀原理的分析，得出 a 区域和 c 区域回路的四种工作状态如图 4-12 所示。

1）当 $p_1 - p_2 > p_{cr}$ 时，换向阀下位接通，活塞杆伸出时，油源向液压缸无杆腔一侧补充所需油液，如图 4-12b 所示。

2）当 $p_1 - p_2 > p_{cr}$ 时，换向阀下位接通，活塞杆缩回时，油源吸收液压缸无杆腔输出的多余流量，如图 4-12d 所示。

3）当 $p_2 - p_1 > p_{cr}$ 时，换向阀上位接通，活塞杆伸出时，油源向液压缸无杆腔一侧补充

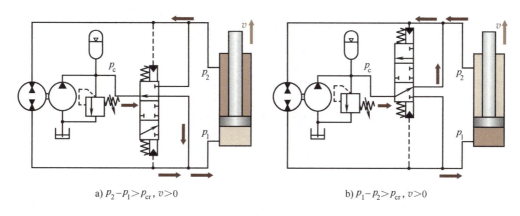

a) $p_2 - p_1 > p_{cr}$, $v > 0$　　　　　　　b) $p_1 - p_2 > p_{cr}$, $v > 0$

图 4-12　液控三位三通换向阀流量平衡回路的四种工作状态

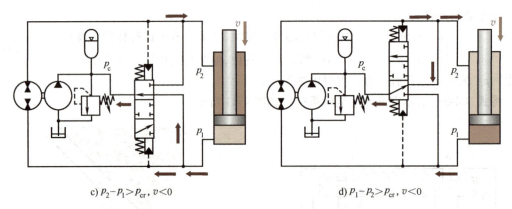

c) $p_2-p_1>p_{cr}$, $v<0$ d) $p_1-p_2>p_{cr}$, $v<0$

图 4-12 液控三位三通换向阀流量平衡回路的四种工作状态（续）

所需油液，如图 4-12a 所示。

4）当 $p_2-p_1>p_{cr}$ 时，换向阀上位接通，活塞杆缩回时，油源吸收液压缸无杆腔输出的多余流量，如图 4-12c 所示。

当 $p_1-p_2>p_{cr}$ 时，液压缸的速度 v 由泵的输出流量 q 和液压缸无杆腔有效作用面积 A_1 确定，$v=q/A_1$。当 $p_2-p_1>p_{cr}$ 时，液压缸的速度 v 由泵的输出流量 q 和液压缸有杆腔有效作用面积 A_2 确定，$v=q/A_2$。

4.3.2 液控换向阀流量平衡回路仿真分析

由液控换向阀工作状态的分析可知，除了图 4-12 所示的四种工作状态，还有 $|p_1-p_2|<p_{cr}$ 而油源与液压缸两腔的连通状态处于过渡区域的情况。下面通过仿真，分析图 4-11 中 b 区域，即油源与液压缸无杆腔相通区域和油源与液压缸有杆腔相通区域的过渡区域对液控换向阀流量平衡回路性能的影响。

对负开口式的液控换向阀流量平衡回路进行仿真，忽略元件泄漏、管道损失等因素，利用 AMESim 软件进行仿真，建立的液控换向阀流量平衡回路仿真模型如图 4-13 所示。换向阀开启压力 p_{cr} 为 3×10^5Pa，阀芯负开口遮盖量占阀芯行程的 10%。其余仿真参数见表 4-1。

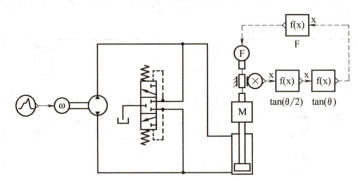

图 4-13 AMESim 中液控换向阀流量平衡回路仿真模型

负载模拟情况同 4.2.2 小节，摆杆液压缸运行一个周期中的仿真结果如图 4-14 所示，可得如下分析结果。

1）液压缸活塞杆逐渐伸出过程中，$p_2 - p_1 > p_{cr}$，换向阀上位接通，油源与液压缸无杆腔一侧相通，回路状态如图 4-14a 所示，液压缸速度 $v = q/A_2$。

2）随着液压缸运行，p_2 逐渐减小，当 $p_2 - p_1 < p_{cr}$ 时，换向阀阀芯处于中间位置，油源与液压缸两腔均不相通，液压泵出口流量大于进口流量，使 p_2 迅速减小，甚至小于零，如图 4-14c、d 的局部放大图所示，使液压缸活塞杆速度产生轻微振荡现象。

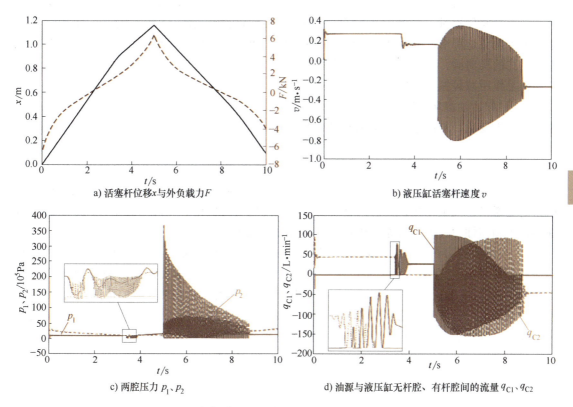

图 4-14　摆杆液压缸运行一个周期中的仿真结果曲线

3）随着液压缸活塞杆伸出，外负载力变化，当 $p_1 - p_2 > p_{cr}$ 时，液压缸活塞杆速度逐渐稳定下来，换向阀下位接通，油源与液压缸有杆腔一侧相通，回路状态如图 4-14b 所示，液压缸活塞杆速度 $v = q/A_1$，直到摆杆摆动到左侧最高位置时，液压缸活塞杆完全伸出。

4）液压缸活塞杆在重力的作用下开始缩回，发生了与液控单向阀流量平衡回路相似的现象。速度的突然变化使惯性力、负载力等发生变化，液压缸两腔压力发生变化，改变了换向阀阀芯的位置，油源与液压缸两腔的连通状态发生变化，液压缸进出口流量发生变化，又进一步导致速度发生变化。因此在阀芯位置和惯性力、负载力等的相互作用下，阀芯位置、两腔压力、液压缸活塞杆速度等产生振荡现象，液压缸位移出现爬行现象。

5）随着活塞杆逐渐缩回，振荡现象随着外负载力的变化出现逐渐减轻的趋势，并在某一时刻稳定下来。当 $p_2 - p_1 > p_{cr}$ 时，换向阀上位接通，油源与液压缸无杆腔一侧相通，回路状态如图 4-12c 所示，液压缸活塞杆速度 $v = q/A_2$。若在产生振荡现象后，外负载力不变，则振荡将持续下去。

4.3.3 液控换向阀流量平衡回路性能特点及改进

通过对液控换向阀流量平衡回路工作状态的仿真分析，可总结出液控换向阀流量平衡回路具有如下性能特点及改进方向。

1）油源从与液压缸一腔连通变化到与另一腔连通的过程中，由于当负开口式的换向阀阀芯处于中间位置时，油源与液压缸两腔均不相通，这会造成回路中压力过低，出现空化现象。为了避免这种情况，通常要在回路中并联两个单向阀，防止回路中压力过低，或者使用正开口式的换向阀，使阀芯处于中间位置时，油源与液压缸两腔同时连通，而且可以利用阀口的阻尼作用减轻振荡现象。

2）同样，油源从与液压缸一腔连通变化到与另一腔连通的过程中，由于液压缸有效作用面积发生变化，造成液压缸活塞杆速度发生变化。为使变化前、后液压缸活塞杆速度相同，应及时调整液压泵的流量。

3）与液控单向阀流量平衡回路类似，液压缸活塞杆速度的变化或外负载的变化都会引起液压缸两腔压力的变化，在两腔压力变化改变了换向阀阀芯的位置后，油源与液压缸两侧回路的连通状态发生变化，又会造成液压缸活塞杆速度的变化。在某些工况下，由于换向阀阀芯位置和惯性力、摩擦力等的相互作用，系统出现振荡现象。

4）当两腔压力在 $|p_1-p_2|<p_{cr}$ 的过渡区域附近时，外负载力较小，油源与液压缸两腔的连通状态最易发生改变，系统易产生振荡现象，且负载质量越大，振荡现象越明显。由图 4-14 可知，减小 p_{cr}，即减小 c 区域的面积，可以缩小易产生振荡现象的范围。

总结以上分析可知，液控单向阀和液控换向阀流量平衡回路适合运用在负载变化小且方向不变的工况下，一般要求负载对速度的影响越小越好。

4.3.4 辅助阀流量平衡回路振荡现象分析及改进方向

通过对液控单向阀和液控换向阀流量平衡回路的性能分析，可以发现两者在一定的工况下都存在振荡现象，这种现象几乎存在于所有的辅助阀流量平衡回路中，在一定程度上限制着泵控差动缸系统的性能及应用。在辅助阀流量平衡回路中，辅助阀的作用是根据液压缸两腔的压力信息控制油源与两腔的连通状态。当两腔压力的变化改变了辅助阀的工作状态时，由于液压缸两腔有效作用面积不同，液压缸活塞杆速度会发生变化，速度变化会引起惯性力、摩擦力等的变化，这些变化又会体现在两腔压力上，引起辅助阀工作状态的再次改变，造成系统振荡现象的产生，导致液压泵失去对液压缸的控制，降低系统的性能。振荡现象的表现形式包括辅助阀阀芯位移、液压缸两腔压力、液压缸活塞杆速度、液压缸活塞杆位移的振荡等。

液压缸两腔压力和所受到的外负载力、惯性力及摩擦力有关。结合对液控单向阀和液控换向阀流量平衡回路的分析，总结产生振荡现象的原因及改进方法如下。

1）外负载力的变化引起振荡。液压缸所受外负载力的大小和方向发生变化，液压缸两腔压力也随之变化，当辅助阀根据压力信息改变油源与液压缸两腔的连通状态时，液压缸活塞杆速度发生变化，系统出现振荡现象。因此当油源从与一腔连通切换到与另一腔连通时，为了减小由有效作用面积改变而导致的液压缸速度变化，应及时调整液压泵的输出流量，使切换前、后速度相同。此外，还需要考虑切换的过程应减少不必要的连通状态，使切换过程迅速、平稳。

2）液压缸活塞杆速度的变化引起振荡。液压缸活塞杆速度变化会引起加速度变化，惯性力、摩擦力等随之变化，液压缸两腔压力也随之变化，当压力变化到使辅助阀根据压力信息改变油源与两腔的连通状态时，就可能产生振荡现象。由于液压缸活塞杆速度变化较大，使惯性力发生较大变化，从而引起振荡现象。因此需要通过限制速度来限制液压缸两腔压力变化，减小惯性力、摩擦力等的变化，从而减轻振荡现象。

4.4　电控换向阀流量平衡回路性能分析

换向阀根据控制器的信号，控制油源与液压缸两腔的连通状态，相比于液控换向阀，电控换向阀可以根据两腔压力信息，实现更加复杂的控制策略。为了防止系统出现压力小于零的现象，阀芯采用零开口或正开口的型式。

4.4.1　辅助阀流量平衡回路工作状态分析

根据液压缸输出力

$$F_R = p_1 A_1 - p_2 A_2 \tag{4-4}$$

两边同时除以 A_2 得负载压力 p_L，即

$$p_L = \frac{F_R}{A_2} = p_1 \alpha - p_2 \tag{4-5}$$

式中，α 为液压缸两腔有效作用面积比，$\alpha = A_1/A_2$。

根据液压缸输出力 F_R 的符号定义控制腔与背压腔：$F_R > 0$，即当 $p_1 \alpha > p_2$ 时，无杆腔为控制腔，有杆腔为背压腔；$F_R < 0$，即当 $p_1 \alpha < p_2$ 时，有杆腔为控制腔，无杆腔为背压腔。将辅助阀在流量平衡回路的作用定义为使油源始终与液压缸背压腔相通，得到辅助阀根据液压缸两腔压力信息使连通状态切换的条件为

$$\begin{cases} p_1 \alpha - p_2 > 0 & \text{（油源与液压缸有杆腔连通）} \\ p_1 \alpha - p_2 < 0 & \text{（油源与液压缸无杆腔连通）} \end{cases} \tag{4-6}$$

若忽略系统各元件的泄漏，得到理想情况下辅助阀流量平衡回路在四象限工况中的连通状态及流量关系，如图 4-15 所示。记液压缸进出口的差异流量 $q_c = (A_1 - A_2)v$，则有四象限工况为：在第一象限中，液压缸活塞杆伸出，液压缸输出功率 $F_R v > 0$，系统放出能量，油源向液压缸有杆腔一侧回路补充所需流量 q_c；第四象限中，液压缸活塞杆缩回，液压缸输出功率 $F_R v < 0$，系统吸收能量，油源吸收液压缸无杆腔一侧回路多余流量 q_c；在第二象限中，液压缸活塞杆伸出，液压缸输出功率 $F_R v < 0$，系统吸收能量，油源向液压缸无杆腔一侧回路补充所需流量 q_c；第三象限中，液压缸活塞杆缩回，液压缸输出功率 $F_R v > 0$，系统放出能

量，油源吸收液压缸无杆腔一侧回路多余流量 q_c。在第一、四象限中，液压缸活塞杆速度由无杆腔确定，$v=q/A_1$；在第二、三象限中，液压缸活塞杆速度由有杆腔确定，$v=q/A_2$。

观察图 4-15，当 F_R 方向不变，工况在第一、四象限或第二、三象限之间变化时，油源始终是与液压缸有杆腔或无杆腔相通，控制腔没有发生变化，此时辅助阀流量平衡回路对液压缸性能没有影响。而当 F_R 方向发生变化，工况在第一、二象限或第三、四象限之间变化时，油源与液压缸两腔的连通状态、控制腔均发生变化，此过程可能会产生振荡现象。因此，应特别注意工况在 $F_R=0$ 附近的区域。

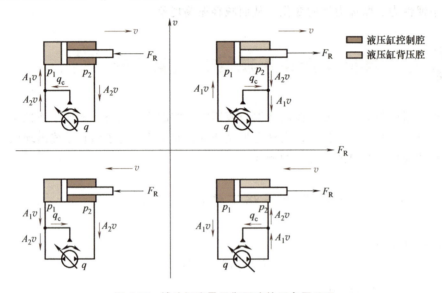

图 4-15　辅助阀流量平衡回路的四象限工况

4.4.2　电控换向阀流量平衡回路仿真分析

对电控换向阀流量平衡回路进行仿真，在电控换向阀切换油源与液压缸两腔的连通状态的同时，通过改变液压泵的排量来调整流量，减小状态切换前后速度的变化；负载模拟情况同 4.2.2 小节。利用 AMESim 软件进行仿真，建立的电控换向阀流量平衡回路仿真模型如图 4-16 所示。验证在摆杆摆动的过程中，通过电动机的速度控制来限制液压缸的加速度而减小惯性力等的变化的改进方法是否能够减轻振荡现象。

将从软件中选择的加速度曲线积分，作为电动机的转速，来限制加速度的大小。通过比较压力信号 $p_1\alpha$ 与 p_2 的大小，调节换向阀的阀芯位置及液压泵排量的大小。

位移及速度仿真结果曲线如图 4-17 所示，可以看出：摆杆在向左侧摆动的过程中，当液压缸输出力 F_R 的方向发生变化时，改变液压泵的排量，可以使油源与液压缸两腔连通状态切换前后的液压缸活塞杆速度相同，切换过程中仅存在轻微波动；摆杆在左侧最高位置开始向右侧摆动时，限制加速度大小，能够使液压缸活塞杆速度平稳换向，避免了惯性力变化过大引起的振荡现象；但在摆杆向右侧摆动的过程中，仍然存在着由 F_R 方向变化引起的速度振荡，说明该措施只能在一定程度上减轻系统振荡现象，并不能完全消除这种现象。

通过查找文献可以看出，在电控换向阀流量平衡回路系统中，采用电控换向阀平衡泵控

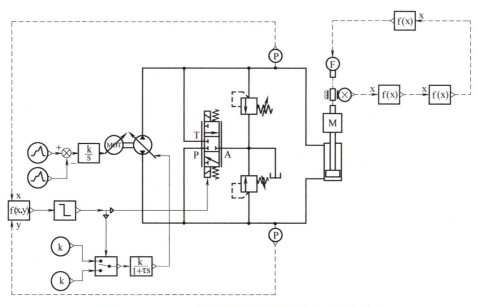

图 4-16　AMESim 中电控换向阀流量平衡回路仿真模型

差动缸系统流量回路存在振荡现象，现阶段还没有能完全消除振荡现象的方法，只能在一定程度上减轻振荡现象，这极大地限制了其应用，使其只能用于负载变化较小且方向不变的场合。有研究通过对振荡现象的理论分析而将振荡模式分为两种类型，并将液压缸输出力进一步分为由外力、电动机速度变化引起的惯性力、摩擦力，由阀开关引起的瞬时压力变化产生的力，以及由负载质量振荡产生的惯性力，

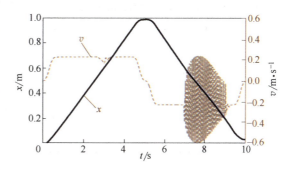

图 4-17　位移及速度仿真结果曲线

研究指出后两种力正是引起两种振荡现象的原因，因此可以采用状态观测器识别由外力、电动机速度变化引起的惯性力和摩擦力所引起的液压缸输出力，并以该力的方向作为换向阀的切换条件。

4.5　补油系统的油箱

4.5.1　补油系统油箱类型及作用

　　油箱在系统中的作用包括：储存系统所需的、足够量的油液，散发系统工作时产生的一部分热量，分离油液中的气体及沉淀污物。按照不同的分类方式，油箱可分为不同类型。

　　（1）油箱形状　按照油箱的形状，可分为矩形油箱和圆筒形油箱。通常采用矩形油箱，它便于制造，占地面积小，能充分利用空间。容量较大的油箱有时采用卧式圆筒形，但占地面积较大。

（2）油箱液面　按照油箱液面是否与大气相通，可分为开式油箱和闭式油箱。

1）开式油箱应用最广，液面与大气相通。为减少油液污染，油箱盖上应设置空气过滤器。

2）闭式油箱一般分为隔离式和充气式两种，充气压力为 0.05~0.07MPa。压力过高会使油液中溶入过多的空气。为防止压力过高或过低，应设置安全阀、电接点压力表和报警器。充气油箱的结构与开式油箱相同。

隔离式油箱有带折叠器的和带挠性隔离器的两种结构。当液压泵工作时，折叠器或挠性隔离器收缩或鼓起，使液面保持大气压力，而外界空气又不与油箱内的油液接触。折叠器或挠性隔离器的流量通常比液压泵的最大流量大 25% 以上。为了防止油箱内液面压力低于大气压力，需安装低压报警器、自动停机装置或自动紧急补油装置。充气油箱又称为压力油箱，油箱完全封闭，通入经过过滤和干燥处理的压缩空气，使箱内压力高于外界压力。

4.5.2　补油系统油箱设计

油箱容积的确定是设计油箱的关键。油箱的容积应能保证当系统有大量供油而无回油时，最低液面在进口过滤器之上，保证不会吸入空气；当系统有大量回油而无供油或系统停止运转，油液返回油箱时，油液不致溢出。

初始设计阶段，可依据使用情况，按经验公式确定油箱容积，即

$$V = \alpha Q_P \tag{4-7}$$

式中，V 为油箱有效容积（m^3）；Q_P 为液压泵流量（m^3/min）；α 为经验系数，见表 4-2。

表 4-2　经验系数 α

系数类型	行走机械	低压系统	中压系统	锻压系统	冶金系统
α	1~2	2~4	5~7	6~12	10

4.5.3　补油系统油箱热平衡特性

闭式液压系统工作时，油液在回路中通过管道在液压泵和液压马达中循环使用，只有部分热油液（在系统中循环而变热的油液）通过溢流阀和液压马达壳体返回油箱，补油泵则通过主回路低压侧补充冷油液（来自油箱的温度较低的油液）。在这个过程中，电动机的一部分功率提供给液压马达驱动外负载做功，而剩余功率基本上都会转化为热量。系统在长时间运行后，会达到热平衡状态，即系统的发热功率等于散热功率。在闭式系统中，系统本身的散热方式主要是油箱散热、液压泵及液压马达壳体散热、管道表面散热等。相对于油箱散热，液压元件表面及管道表面的散热量非常小，属于可忽略因素。因此，这里主要考虑油箱对系统温度的影响。

液压系统中产生的热量一部分使油液温度升高，一部分经冷却表面散发到空气中去。因管路散热量与其发热量基本平衡，故一般只计算油箱的散热。油箱的散热功率 H（kW）计算

式为

$$H - KA(t_1 - t_2) = KA\Delta t \tag{4-8}$$

式中，K 为油箱总传热系数（见表 4-3）；A 为油箱散热面积（m^2）；Δt 为系统的温升（℃），$\Delta t = t_1 - t_2$；t_1 为系统中的油液温度（℃），t_2 为环境温度（℃）。

总传热系数 K 与油液传向油箱内壁的传热系数、油箱壁厚、油箱壁的热导率、油箱外表面传向外部空间的传热系数有关。而油箱壁的热导率与材质有关，其关系为

$$K = \left(\frac{1}{\alpha_1} + \frac{1}{\alpha_2} + \frac{\delta}{\lambda}\right)^{-1} \tag{4-9}$$

式中，α_1 为油液传向油箱内壁的传热系数（$kW/m^2 \cdot K$）；α_2 为油箱外表面传向外部空间的传热系数（$kW/m^2 \cdot K$）；δ 为油箱壁厚（m）；λ 为油箱壁的热导率（$kW/m \cdot K$）。

实际上，$1/\alpha_1$ 比 $1/\alpha_2$ 小得多，可略去不计。一般油箱壁厚的数量级为 10^{-2}m，而钢的热导率 λ 约为 $50kW/m \cdot K$，则 δ/λ 约为 2×10^{-4}，比 $1/\alpha_2$ 小得多。即油箱材质对总传热系数的影响很小。所以在一般计算中，可取 $K = \alpha_2$。

表 4-3　油箱的总传热系数 K

冷却条件	$K/kW \cdot (m^2 \cdot K)^{-1}$	冷却条件	$K/kW \cdot (m^2 \cdot K)^{-1}$
通风条件很差	8~10	风扇冷却	20~25
通风条件很好	14~20	循环水强制冷区	110~175

为了简化计算，在一般情况下，计算发热量时只考虑液压系统和溢流阀的发热量，在计算散热量时只考虑油箱的散热量（在没有冷却器时），在计算系统贮存的热量时只考虑油液及油箱温度升高所需的热量。在元件选择合理时，其他液压阀及管路的发热量并不大，且考虑到它们会在系统工作的同时向周围空气散热，故可忽略不计。当系统中的发热量和散热量相等，即达到热平衡状态时，油液温度不再升高，此时，油液所达到的温度 t_1（℃）为

$$t_1 = t_2 + \frac{H_1}{AK} \tag{4-10}$$

式中，H_1 为系统各工作阶段内的发热功率（kW）。

常用机械液压系统的油液温度见表 4-4，若计算出的油液温度超过液压设备允许的最高温度，就要设法增大油箱散热面积或考虑增设冷却装置。

表 4-4　常用机械液压系统的油液温度

机械类型	正常工作温度/℃	允许最高温度/℃	允许温升/℃
一般机床	30~55	55~65	25~30
数控机床	30~50	55~65	25
粗加工机械	40~70	60~90	35~40
工程机械	50~80	70~90	35~40
船舶	30~60	80~90	35~40
机车车辆	40~60	70~80	35~40

对于高压系统，为了防止漏油，油液的温度不宜过高。根据机械允许最高温度和环境温度，已知液压系统的平均发热功率，即可求出油箱的最小散热面积 A_{min} 为

$$A_{min} = \frac{H}{K(t_1 - t_2)} \qquad (4-11)$$

如果油箱尺寸的长、宽、高之比为 $1:1:1 \sim 3:2:1$，液面高度达油箱高度的 80%时，设计要求油箱靠自然冷却使系统保持在允许最高温度以下，则油箱散热面积可近似计算为

$$A = 0.065 V^{\frac{2}{3}} \qquad (4-12)$$

式中，V 为油箱有效容积（L）；A 为油箱散热面积（m^2）。

当环境通风良好时，取 $K = 15kW/m^2 \cdot K$，令散热面积 $A = A_{min}$，则油箱在自然散热时的最小有效体积为

$$V_{min} = 10^3 \left(\frac{H}{t_1 - t_2} \right)^{\frac{3}{2}} \qquad (4-13)$$

式中，t_1 为允许最高温度（℃）；t_2 为环境温度（℃）。

如果按照使用情况确定的油箱容积大于式（4-13）中的最小容积 V_{min}，则在通风良好的条件下，油箱可以保证油液温度不超过允许最高温度；如果按照使用情况确定的油箱容积小于式（4-13）中的最小容积 V_{min}，则说明散热不好，油液温度会超过允许最高温度。解决方法是增大油箱容积、改善通风条件（如用风扇冷却）或采用循环水强制冷却。

思考题

4-1 泵控系统中单向阀的作用主要有哪些？

4-2 泵控系统中油箱的作用主要有哪些？

4-3 补油压力过低对系统有什么影响？

4-4 某蓄能器充气压力为 9MPa，用流量为 5L/min 的泵充油，当蓄能器升压到 20MPa 时，快速向系统排油，压力降到 10MPa 时，排出油的体积为 5L，试确定蓄能器的体积。

液压缸是泵控系统的执行元件，通过活塞杆直线往复运动或回转摆动，将液压能转变为机械能，驱动机械装备作业机构运动。液压缸具有结构简单、输出力大的优点，广泛应用于工程机械、农业机械、航空航天、军事机械等装备领域，是重载装备实现直线作业的主要元件。

5.1 液压缸类型

图 5-1 所示为液压缸的基本结构，主要包括活塞、活塞杆、缸体、端盖等。液压缸有很多种类型，可根据支承形式、供油方向与结构形式等分类，其中，按照供油方向的不同，液压缸可分为单作用液压缸与双作用液压缸。

1）单作用液压缸的特点是仅有一个油腔与动力源相连接，液压缸活塞杆在动力源液压油作用下仅可伸出或缩回，而反方向运动则需要借助弹簧力或外部负载力来实现。单作用液压缸主要应用于两象限工况作业的机构，如垃圾运输车升降装置、农具悬挂耕深控制装置等。

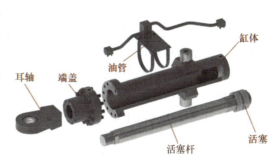

图 5-1 液压缸的基本结构

2）双作用液压缸的特点是液压缸的两个油腔均可输入或输出液压油，活塞在液压油作用下可进行双向往复运动，泵控系统多采用这种形式的液压缸。双作用液压缸根据结构形式的不同，可分为单出杆液压缸、双出杆液压缸、对称单出杆液压缸、多腔液压缸及摆动液压缸。

5.1.1 单出杆液压缸

单出杆液压缸结构如图 5-2 所示。

单出杆液压缸一端有活塞杆伸出，两腔有效作用面积不相等，在输出相同流量时，液压缸活塞杆伸出与缩回的运动速度不同，且相同压力作用于不同油腔时，两个方向的

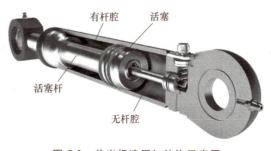

图 5-2 单出杆液压缸结构示意图

输出力不同。单出杆液压缸的缸体长度与活塞杆长度基本相同，安装结构紧凑，其在挖掘机、装载机、压力机、轧机等重型装备中广泛应用。

当单出杆液压缸无杆腔进油，有杆腔出油时，活塞杆伸出，当单出杆液压缸有杆腔进油、无杆腔出油时，活塞杆缩回，从而实现活塞杆伸出与缩回的直线往复运动。单出杆液压缸活塞杆伸出与缩回时，活塞杆输出力 F_1（N）和 F_2（N）分别为

$$F_1 = (A_A p_A - A_B p_B) \eta_m = \frac{\pi}{4} \left[D^2 (p_A - p_B) + d^2 p_B \right] \eta_m \tag{5-1}$$

$$F_2 = (A_B p_B - A_A p_A) \eta_m = \frac{\pi}{4} \left[D^2 (p_B - p_A) + d^2 p_B \right] \eta_m \tag{5-2}$$

式中，p_A 为液压缸无杆腔压力（Pa）；p_B 为液压缸有杆腔压力（Pa）；A_A 为液压缸无杆腔有效作用面积（m^2）；A_B 为液压缸有杆腔有效作用面积（m^2）；D 为液压缸活塞直径（m）；d 为液压缸活塞杆直径（m）；η_m 为液压缸机械效率（%）。

单出杆液压缸活塞杆伸出速度 v_e 与缩回速度 v_r 分别为

$$v_e = \frac{4q\eta_c}{\pi D^2} \tag{5-3}$$

$$v_r = \frac{4q\eta_c}{\pi (D^2 - d^2)} \tag{5-4}$$

式中，q 为输入液压缸的流量（m^3/s）；η_c 为液压缸容积效率（%）。

对不同规格的单出杆液压缸输入相同流量时，活塞杆伸出和缩回速度与活塞面积和活塞杆面积有关，两者面积差越大，活塞杆伸出与缩回时的速度差值越大。由于活塞面积始终大于活塞杆面积，单出杆液压缸活塞杆伸出速度始终小于缩回速度，$v_r / v_e = \varphi$ 通常称为单出杆液压缸的往返速度比。由于单出杆液压缸无杆腔面积始终大于有杆腔面积，当无杆腔进油，活塞杆驱动阻抗负载时，产生的推力大而速度慢；当有杆腔进油，活塞杆驱动阻抗负载时，产生的拉力小而速度快。液压缸的往返速度比 φ 与活塞杆和活塞直径比 d/D 有对应关系，其标准系列见表 5-1。

表 5-1 液压缸的往返速度比标准系列

φ	1.06	1.12	1.25	1.40	1.60	2.00	2.50	5.00
d/D	0.25	0.32	0.45	0.55	0.63	0.70	0.80	0.90

5.1.2 双出杆液压缸

图 5-3 所示为双出杆液压缸结构原理。双出杆液压缸主要包括活塞、活塞杆、缸体、端盖等，两个活塞杆安装于活塞两侧，活塞杆在两侧油液作用下可双向伸出或缩回。双出杆液压缸与工作装置可通过活塞杆或缸体连接。以机床工作台为例，若活塞杆与工作台连接，工作台活动范围为活塞有效行程的 3 倍，安装体积大；若缸体与工作台连接，工作台活动范围为活塞有效行程的 2 倍，安装体积小。

双出杆液压缸两端的活塞杆直径相同，因此两腔等效作用面积相同，活塞移动过程中，双出杆液压缸两腔油液流量相同。忽略液压缸回油压力的影响，当分别向双出杆液压缸两腔

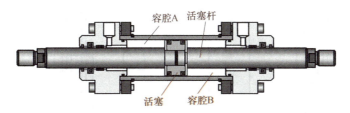

图 5-3　双出杆液压缸结构原理

输入相同的流量和压力时，双出杆液压缸两端活塞杆的输出力与速度相同，即

$$F_1 = F_2 = A(p_A - p_B)\eta_m = \frac{\pi}{4}(D^2 - d)(p_A - p_B)\eta_m \tag{5-5}$$

$$v_r = v_e = \frac{4q\eta_c}{\pi(D^2 - d^2)} \tag{5-6}$$

式中，A 为双出杆液压缸两腔有效作用面积（m^2）；p_A 为双出杆液压缸左腔压力（Pa）；p_B 为双出杆液压缸右腔压力（Pa）。

5.1.3　对称单出杆液压缸

图 5-4 所示为对称单出杆液压缸结构原理，对称单出杆液压缸主要包括活塞、中空活塞杆、缸体、柱塞杆等。活塞与缸体、柱塞杆与中空活塞杆等配合将液压缸划分为 3 个容腔，分别为容腔 A、容腔 B 与容腔 C。为使液压泵流量与对称单出杆液压缸流量相匹配，容腔 A 与容腔 B 的有效作用面积被设计为相等大小。对称单出杆液压缸使用过程中，液压泵两个油口分别与容腔 A 和容腔 B 连接，

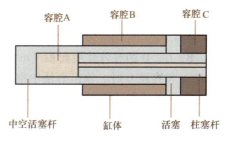

图 5-4　对称单出杆液压缸结构原理

容腔 C 则与外界空气连通。在此工况下，对称单出杆液压缸与双出杆液压缸作用机理基本相似，由于容腔 A 和容腔 B 的等效作用面积相等，因此在活塞移动过程中，对称单出杆液压缸两腔油液流量相同，忽略液压缸回油压力的影响，当向对称单出杆液压缸输入不变的流量和压力时，活塞杆伸出与缩回的运行速度与所受输出力相同。

对于挖掘机、装载机等采用重载机械臂作业的装备，对称单出杆液压缸的一个容腔可以与蓄能器连接，如此连接蓄能器的对称单出杆液压缸也称为集成储能腔液压缸，实现机械臂重力势能的回收与利用，其余两个容腔有效作用面积相等，分别与液压泵进、出油口连接，可构成泵控双出杆液压缸系统。图 5-5 所示为对称单出杆液压缸与蓄能器的连接关系，由于机械臂在举升和下放时的负载力方向相同，运动方向不同，蓄能器可与容腔 C 或容腔 A 连接，蓄能器油液压力作用于 C 腔或 A 腔产生的输出力克服机械臂的重力。当对称单出杆液压缸容腔 C 与蓄能器连接时，如图 5-5a 所示，液压缸容腔 A 与容腔 B 有效作用面积设计为相等大小。当对称单出杆液压缸容腔 A 与蓄能器连接时，如图 5-5b 所示，液压缸容腔 C 与容腔 B 有效作用面积设计为相等大小。

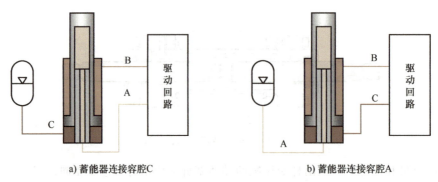

a) 蓄能器连接容腔C　　　　　　　　　　　　　b) 蓄能器连接容腔A

图 5-5　对称单出杆液压缸与蓄能器的连接关系

5.1.4　多腔液压缸

随着数字液压技术的发展，基于恒压网络与数字阀技术，多腔液压缸可实现输出力的离散控制，降低液压系统的节流损失。图 5-6 所示为具有四个容腔的多腔液压缸结构原理及外形照片。多腔液压缸主要包括缸体、活塞、中空活塞杆、柱塞杆等，柱塞杆与缸体之间形成容腔 A，中空活塞杆与缸体之间形成容腔 B、与缸体端部形成容腔 C、与柱塞杆之间形成容腔 D。图 5-6a 所示多腔液压缸的输出力方程为

$$F = p_A A_A - p_B A_B + p_C A_C - p_D A_D \tag{5-7}$$

式中，p_A、p_B、p_C、p_D 分别为容腔 A、B、C、D 的压力（Pa）；A_A、A_B、A_C、A_D 分别为容腔 A、B、C、D 的有效作用面积（m^2）。由式（5-7）可知，液压油压力作用于多腔液压缸的容腔 A 和容腔 C 时，输出力使中空活塞杆伸出；作用于多腔液压缸的容腔 B 和容腔 D 时，输出力使中空活塞杆缩回。多个容腔使液压缸输出力和速度的调控更加灵活，便于装备实现智能化和绿色化。

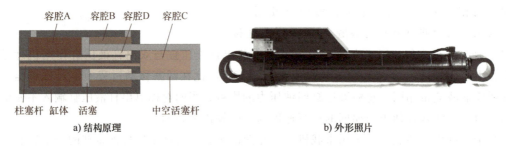

容腔A　容腔B　容腔D　容腔C

柱塞杆　缸体　活塞　　中空活塞杆

a) 结构原理　　　　　　　　　　　　　　　b) 外形照片

图 5-6　具有四个容腔的多腔液压缸结构原理及外形照片

多腔液压缸目前已在数字阀控系统中得到了应用。图 5-7 所示为多腔液压缸数字阀控系统原理，多腔液压缸每个容腔分别通过一个数字流量控制单元（Digital Flow Control Unit，DFCU）与高压管路和低压管路连接，每个数字流量控制单元由 8 个电磁开关阀组成，不同的电磁开关阀组合可以满足容腔不同流量需求。通过切换不同容腔与高低压管路的连接关系，可离散调控液压缸输出力。图 5-7 所示的数字阀控系统可实现 $2^4 = 16$ 种输出力状态。若进一步增加中压回路，多腔液压缸可实现 $3^4 = 81$ 种输出力状态。目前，这种多腔液压缸数字阀控系统已在沃尔沃 30t 挖掘机上装机并进行了试验验证，结果表明该液压系统相较于原液压系统能量损失降低一半以上，燃油效率提升了 50% 以上。

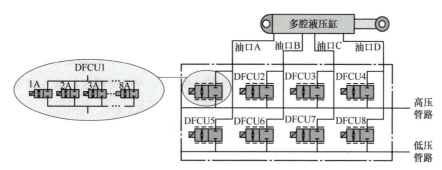

图 5-7　多腔液压缸数字阀控系统原理

多腔液压缸应用于泵控液压缸系统有两种设计方案：一种方案是容腔 C 的有效作用面积与容腔 B 相同，当液压泵与多腔液压缸容腔 B 和容腔 C 连通时，实现泵控双出杆液压缸的效果，其余两腔与其他液压驱动回路连接，实现多腔液压缸输出力控制；另一种方案对多腔液压缸容腔的有效作用面积不需要进行特殊设计，液压泵与多腔液压缸中的两个容腔连接，构成泵控单出杆液压缸系统，其余两腔与其他液压驱动回路连接，实现多腔液压缸输出力控制。

5.1.5　摆动液压缸

摆动液压缸是指将液压能转换为活塞轴的往复旋转运动的一种液压缸，可以分为齿条式或叶片式两种。齿条式摆动液压缸是结合齿轮齿条机械传动与液压缸传动的一种液压缸，其结构原理如图 5-8 所示。齿条两端分别装配活塞，在缸体两端形成封闭容腔，齿条与齿轮啮合，齿轮连接输出轴。齿条式摆动液压缸根据齿条数量可分为单齿条结构与双齿条结构，分别如图 5-8a、b 所示。齿条式摆动液压缸工作过程中，油液压力作用于齿条两端的活塞上，在压力差作用下，活塞带动齿条做直线运动，齿条进一步驱动齿轮，将直线运动转换为输出轴的往复旋转运动。炼钢厂钢包倾翻摆动缸、高线厂[一]回转臂摆动缸、军舰减摇摆动缸、清扫车用摆动缸、阀门开启摆动缸等均采用这种类型的液压缸。

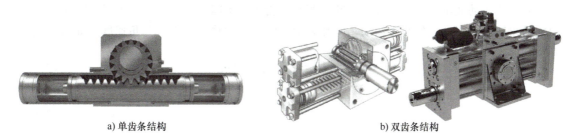

a) 单齿条结构　　　　　　　　　　　　　　b) 双齿条结构

图 5-8　齿条式摆动液压缸原理

齿条式摆动液压缸的传动轴输出转矩 T 及角速度 ω 与结构参数、容腔压力相关，有

$$T=\frac{\pi}{8}(p_{A}-p_{B})D^{2}D_{i}\eta_{m} \tag{5-8}$$

⊖ 高线厂是一种生产球形或扁平的铝合金线材的工厂。

$$\omega = \frac{8q\eta_{v}}{\pi D^2 D_i} \qquad (5\text{-}9)$$

式中，D 为齿条活塞直径（m）；D_i 为齿轮分度圆直径（m）；p_A 为容腔 A 压力（Pa）；p_B 为容腔 B 压力（Pa）；η_m 为摆动液压缸机械效率（%）；q 为摆动液压缸输入流量（m³/s）；η_v 为摆动液压缸容积效率（%）。

齿条式摆动液压缸的传动轴转动角度 θ 与活塞行程、齿轮分度圆直径有关，即

$$\theta = \frac{x}{\pi D_i} \times 360° \qquad (5\text{-}10)$$

式中，x 为摆动液压缸活塞行程（m），即齿条的有效长度。

传动轴的摆动角度与齿条的有效长度成正比，因此传动轴转动角度可以任意选择，并能大于 360°。

叶片式摆动液压缸的叶片与传动轴连接，安装于具有封闭环形槽的缸体中，环形槽内通入油液后会驱动叶片双向转动，从而带动传动轴往复旋转，原理如图 5-9 所示。叶片式摆动液压缸又分为单叶片摆动液压缸和多叶片摆动液压缸。受定子和叶片尺寸限制，单叶片摆动液压缸传动轴能转动的最大角度为 280°，多叶片摆动液压缸传动轴能转动的最大角度为 150°。

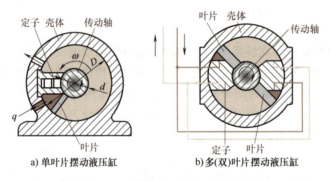

a) 单叶片摆动液压缸　　　　b) 多(双)叶片摆动液压缸

图 5-9　叶片式摆动液压缸原理

叶片式摆动液压缸工作过程中，叶片两端所受压力不同，在压力差作用下，叶片带动传动轴输出转矩，驱动工作装置运动。叶片式摆动液压缸的输出转矩 T 与角速度 ω 的关系为

$$T = \frac{zb}{8}(D^2 - d^2)(p_A - p_B)\eta_m \qquad (5\text{-}11)$$

$$\omega = \frac{8q\eta_v}{zb(D^2 - d^2)} \qquad (5\text{-}12)$$

式中，z 为叶片数量；b 为叶片宽度（m）；D 为缸体内部直径（m）；d 为传动轴直径（m）；p_A 为容腔 A 压力（Pa）；p_B 为容腔 B 压力（Pa）；q 为输入流量（m³/s）。

叶片式摆动液压缸结构简单，主要技术难点在于如何保证容腔的密封性。与叶片泵类似，叶片式摆动液压缸的叶片外缘与缸体和端盖之间必须保证密封，同时又不能使摩擦力太大，以兼顾叶片式摆动液压缸的容积效率与机械效率，保证起动性能。受容积效率影响，叶片式摆动液压缸主要应用于中低压的工作场合。

5.2 液压缸设计

在进行液压缸设计时，应首先根据装备的作业条件及液压缸所要执行的任务对其类型和结构进行选型，然后根据作业需求，如输出力、速度和位移等，对液压缸尺寸进行设计。

5.2.1 基本参数设计

1. 工作负载与液压缸输出力

液压缸在作业机构满负荷工况下的输出力称为工作负载 F_R，主要包括惯性力、摩擦力、外负载力，即

$$F_R = F_a + F_f + F_L \tag{5-13}$$

式中，F_a 为作业机构的惯性力；F_f 为作业机构满负荷起动时的静摩擦力；F_L 为作业机构作用于液压缸的外负载力。

为满足作业需求，液压缸输出力 F 应等于或略大于执行机构满负荷作业过程中的负载力。

2. 运动速度

液压缸的运行速度需根据作业机构需求进行配置，同时，液压缸速度受输入流量、活塞和活塞杆直径影响。若作业机构对液压缸速度有要求，则应根据液压缸速度需求、活塞和活塞杆直径对液压泵参数进行选择；若作业机构对液压缸速度没有要求，则可以根据选择的液压泵流量、液压缸活塞和活塞杆直径确定液压缸速度。

3. 活塞与活塞杆直径

液压缸活塞直径一般根据输出力、运动速度等进行参数设计。假设液压系统最大压力为 p_{max}（Pa），液压缸回油压力为 0，液压缸输出力为 F（N），则有

$$F = p_{max} A \eta_m \tag{5-14}$$

式中，A 为液压缸容腔有效作用面积（m^2）；η_m 为液压缸机械效率，一般取 $\eta_m = 95\%$。

对于液压缸无杆腔，当要求输出力为 F_1（N）时，活塞直径 D（m）为

$$D = \sqrt{\frac{4F_1}{\pi p \eta_m}} \tag{5-15}$$

对于液压缸有杆腔，当要求输出力为 F_2（N）时，活塞直径 D（m）为

$$D = \sqrt{\frac{4F_2\varphi}{\pi p \eta_m}} \tag{5-16}$$

式中，p 为液压缸的工作压力（Pa）；φ 为液压缸往返速度比，$\varphi = D^2/(D^2 - d^2)$，$d$ 为液压缸活塞杆直径（m）。

液压缸的活塞直径可以根据由式（5-15）和式（5-16）计算获得的最大值，查找 GB/T

2348—2018 所列液压缸活塞直径系列并圆整为标准值。

当液压系统流量确定，且作业机构对液压缸速度有需求时，需根据液压系统提供给液压缸的流量设计液压缸的活塞直径。

对于液压缸无杆腔，当要求运动速度为 $v_1(\mathrm{m/s})$，无杆腔流量为 $q_1(\mathrm{m^3/s})$ 时，活塞直径为

$$D = \sqrt{\frac{4q_1}{\pi v_1} \eta_\mathrm{v}} \qquad (5\text{-}17)$$

对于液压缸有杆腔，当要求运动速度为 $v_2(\mathrm{m/s})$，无杆腔流量为 $q_2(\mathrm{m^3/s})$ 时，活塞直径为

$$D = \sqrt{\frac{4q_2}{\pi v_2} \varphi \eta_\mathrm{v}} \qquad (5\text{-}18)$$

式中，η_v 为液压缸容积效率，当液压缸有密封件时，液压缸泄漏很小，容积效率 η_v 可取 100%。同理，活塞直径根据由式（5-17）和式（5-18）计算获得的最大值进行参数配置与标准值圆整。

对于既要求速度又要求输出力的工况，首先根据液压系统压力，对液压缸活塞直径进行求解；然后根据获得的液压缸活塞直径，求解液压缸达到运行速度时的需求流量；最后根据液压缸的需求流量，对液压泵规格进行选择。

液压缸的缸筒长度一般不超过活塞直径的 20 倍。在保证能满足运动行程和负载力的条件下，应尽可能地缩小液压缸的轮廓尺寸。

活塞杆直径 d 首先根据液压缸往返速度比 φ 进行确定，即

$$d = D\sqrt{\frac{\varphi-1}{\varphi}} \qquad (5\text{-}19)$$

再校核其结构强度和稳定性。

5.2.2　液压缸强度校核

液压缸活塞确定后，需通过强度条件计算缸筒壁厚，从而确定缸筒外径 D_1。

壁厚 δ 与活塞直径 D 之比小于 0.1 的缸筒称为薄壁缸筒。壁厚 δ 按材料力学薄壁圆筒公式计算，有

$$\delta \geqslant \frac{npD}{2R_\mathrm{m}} \qquad (5\text{-}20)$$

式中，p 为液压缸的最大工作压力；R_m 为缸筒材料的抗拉强度；n 为安全系数，一般取 $n = 5$。$R_\mathrm{m}/n = [\sigma]$ 称为材料的许用拉应力。

壁厚 δ 与活塞直径 D 之比大于或等于 0.1 的缸筒称为厚壁缸筒。壁厚 δ 按材料力学第二强度理论计算，有

$$\delta \geqslant \frac{D}{2}\left(\sqrt{\frac{R_\mathrm{m}+0.4np}{R_\mathrm{m}-1.3np}}-1\right) \qquad (5\text{-}21)$$

液压缸的缸筒壁厚确定后，便可求得液压缸缸筒外径 D_1 为

$$D_1 = D + 2\delta \tag{5-22}$$

对于根据液压缸往返速度比确定的液压缸活塞杆直径，还需通过液压缸稳定性及其自身强度需求对活塞杆直径进行校核。

根据材料力学理论，当作用于活塞杆的轴向负载力超过稳定临界力时，活塞杆将失去平衡，称为失稳。对于液压缸，其稳定条件为

$$F \leqslant \frac{F_K}{n_K} \tag{5-23}$$

式中，F 为液压缸的最大输出力（N）；F_K 为液压缸的稳定临界力（N）；n_K 为液压缸稳定性系数，一般取 $n_K = 2 \sim 4$。

液压缸的稳定临界力与活塞杆和缸体的材料、长度、刚度及其两端支承等因素有关。当活塞杆完全伸出，液压缸固定点之间的距离 l 与活塞杆直径 d 的比值大于 10 时，需对液压缸稳定性进行校核。

当 $\lambda = \mu l / r > \lambda_1$ 时，液压缸的稳定临界力 F_K 为

$$F_K = \frac{\pi^2 E I}{(\mu l)^2} \tag{5-24}$$

式中，λ 为活塞杆的柔性系数计算值；μ 为长度折算系数，主要由液压缸支撑情况决定，根据表 5-2 选取；E 为活塞杆材料的纵向弹性模量；I 为活塞杆端面的最小惯性矩；r 为活塞杆横截面半径，$r = \sqrt{\dfrac{I}{A}}$，其中 A 为活塞杆横截面面积；λ_1 为柔性系数下限值，参考表 5-3 选取。

表 5-2 液压缸长度折算系数选择原理

项目	内容及数值					
弯曲形状（以虚线表示）						
μ 理轮值	0.5	0.7	1.0	1.0	2.0	2.0
μ 设计推荐值	0.65	0.80	1.2	1.0	2.10	2.0
连接方式说明	▨ 表示旋转固定和平移固定					
	▨ 表示旋转自由和平移固定					
	▨ 表示旋转固定和平移自由					
	ⓘ 表示旋转自由和平移自由					

表 5-3　活塞杆材料相关系数

材料	a	b	λ_1	λ_2
钢（Q235）	3100	11.40	61	105
钢（Q275）	4600	36.17	60	100
硅钢	5890	38.17	60	100
铸铁	7700	120	—	80

当 $\lambda_1 < \lambda < \lambda_2$ 时，活塞杆属于中柔度杆，按雅辛斯基公式验算，即

$$F_K = A(a - b\lambda_2) \tag{5-25}$$

当 $l/d < 10$ 时，活塞杆的强度按活塞杆受纯压缩或纯拉伸时的应力验算，即

$$\sigma = \frac{4F}{\pi(d^2 - d_1^2)} \leqslant \frac{R_{mc}}{n} 或 \sigma = \frac{4F}{\pi(d^2 - d_1^2)} \leqslant \frac{R_m}{n} \tag{5-26}$$

式中，σ 为活塞杆所受应力（MPa）；R_{mc} 和 R_m 分别为活塞杆材料的抗压强度和抗拉强度（MPa）；n 为安全系数，一般取 $n = 1.4 \sim 2$。

5.2.3　液压缸缓冲设计

当液压缸的运行速度快或执行机构的质量大时，活塞在惯性力的作用下，将在行程末端与缸盖或缸底发生碰撞，引起大的冲击振动，极易造成液压缸部件损坏，影响使用寿命。因此，液压缸通常设置有缓冲装置。

目前液压缸活塞的缓冲方法基本上有两种：一种是液压缸外部控制，通过在液压回路中增设节流阀或其他流量控制元件进行缓冲，结构较为复杂；另一种是液压缸内部缓冲，通过在液压缸内部设计一定的缓冲装置实现缓冲，而不需要另外的元件，结构简单，加工和使用方便，得到了广泛的应用。图 5-10 所示为液压缸缓冲装置的原理。在缓冲柱塞进入缸体内孔之前，液压缸回油腔油液直接流回油箱，在缓冲柱塞进入缸体内孔之后，回油腔内的油液必须经过节流器才可流回油箱。油液流经节流器将产生压力损失，使液压缸内孔油液压力升高，产生阻力，降低活塞和活塞杆运行速度，从而减小冲击。下面主要介绍可变节流槽缓冲装置。

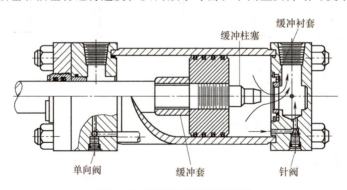

图 5-10　液压缸缓冲装置原理

图 5-11 所示为缓冲柱塞结构。液压缸通常采用截面形状为矩形的缓冲柱塞（图 5-11a），加工工艺简单，成本低，但仅在一定的负载和速度范围内具有良好的缓冲效果。另一种是锥

形缓冲柱塞（图 5-11b），缓冲柱塞长度的 2/3 为锥形部分，剩余 1/3 部分为圆柱，通常需要多个锥形组合实现良好的缓冲效果。若液压缸要实现等减速缓冲，则有两种方法：一种是将缓冲柱塞的形状设计为倒抛物线（图 5-11c），这种缓冲柱塞加工工艺复杂，成本高；另一种是为多节流孔缓冲柱塞，即在柱塞上加工出一系列阻尼孔（图 5-11d），这种缓冲柱塞加工工艺复杂，成本也非常高，主要应用于对缓冲要求高的液压缸。

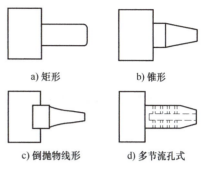

a) 矩形　　　　b) 锥形

c) 倒抛物线形　　d) 多节流孔式

图 5-11　缓冲柱塞结构

若采用固定节流孔的液压缸缓冲方案，柱塞在初始阶段受到的缓冲阻力比较大，行程中、末端的阻力急剧减小并趋于 0，因此缓冲振动较大、缓冲性能较差。可变节流槽缓冲装置是指在缓冲柱塞上加工出三角形或异型节流槽的缓冲装置。在缓冲柱塞进入缓冲腔后，节流槽的面积随缓冲距离的增加逐渐减小，从而使缓冲压力保持一定的平稳性。

假设节流槽的过流面积为 A_f（m^2），节流腔的压力为 p_c（Pa），则节流槽的过流流量 q（m^3/s）为

$$q = vA_0 = KA_f\sqrt{p_c} \tag{5-27}$$

式中，v 为缓冲过程中的活塞速度（m/s）；A_0 为液压缸活塞面积（m^2）；K 为节流孔节流系数。

节流腔的压力 p_c 可表示为

$$p_c = \left(\frac{vA_0}{KA_f}\right)^2 \tag{5-28}$$

当需要活塞等减速缓冲时，要求液压缸缓冲加速度 a_0（m^2/s）满足 $\dfrac{1}{2}\dfrac{\mathrm{d}v^2}{\mathrm{d}x} = a_0 = $ 常数，因此得

$$a_0 = -\frac{v_0^2}{2L_0} \tag{5-29}$$

式中，v_0 为缓冲开始时的活塞速度（m/s）；L_0 为最大缓冲距离（m）。

缓冲过程中的活塞速度 v 为

$$v = v_0\sqrt{1 - \frac{x}{L_0}} \tag{5-30}$$

式中，x 为液压缸实际缓冲距离（m）。

根据式（5-29），节流腔的压力 p_c 为

$$p_c = \frac{F - ma_0}{A_0} = \frac{1}{A_0}\left(F + m\frac{v_0^2}{2L_0}\right) \tag{5-31}$$

式中，m 为液压缸活塞、活塞杆与负载的总质量（kg）；F 为液压缸负载力（N）。

当液压缸活塞缓冲加速度 a_0 为常数时，液压缸节流腔压力 p_c 也保持常量。联立式（5-27）和式（5-30）可得等减速缓冲时的节流槽面积为

$$A_f = A_{f0}\sqrt{1 - \frac{x}{L_0}} \tag{5-32}$$

91

根据式（5-27）和式（5-31），缓冲开始时的节流槽面积为

$$A_{f0} = \frac{v_0}{K}\sqrt{\frac{A_0^3}{F+\frac{mv_0^2}{2L_0}}} \tag{5-33}$$

当可变节流槽为三角槽时，缓冲开始时的节流槽面积为

$$A_{f0} = \frac{1}{2}ab \tag{5-34}$$

式中，a 为三角槽的宽度；b 为三角槽的高度。

因此，三角形节流槽的面积表达式为

$$A_f = \frac{1}{2}ab\sqrt{1-\frac{x}{L_0}} \tag{5-35}$$

图 5-12 所示为等减速液压缸缓冲装置运行过程中的缓冲压力随缓冲距离的变化特性曲线。在理想状态下，缓冲压力在缓冲初期先增大到期望压力值，随后，缓冲压力保持不变，并在缓冲末期逐渐降低为 0。相较于固定节流孔缓冲装置，等减速缓冲装置不会在缓冲初期产生大的压力峰值。

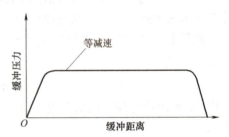

图 5-12 等减速液压缸缓冲装置特性曲线

要使液压缸实现等减速缓冲，缓冲柱塞及节流槽加工工艺复杂，派克汉尼汾公司设计了一种多台阶缓冲柱塞结构，如图 5-13 所示。在缓冲柱塞上加工出多个直径不同的圆柱台阶，模拟等减速缓冲柱塞结构，使过流面积随缓冲距离增加而阶跃降低，简化了加工工艺，与传统矩形截面缓冲柱塞结构相比，缓冲压力峰值降低了 90%，缓冲时间减少了 50%。

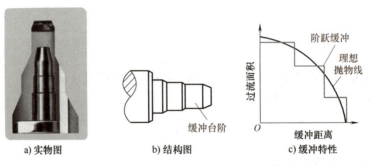

a) 实物图　　　　b) 结构图　　　　c) 缓冲特性

图 5-13 派克汉尼汾公司多台阶缓冲柱塞结构

5.3 液压缸密封

密封是解决液压系统泄漏问题最有效、最重要的手段。密封不良将导致液压缸外泄漏和内泄漏，不仅影响液压缸的容积效率，造成环境污染，同时也会导致液压缸运行状态恶化。而液压缸如果过度密封，虽可防止泄漏，但会增大液压缸活塞杆运动摩擦阻力，降低机械效

率，同时导致密封件磨损加剧，缩短密封件的使用寿命。因此，选择合适的密封形式与密封件参数，对保证泵控液压缸系统的运行效率和使用寿命具有重要作用。

5.3.1　液压缸密封原理

液压缸的活塞杆直接暴露于外界环境中，因此预防泄漏至关重要。在液压缸中，单个密封件无法确保零泄漏和长使用寿命，通常需将不同类型的密封件串联为一个密封系统，每个密封件都发挥其特定的功能，密封件之间相互作用形成高性能密封系统。图 5-14 所示为液压缸密封原理及密封件。

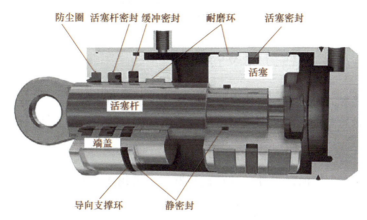

防尘圈　活塞杆密封　缓冲密封　耐磨环　活塞密封

活塞

活塞杆

端盖

导向支撑环　静密封

图 5-14　液压缸密封原理及密封件

1. 防尘圈

液压缸作业环境中不可避免地有灰尘或砂粒，这些灰尘、砂粒与活塞杆表面的油膜黏结，将会被带入液压缸内，将活塞杆上的唇形密封圈的唇边划伤，或者将活塞杆表面划伤，引起油液泄漏。因此，在活塞杆密封圈的外部、靠近缸筒端面处设置防尘圈，主要作用是去除活塞杆表面附着的污染物，防止砂粒、水及其他污染物进入密封的缸体中。需要注意的是，防尘圈均不能承压，即不具有密封功能，它仅用于防尘，必须与其他密封件配套使用。

2. 缓冲密封

缓冲密封是串联密封系统中的主密封，用来承受系统的最高压力。其横截面采用非对称设计，可降低活塞杆密封件的摩擦阻力并解决液压缸运动过程中密封件滑动发热的问题，缓冲液压缸活塞杆侧产生的冲击压力，降低背压，防止过高的油温直接传导到密封件而导致密封件劣化，起到缓冲、稍微降温的作用。

3. 耐磨环

耐磨环可吸收侧向载荷，同时防止金属与金属之间的接触。与传统金属耐磨环相比，非金属耐磨环具有如下明显优势：非金属耐磨环具有更长的使用寿命、更高的承载能力、更低的摩擦力和良好的防尘效果，同时还可以抑制机械振动从而降低噪声，并且具有较高的成本效益。

4. 端盖密封

端盖密封圈是用于液压缸端盖与缸壁之间的密封，是一种静密封，用于防止液压油从端盖和缸壁的间隙泄漏出来，通常由丁腈橡胶材质的 O 形圈和支撑环（挡圈）组成。

5. 活塞杆密封

活塞杆密封一般采用 U 形杯密封圈，是主要的活塞杆密封件之一，安装在液压缸端盖内侧，作用是防止液压油外漏。活塞杆密封件通常由聚氨酯或丁腈橡胶制成，在某些场合需要与支撑环一起使用，其中，支撑环用于防止密封圈在压力作用下发生挤压变形。

6. 导向支撑环

导向支撑环安装在液压缸端盖和活塞上，用于支撑活塞杆和活塞，引导活塞做直线运动，防止发生金属与金属的接触，材料有塑料、涂有聚四氟乙烯的青铜等。

7. 活塞密封

活塞密封用于隔绝液压缸的两个腔室，是液压缸内的主密封件之一，通常为两件式，外圈由聚四氟乙烯或尼龙制成，内圈由丁腈橡胶制成。

5.3.2 常用密封件分类及特点

密封件属于接触式密封装置，依靠装配时的预压缩力和油液压力作用产生弹性变形，通过弹性力紧压在被密封件表面实现接触密封，其密封能力随压力升高而提高，在磨损后具有一定的补偿能力。

1. O 形圈

O 形圈是使用最广泛的密封件，其截面为圆形，可用于静密封与动密封，易于安装，密封沟槽设计既简易又经济。图 5-15 所示为 O 形圈结构。

图 5-16 所示为 O 形圈密封原理，即通过两个部件之间密封槽处的径向或轴向挤压变形来保持密封接触力。O 形圈的截面直径在装入密封槽后的压缩量为 8%～25%，可使 O 形圈在液体介质压力为零或压力很低时，依靠自身的弹性变形力密封接触面，

图 5-15　O 形圈结构

如图 5-16a 所示。当油液压力较高时，例如，当油液压力为 10MPa 时，在油液压力作用下，O 形圈被压到沟槽的另一侧，密封接触面依靠压力堵塞油液泄漏通道，起到密封作用，如图 5-16b 所示。当油液压力超过其无挤出最大压力时，O 形圈将从密封槽的间隙中被挤出而受到破坏，导致密封效果变差或失去密封作用，如图 5-16c 所示。为避免挤出现象，必要时需加密封挡圈，以保护 O 形圈不被挤出。实际使用时，对动密封，当介质压力大于 10MPa 时要加挡圈；对静密封，当介质压力大于 32MPa 时要加挡圈。若 O 形圈单向受压，挡圈加在非受压侧，如图 5-16d 所示；若 O 形圈双向受压，应在两侧同时加挡圈，如图 5-16e 所示。

O 形圈是典型的挤压型密封，其截面直径的压缩率和拉伸量是密封设计的主要内容，对密封性能和使用寿命有重要意义。O 形圈的密封效果很大程度上取决于 O 形圈尺寸与密封槽尺寸是否正确匹配，并形成合理的密封圈压缩量与拉伸量。

（1）密封圈压缩率　密封圈压缩率 K 的计算式为

$$K = \frac{d_0 - h}{d_0} \times 100\% \tag{5-36}$$

式中，d_0 为 O 形圈自由状态下的截面直径（m）；h 为密封槽深度（m），即 O 形圈压缩后的截面高度。

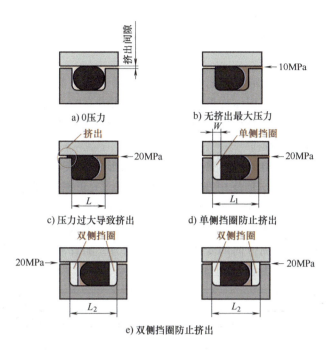

图 5-16　O 形圈密封原理

　　密封圈压缩率大，可获得大的接触压力，但过大的压缩率会增大密封件摩擦力并使密封件产生永久变形；而压缩率过小，则可能由于密封槽的同轴度误差和 O 形圈误差不符合要求，O 形圈压缩不到位而引起泄漏。因此，在选择 O 形圈的压缩率时，要权衡各方面的因素。一般静密封的压缩率大于动密封的，但其极值应小于 25%，否则密封圈将产生永久变形。

　　O 形圈压缩率 K 的选择应考虑使用条件，即静密封或动密封。对于静密封，圆柱静密封装置与往复运动密封装置一样，一般取 $K = 10\% \sim 15\%$；平面静密封装置取 $K = 15\% \sim 30\%$。对于动密封，可以分三种情况：往复运动密封装置一般取 $K = 10\% \sim 15\%$；旋转运动密封装置必须考虑焦耳热效应，一般来说，旋转运动密封装置用 O 形圈的内径要比轴径大 $3\% \sim 5\%$，外径的压缩率 $K = 3\% \sim 8\%$；低摩擦运动用 O 形圈为了减小摩擦阻力，一般选取较小的压缩率，即 $K = 5\% \sim 8\%$。此外，还要考虑到介质和温度引起的橡胶材料膨胀。通常在给定的压缩变形量之外，允许的最大膨胀率为 15%，超过这一范围则说明材料选用不合适，应改用其他材料的 O 形圈，或者对给定的压缩率予以修正。

　　（2）密封圈拉伸量　O 形圈在装入密封槽后，一般都有一定的拉伸量。与压缩率一样，拉伸量的大小对 O 形圈的密封性能和使用寿命也有很大的影响。拉伸量大不但会导致 O 形圈安装困难，同时也会因截面直径 d_0 发生变化而使压缩率降低，以致引起泄漏。拉伸量的取值范围为 $1\% \sim 5\%$。拉伸量 K_E 的计算式为

$$K_E = \left(\frac{d + d_0}{d_1 + d_0} - 1 \right) \times 100\% \tag{5-37}$$

式中，d 为密封槽轴径（m）；d_1 为 O 形圈内径（m）。

　　密封槽边缘都应光滑倒圆，倒圆半径 $r = 0.1 \sim 0.2\,\text{mm}$。O 形圈在安装过程中所通过的边

缘和开口处都应具有合适的倒角，并经过修边处理。安装倒角不仅有利于安装，还可避免 O 形圈在安装过程中受损，安装倒角的角度一般为 120°~140°。

2. 唇形密封圈

唇形密封圈是指受压面为唇形的密封件，唇口对着有压力的一侧，当液压缸油液压力为零或很低时，唇形密封圈靠预压缩变形密封；油液压力升高时，唇边在压力作用下紧贴密封面密封，压力越高，唇形与密封面贴合越紧密。唇形密封圈根据截面形状可分为 Y 形、Y_x 形、U 形、V 形、L 形和 J 形。

Y 形密封圈，是一种典型的唇形密封圈，其截面形状及安装示意如图 5-17 所示，广泛应用于往复运动密封装置中，其使用寿命高于 O 形圈。Y 形密封圈通常由高硬度的丁腈橡胶模压制成，用于液压系统中的活塞、柱塞和活塞杆的密封。当密封圈装入密封槽中后，密封唇仅与滑动表面密封槽底部的金属相接触，产生一定的预应力，达到密封的效果。在液体压力的作用下，密封唇沿圆周方向的变形产生接触压力，随着液体压力的增加，变形和接触压力也随之增大，使 Y 形密封圈达到自封的效果。

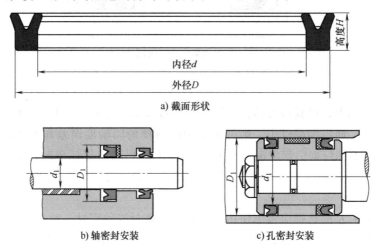

a) 截面形状

b) 轴密封安装　　　　　c) 孔密封安装

图 5-17　Y 形密封圈截面形状及安装示意

Y 形密封圈的主要缺点是用于往复式活塞密封时，容易出现移位和"反转"现象，内压过高时，也可能发生"胶料挤出"现象。当压力高于 21MPa 时，为防止 Y 形密封圈挤入密封面间隙，应采用保护垫圈。接触面的表面粗糙度对 Y 形密封圈的寿命和密封性有很大影响，所以一般液压缸的内壁表面粗糙度应在 1.6μm 以下，最好经过辊压处理。活塞杆的密封面应镀硬铬并抛光，要求表面粗糙度在 0.8μm 以下。安装 Y 形密封圈的密封槽也应有表面粗糙度的限制，侧面应为 3.2μm，底面应为 1.6~0.4μm。

U 形密封圈是往复运动密封件的一种，其结构如图 5-18 所示。U 形密封圈有橡胶型与夹布型两种。以聚四氟乙烯为基料再添加填料所制成的 U 形密封圈可以安装在运动的活塞上，也可以作为固定密封件安装在壳体上起密封作用，而不需要调整填料压盖。

3. 组合式密封装置

随着液压系统对密封的要求越来越高，单独使用普通密封件已不能满足液压缸对密封寿命和可靠性的要求，因

图 5-18　U 形密封圈结构

此组合式密封装置应运而生。组合式密封装置的各个元件均可看成由主密封和辅助密封两部分组成。通常所说的组合式密封装置是由主密封环和弹性体组成，或者再加上挡圈和导向环组成的密封装置，又称为挤压型密封装置，材料主要是橡胶、聚四氟乙烯、聚氨酯、聚甲醛、尼龙、夹布酚醛树脂等。

组合式密封装置充分利用各种密封材料所单独具有的优良性能和各个元件相互组合的合理结构，发挥其最大效能。与运动件相接处的密封圈部分大多采用低摩擦因数的材质，发挥其摩擦力小、磨损少、运动平稳、寿命长的优势。组合密封装置的合成橡胶很少与运动体接触，即使接触，接触部分的面积也不大，因此它不易扭曲、翻滚，不会影响密封性，可长期使用。

图 5-19 所示为常规密封件与组合式密封装置性能对比示意图。唇形密封件的特点是摩擦力小和磨损率低，但密封性能较差。组合式密封装置拥有挤压型密封件摩擦力大和磨损率高的特点，但密封性能好。组合式密封装置比唇形密封件的密封力大，前提是这两类密封件都处于零压力或低压工况。随着油液压力的增加，油液压力作用于密封件的力克服了密封件的预压缩力或挤压力，这两类密封件之间的差异将变得微不足道。

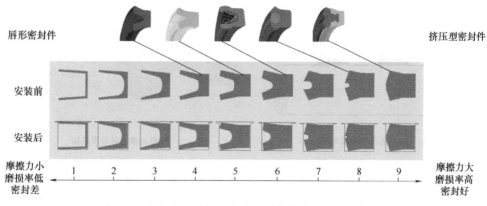

图 5-19　常规密封件与组合式密封装置性能对比示意图

5.3.3　特殊密封技术

1. 磁流体密封技术

磁流体最初是 20 世纪 60 年代由美国国家航空航天局（NASA）研制并开发出来的。磁流体虽然呈现液体状，但同时也像铁一样能被磁铁所吸引。磁流体主要由三种物质构成：磁性固体颗粒、表面活性剂（稳定剂）、水和油构成的基液（溶媒）。图 5-20 所示为磁流体分布示意图及磁流体照片。磁流体直接关系到磁流体密封的使用寿命和质量。良好的磁流体须具有较强的磁饱和特性、优良的磁化和退磁特性、极高的稳定性以及较低的制备成本。

图 5-21 所示为磁流体密封的基本原理和基本结构。圆环形永久磁铁、极靴和转轴所构成的磁性回路，在磁铁产生的磁场作用下，把放置在转轴与极靴顶端间隙中的磁流体加以集中，使其形成一个 O 形环。磁力使间隙中的磁流体即使存在压力差也不会流出，其作用类似于液体密封圈，通过将缝隙通道堵死而达到密封的目的。这种密封方式可用于转轴是磁性体和转轴是非磁性体两种场合。前者磁束集中于间隙处并贯穿转轴而构成磁路，而后者磁束

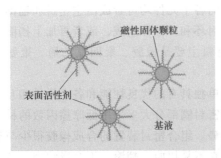

图 5-20　磁流体分布示意图及磁流体照片

不通过转轴，只通过密封间隙中的磁流体构成磁路。磁流体的存在与否取决于磁场的强弱，磁场越强，磁流体圆环的耐压也越大。磁流体所形成的多个圆环使磁流体密封能承受很大的压差。

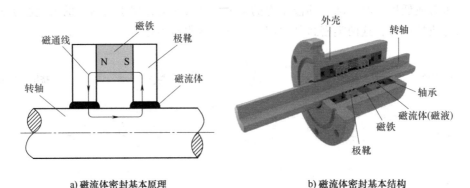

a) 磁流体密封基本原理　　　　　　　　　b) 磁流体密封基本结构

图 5-21　磁流体密封的基本原理和基本结构

相对于传统密封缺陷，磁流体密封利用磁力来密封，具有传统密封无法比拟的优越性，其主要特点如下。

1）无泄漏。磁流体是一种具有高饱和磁化强度的流体。利用高饱和磁化强度的磁流体和设计精良的密封装置可以对介质进行严密的、高度稳定的动密封或静密封，并且介质几乎没有泄漏。原因在于磁流体可以充满整个密封装置的密封间隙，形成一种"液体 O 形圈"，此外，改变密封装置的磁场强度，磁流体黏度也会随之改变，从而可以加强磁流体的密封作用，进一步减小密封介质泄漏的可能性。这种特性对于密封腐蚀性气体及有毒有害、易燃易爆气体非常重要。

2）无磨损。传统接触式密封接触元件之间的摩擦磨损大，一方面影响密封件的使用寿命，另一方面影响机械设备功率，导致机械设备功率损耗大。磁流体密封避免了密封件和转轴之间的摩擦，同时，磁流体作为一种油基流体，本身也具有润滑作用，对保护机械设备零部件和减少摩擦磨损具有重要作用。

3）无污染。磁流体密封件使用磁流体作为密封元件，其本身不存在摩擦磨损，不会产生磨屑。同时，磁流体具有极低的饱和蒸汽压，可以保证即使在真空状态下也不会对密封介质造成污染。磁流体密封可以有效避免密封介质的外来和内在污染。

4）无方向。磁流体密封装置的设计使其两边可以承受不同压力。对磁流体而言无须增加任何元件就可以改变密封装置承压方向。磁流体密封没有方向性，防外漏和内漏一样有效。

5）无损耗。磁流体一般以油性液态物质作为基液，在装有轴承的密封件中，磁流体在旋转状态下具有极小的内摩擦力，发热少，大大减少了因为密封件的摩擦造成的机械功率损耗。磁流体密封功率损耗少，因而也可用于高速旋转密封装置中。

6）长寿命。磁流体密封作为一种特殊的密封件，其使用寿命主要取决于磁流体的寿命。磁流体本身是一种稳定的流体，其有效寿命在40℃下可达20年且磁流体特性能保持不变。并且磁流体密封结构简单，工作性能可靠。

7）稳定性密封。由于磁流体既具有流体效应，又有磁场作用下的黏度变化效应，因此磁流体密封不会因发生瞬时过压击穿而造成密封性能的损失。在使用过程中，即使出现磁流体导致密封装置失效的情况，也只需更换或补加磁流体即可。

2. 浮动环间隙密封

采用浮动环间隙密封的液压缸的摩擦力几乎为零，浮动环与活塞杆之间的精准密封可以保证很低的泄漏量，在低速和高速工况下都有高品质的动、静态特性，因此浮动环间隙密封非常适合用于高频响、低摩擦运动控制的液压缸。图5-22所示为德国汉臣公司的Servo-float®密封结构。活塞杆处采用防尘圈、唇形密封件与浮动环构成密封系统，其中，浮动环内表面加工有多个环形槽。浮动环与活塞杆之间有微小节流间隙，当液压缸工作压力升高时，金属浮动环在液压油作用下发生弹性变形，从而使节流间隙变小，补偿压力变化引起的油液泄漏，泄漏的油液可通过低压卸油口流回油箱。由于唇形密封件与防尘圈不受油液压力作用，活塞杆在全压力范围内运行时所受的摩擦力极小。根据汉臣公司资料显示，采用浮动环间隙密封的液压缸活塞杆最大速度可达4m/s。

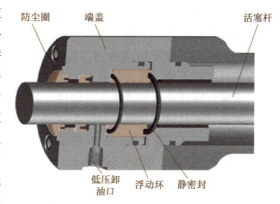

图 5-22　德国汉臣公司的 Servofloat® 密封结构

图5-23所示为浮动环随液压缸腔内压力的变化过程。当液压缸腔内压力为0时，浮动环不变形。当液压缸腔内压力逐渐升高时，靠近腔内侧的浮动环变形量增大，浮动环右侧在压力作用下几何尺寸变大，浮动环整个截面将呈现楔形或锥形。同时，液压缸腔内压力增大导致浮动环与活塞杆的间隙增大，致使液压缸低压泄油口的压力也随腔内压力增大而增大，最大压力可达0.5MPa。

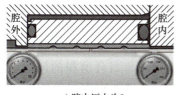
a) 腔内压力为0

b) 腔内压力为5MPa

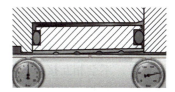
c) 腔内压力为20MPa

图 5-23　浮动环随液压缸腔内压力的变化过程

浮动环间隙密封同样可用于液压缸活塞。图 5-24 所示为液压缸活塞间隙密封结构。液压缸活塞未加装传统密封件，活塞与缸体之间为间隙配合，活塞上加工有微型槽，可实现均压与润滑功能。浮动环密封结构可显著减小液压缸运动过程所受的摩擦力，广泛应用于高性能伺服液压缸领域。

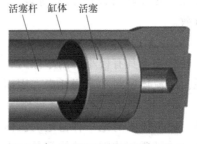

图 5-24　液压缸活塞间隙密封结构

3. 金属迷宫密封

图 5-25 所示为金属迷宫密封结构，主要包括定子和转子两部分。其中，转子与转轴连接，转子与转轴之间增设静密封，定子与缸体连接，定子与缸体之间增设静密封。金属迷宫密封是把流体泄漏通道做成各种形状的曲折通道，借由其较大雷诺数使流体形成湍流，从而实现流阻作用和能量耗散，进而达到密封效果。从泄漏通道的结构来看，金属迷宫密封可分为直通式迷宫、参差式迷宫、复合直通式迷宫和阶梯式迷宫等类型。

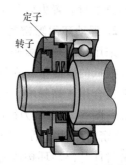

直通式迷宫密封也称为直迷宫密封，是一种基本的迷宫密封类型，其特点是在转子上加工出一系列凹槽或齿，这些凹槽或齿与加工成光滑面的定子组成迷宫，其结构如图 5-26a 所示。阶梯式迷宫密封的特点是，在密封路径的不同轴向尺寸处加工出凹槽或齿，形成台阶式或递增式的密封结构，其结构如图 5-26b 所示。

图 5-25　金属迷宫密封结构

金属迷宫密封的基本原理如图 5-27 所示，即通过增加流体流动阻力，减少流体泄漏。其一般结构是在高、低压之间布置一系列非接触的节流口及节流口中的空腔，从而在高、低压之间形成一个曲折的、流动阻力极大的流道，当有流体泄漏时，该流道便能产生足以克服高、低压之间压差的阻力，从而实现密封。其中，节流口的作用是把油液的压力能转变为速度能，而空腔的作用是把该速度能通过湍流漩涡耗散为热能，而避免其由于通流面积的突然扩大重新恢复为压力能。

a) 直通式　　　　b) 阶梯式

图 5-26　直通式与阶梯式迷宫密封结构

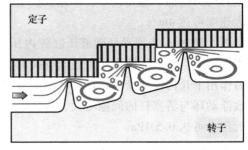

图 5-27　金属迷宫密封的基本原理

虽然金属迷宫密封是一种机械密封，但它属于非接触式密封，两个相对的密封面（转子和定子）不会相互接触，而是由极小的间隙隔开，有效地消除了密封件磨损的问题，这意味着迷宫密封件的使用寿命更长，需要的维护更少。同时，金属迷宫密封件的非接触式特性也意味着它们可以抵抗磨损，并且可以避免密封侵蚀和磨损产生的污染。与传统密封件相比，金属迷宫密封件的结构决定了其主要应用于旋转轴的密封，通常将金属迷宫密封件与轴承配套，用于旋转主轴的密封。图 5-28 所示为德国 GMN 公司生产的迷宫密封装置产品。

图 5-28　德国 GMN 公司迷宫密封装置产品

4. 静压支承导向+密封

为实现作业机构的高动态、高响应控制，德国汉臣公司设计了一种基于静压支承导向的液压缸端盖。图 5-29 所示为端盖结构。通过静压支承，液压缸活塞杆可承受较高的径向力，保证极小的摩擦力，减少活塞杆和密封套之间的接触磨损，同时提高液压缸的稳态控制精度和动态响应品质，活塞杆速度可达 4m/s。

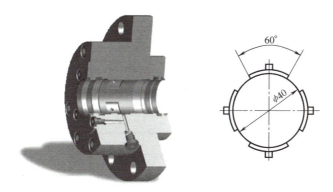

图 5-29　端盖结构

在液压缸中，活塞杆与导向套的同轴度对液压缸的工作性能影响较大，因此其支承系统须满足较高的要求。静压支承部分主要起径向支承的作用，防止活塞杆在运动过程中产生剧烈振动或较大的径向位移。油腔的数量一般为偶数，如四个、六个油腔等，采用对称布置的方式。固定节流、可变节流、内部节流都可采用。

图 5-30 所示为液压缸端盖静压支承原理。静压支承导向套液压缸通常采用一套独立的供油回路为静压腔提供稳定可靠的供油压力，因为若要与液压系统或润滑系统共用一套供油回路，则需满足以下条件：油液黏度相同，油经多重过滤以保证清洁，严格控制液压传动中压力脉冲对静压支承造成的影响。

静压支承的工作原理主要是靠供油装置提供的液压油使活塞杆浮起以减小摩擦及磨损，即液压泵输出的液压油经单向阀、可变节流阀、过滤器、节流器开始向静压腔供油，静压腔达到一定压力后将活塞杆浮起，液压油经导向套两侧的泄油口回流到油箱完成工作循环，此时起动液压缸开始工作。活塞杆与端盖间隙较小，液压泵提供较小的流量便可满足静压支承需求。

德国汉臣液压缸静压支承系统液压泵供油流量见表 5-4。

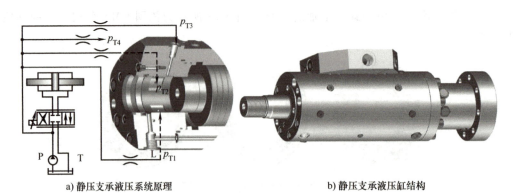

a) 静压支承液压系统原理　　　　　　　b) 静压支承液压缸结构

图 5-30　液压缸端盖静压支承原理

表 5-4　德国汉臣液压缸静压支承系统液压泵供油流量

杆径/mm	最小流量/L·min^{-1}	最大流量/L·min^{-1}
25	1.0	1.9
30	1.0	2.0
40	1.0	2.2
50	1.0	2.4
63	1.0	2.6
80	1.4	3.0
100	1.6	3.5
125	2.0	3.7
160	3.0	4.5
200	3.2	4.7

德国汉臣公司独特的非接触密封系统——Servoslide®、Servocop®、Servofloat®（环状间隙密封）和 Servobear®（静压支承密封）技术成熟可靠，基于此的伺服液压缸在各种场合的应用中都收到效果良好的反馈。德国汉臣公司不同的密封系统与导向系统参数对比见表 5-5。

表 5-5　德国汉臣公司不同的密封系统与导向系统参数对比

导向系统	密封系统			
	基本型 唇形密封圈、防尘环	Servocop® 紧凑型密封、唇形密封、防尘环	Servoseal® 伺服密封、唇形密封、防尘环	Servofloat® 浮动密封、功能油封、防尘环
合成导向	简单运动控制 低黏滑 $v \leqslant 0.5\text{m/s}$	运动控制 长行程振荡 大部分无黏滑 $v \leqslant 2\text{m/s}$	运动控制灵敏 低磨损 $v \leqslant 2\text{m/s}$	运动控制灵敏 低磨损 $v \leqslant 2\text{m/s}$

（续）

导向系统	密封系统			
	基本型 唇形密封圈、防尘环	Servocop® 紧凑型密封、唇形密封、防尘环	Servoseal® 伺服密封、唇形密封、防尘环	Servofloat® 浮动密封、功能油封、防尘环
金属导向	简单运动控制 高温 低黏滑 $v \leqslant 0.5 \mathrm{m/s}$	简单运动控制 高温 大部分无黏滑 $v \leqslant 1 \mathrm{m/s}$	简单运动控制 温度可达 80℃ 低磨损 $v \leqslant 1 \mathrm{m/s}$	简单运动控制 高温 低磨损 $v \leqslant 1 \mathrm{m/s}$
聚四氟乙烯耐磨环	—	运动控制 长行程 大部分无黏滑 $v \leqslant 3 \mathrm{m/s}$	运动控制灵敏 低磨损 $v \leqslant 3 \mathrm{m/s}$	运动控制灵敏 低磨损 $v \leqslant 4 \mathrm{m/s}$

图 5-31 所示为相同规格液压缸采用不同导向系统与密封系统的摩擦力曲线。

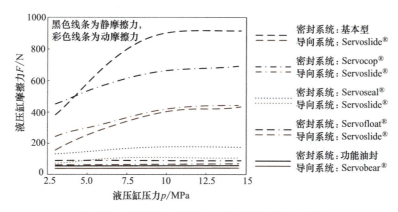

图 5-31　不同导向系统与密封系统的摩擦力曲线

5.4　液压缸技术发展趋势

5.4.1　液压缸位移感知技术

1. 连续位置位移传感器

连续位置位移传感器在工业制造中起着至关重要的作用，特别是需要精确控制液压缸活

103

塞杆的位置、速度、加速度时。磁致伸缩位移传感器利用非接触式检测技术，通过精确检测活动磁环的绝对位置来测量液压缸活塞杆的实际位移值，其分辨率为0.05mm，重复精度为0.1mm，线性度为0.3mm，兼具高精度和高可靠性的优势，被广泛应用于伺服液压缸。

图5-32所示为磁致伸缩位移传感器的安装方式及检测原理。磁致伸缩位移传感器可安装于液压缸内部，也可安装于液压缸外部。图5-32a所示为磁致伸缩位移传感器安装于液压缸内部的示意图，活塞杆为中空结构，非接触式磁环安装于活塞端，测量轴置于活塞杆中空孔中。由于作为确定位置的磁环和敏感元件之间无直接接触，因此该传感器可应用在极恶劣的工业环境中，不易受油渍、溶液、尘埃或其他污染的影响。同时，由于敏感元件是非接触式的，就算不断重复检测，也不会对传感器造成任何磨损，可以大大地提高检测的可靠性和使用寿命。传感器输出信号为绝对位移值，即使电源中断或重接，数据也不会丢失，更无须重新归零。

图5-32b所示为磁致伸缩位移传感器的检测原理。它利用磁致伸缩原理，通过两个不同磁场相交产生一个应变脉冲信号准确地测量位置。测量元件是一根波导管，波导管内的敏感元件由特殊的磁致伸缩材料制成。测量过程是：传感器的电子室内产生电流脉冲，该电流脉冲在波导管内传输，从而在波导管外产生一个圆周磁场，当该磁场和套在波导管上位置变化的活动磁环产生的磁场相交时，由于磁致伸缩作用，波导管内会产生一个应变机械波脉冲信号，这个应变机械波脉冲信号以固定的声速传输，并很快被电子室检测到；由于这个应变机械波脉冲信号在波导管内的传输时间和活动磁环与电子室之间的距离成正比，测量该传输时间就可以高度精确地确定这个距离。由于输出信号是一个真正的绝对值，而不是经过处理的信号，因此不存在信号漂移或变值的情况，无须定期重标。

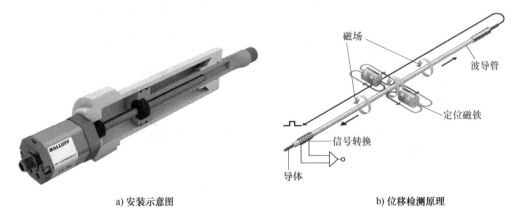

a) 安装示意图   b) 位移检测原理

图5-32　磁致伸缩位移传感器的安装方式及检测原理

拉线位移传感器又称为拉线传感器、拉线电子尺、拉线编码器。拉线位移传感器基于直线位移传感器的结构，充分结合了角度传感器和直线位移传感器的优点，是一款安装尺寸小、结构紧凑、测量行程大、精度高的传感器，行程从几百毫米至几十米不等。

图5-33所示为拉线位移传感器。拉线位移传感器的功能是把机械运动转换成可以计量、记录或传送的电信号。拉线位移传感器由可拉伸的不锈钢绳绕在一个有螺纹的轮毂上，此轮毂与一个精密旋转感应器连接，感应器可以是增量编码器、绝对（独立）编码器、混合或导电塑料旋转电位计、同步器或解析器。

图 5-33　拉线位移传感器

如图 5-33 所示，拉线位移传感器安装于缸体端部，拉线与液压缸活塞连接，活塞杆无须加工为中空结构。当液压缸活塞杆运动时，拉线伸展或收缩，内置的弹簧保证拉线的张紧度不变，有螺纹的轮毂带动精密旋转感应器旋转，输出一个与拉线移动距离成比例的电信号。拉线位移传感器的测量输出信号包括液压缸活塞杆的位移和速度。

2. 离散位置检测

具有离散位置检测功能的液压缸三维结构和活塞杆离散位置检测结构及原理如图 5-34 所示，相较于普通液压缸，图 5-35a 所示液压缸增加了检测装置和活塞杆特制陶瓷涂层两部分。

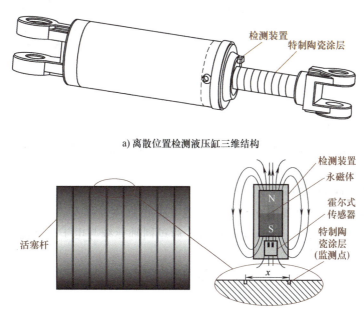

a) 离散位置检测液压缸三维结构

b) 活塞杆离散位置检测结构及原理

图 5-34　具有离散位置检测功能的液压缸和活塞杆结构及原理

实现检测功能主要依靠永磁体、特制陶瓷涂层（非导磁性材料）及检测装置三部分。检测装置镶嵌在液压缸缸体前端，该装置不受恶劣环境的影响，即使在严寒和酷暑中依然可正常工作。另外，在活塞杆外表面加工出一定宽度的环形凹槽，将特制陶瓷涂层填充在凹槽内，并保持原活塞杆的直径和表面粗糙度，以此作为活塞杆离散位置监测点，使得活塞杆具有刻度尺和作动的双重功能。根据不同的应用需求，离散位置监测点可以设计为均匀分布、等比分布、无规则分布等形式。

永磁体用来产生磁场，形成从N级到S级的闭合磁力线。由于活塞杆由导磁性材料制成，监测点由非导磁性材料制成，活塞杆运行时，永磁体周围的磁场会发生变化，在非监测点位置，金属的导磁性会使闭合磁路增强，霍尔式传感器输出高电压；在监测点位置，非导磁材料会使闭合磁路减弱，霍尔式传感器输出低电压，经过信号处理电路的处理后，检测装置输出脉冲数字信号，进而控制器将信号转化为液压缸活塞杆的实际位移。

图 5-35 所示为基于离散位置反馈补偿的液压缸速度-位移复合控制方案。该控制方案通过监测点位置信息补偿累积位移误差，实现不需要位移传感器的液压缸精准控制。通过液压阀流量软测量方法，获得包含负载信息的液压缸速度控制器，消除负载阻力对液压缸运行特性的影响，而且能够结合手柄输出信号自动生成运行曲线，为工程机械液压系统智能化奠定基础。

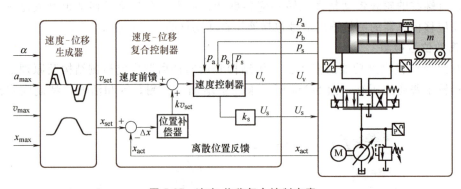

图 5-35　速度-位移复合控制方案

液压缸活塞杆离散的位置间隔决定了速度修正的频率，这将直接影响到每次修正时的位移差值，进而决定速度补偿大小，补偿值较大可能会造成速度的瞬时波动。假设液压缸活塞杆离散位置监测点足够密集，那么就可将离散位置反馈补偿看作位移传感器反馈补偿，实时地对液压缸速度进行修正。

3. 利勃海尔 LiView 位移传感器

LiView 位移传感器原理如图 5-36 所示，它主要由缸体外部安装的 LiView 电子单元及两个与活塞杆贴合的探头组成，探头 1 和探头 2 通过同轴导线与电子单元连接。测量过程中，电子单元产生一定频率的激励信号，通过探头 1 输入液压缸，激励信号进入液压缸缸体后转变为电磁波并仅通过油液传递给活塞；活塞反射该信号，由探头 2 接收反射信号。电子单元对信号进行处理，并通过位置测量算法对活塞的位置进行计算。电子单元完成每次信号的生成、发射、采集、转换和处理，时间大约为 300μs。通过计算激励信号发出与反射信号接收之间的时间差及信号传输速度，电子单元可推算得到液压缸活塞的

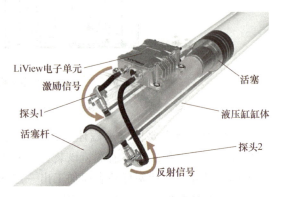

图 5-36　LiView 位移传感器原理

位移及速度。同时，基于反馈信号与实际位移之间的映射关系，可以通过采集大量试验数据，并借助机器学习及深度学习算法，使该传感器获得较高的检测精度。

图 5-37 所示为 LiView 位移传感器的精度模型，在每个测量周期中，位置计算算法引入了由电信号相位振荡特性引起的一些非理想效应，导致实际检测结果与理想检测结果存在偏差，最大偏差幅度约为 1mm。引入补偿算法降低油液温度、压力等对检测精度的影响，LiView 的绝对精度规格为 0.6%FS（精度和满量程百分比）或 ±0.3%FS。

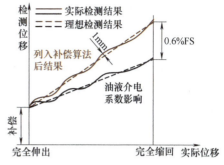

图 5-38 所示为在实验室环境中使用 LiView 位移传感器测量液压缸活塞位移的重复精度。在液压缸活塞杆完全缩回位置和完全伸出位置之间连续 10 次循环测量活塞的位置，并将采集的 LiView 信号与高精度测量设备提供的绝对参考位置进行比

图 5-37　LiView 位移传感器的精度模型

较，LiView 位移传感器的检测误差低于 500μm，标准偏差小于 100~200μm。

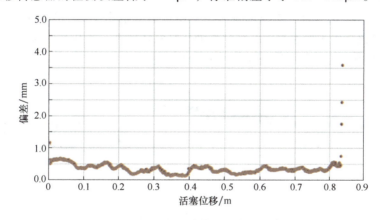

图 5-38　LiView 位移传感器的重复精度

目前，利勃海尔公司已将 LiView 位移传感器应用于 636 G8 履带式装载机和挖掘机，如图 5-39 所示。通过检测各作业机构液压缸活塞的实际位移，结合辅助作业算法与智能控制算法，显著提升了装备的作业性能与操控便利性，对提升非道路移动装备的智能化水平与安全性具有重要作用。

a) 装载机

b) 挖掘机

图 5-39　LiView 液压缸位移传感器应用情况

5.4.2 液压缸轻量化

在使用液压系统的高端移动装备中，液压缸是液压系统中随主机设备运动而运动的部件中重量占比最大的元件，是最具轻量化潜力的关键元件。在航空工业方面，飞机重量每减轻1%，性能提高3%~5%，且能减少燃油消耗，延长续航时间，增强可操控性，提升载重量，降低运营成本。液压缸是飞机液压系统的重要组成部分，尤其是针对未来多电飞机发展方向所使用的电静液执行器，液压缸约占整个作动器重量的50%，液压缸减重所带来的性能提升更加显著。在工程机械方面，长臂架泵车的重量每减轻1%，可实现油耗降低0.6%~1%，上臂减少1kg，下盘就可减少2kg，这不仅有利于减小倾翻力矩，提升灵活性，使泵送高度更高、泵送半径更大，还可减轻下车配重，进而提高机动性和燃油经济性。在液压驱动机器人方面，某机器人的关节驱动液压缸有16个，液压系统占总重量的30%，约38kg，减轻液压缸的重量，无疑会极大地提升机器人的动态性能和续航能力。

碳纤维复合材料具有质量轻、强度高等优异性能，被广泛应用于机械设备。液压系统中液压缸质量是制约其效率的主要因素之一，对质量减轻最为关键的部件是液压缸缸体，为此，液压缸轻量化技术主要通过碳纤维制作液压缸缸体实现，并与其他部件装配构成碳纤维液压缸。图5-40所示为德国汉臣公司开发的碳纤维液压缸照片。

图 5-40 德国汉臣公司的碳纤维液压缸照片

对于复合材料液压缸缸体，其产品形状接近圆柱形，制造方式一般是采用纤维缠绕成型工艺完成。纤维缠绕成型工艺分为纤维缠绕和布带缠绕两类。

1) 纤维缠绕：纤维缠绕成型工艺是将连续纤维（碳纤维、玻璃纤维、玄武岩纤维等）按设计线型缠绕在芯模上，按照设计角度，绕到所需厚度后，再固化、脱模得到制品，原理如图5-41所示。纤维缠绕有湿法和干法两种：湿法缠绕是在缠绕前使用树脂浸渍纤维后在芯模上连续地缠绕，形成纤维缠绕的复合材料结构；干法是将浸胶后的纤维加热预固化，收卷上盘待用，缠绕时再加热软化缠绕到芯模上。

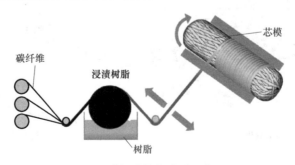

图 5-41 碳纤维缠绕成型工艺原理

2）布带缠绕：布带缠绕成型工艺所用的预浸带通常在卧式浸胶机上制备。胶液一般是一定浓度的树脂酒精溶液。碳纤维布（或玻璃纤维布等）经热处理后通过浸胶槽浸渍胶液，浸渍时间因织物厚度不同而有所差别，通过控制牵引速度来控制浸渍时间，然后经烘干炉烘干，使浸胶布达到一定的质量指标，最后裁剪、卷盘。成型工艺上与干法纤维缠绕成型类似。预浸带在加热和施加张力的条件下，按设计线型缠到芯模上，绕到设计厚度后，装入真空袋，抽真空、固化成型，固化过程需用热压罐提供温度和压力，最后再经机械加工制成外形轮廓。布带缠绕使用的纤维织物可以是平纹、斜纹、缎纹、人字纹等形式，或者是定向纤维带、专用针织带，以满足缠绕工艺的特殊要求。缠绕制品还具有材质均匀、强度高、质量稳定、内型面尺寸精确等优点。

图 5-42 所示为不同材质液压缸性能对比。

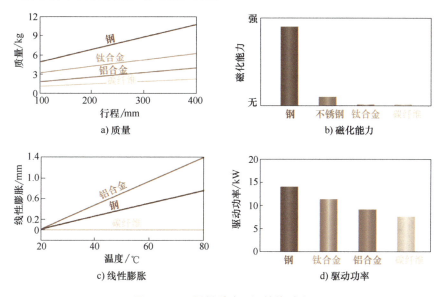

图 5-42　不同材质液压缸性能对比

图 5-42a 所示为不同材质液压缸的质量，与钢材相比，采用碳纤维材料缸体质量可减小80%，活塞杆质量可减小75%，而且液压缸行程越大，减重效果越明显。图 5-42b 所示为不同材质液压缸的磁化能力，钢材的液压缸磁化能力最强。由于碳纤维是不可磁化材料，活塞杆采用碳纤维材料时，安装磁致伸缩位移传感器所需的安装长度将大幅度减小。图 5-42c 所示为不同材质液压缸的线性膨胀特性，碳纤维具有非常低的线性膨胀系数，这使得碳纤维液压缸可以应用于精密控制领域。图 5-42d 所示为不同材质液压缸完成相同作业的驱动功率，对于移动与加速作业机构，质量减小可提高液压缸能量效率和带载能力。根据实际应用情况，采用碳纤维液压缸可以增加带载能力或减小所需驱动功率，并保证良好的动态性能。

思考题

5-1　液压缸主要分为哪几种？各自有什么特点？

5-2　液压缸的安装方式有哪些？

5-3 液压缸为什么要设置缓冲装置？常用的缓冲装置有哪些？

5-4 液压缸密封方式包括哪些？各自有什么特点？

5-5 为什么组合密封结构的摩擦力要比常规密封结构的大？

5-6 若单出杆液压缸活塞杆伸出速度为 0.1m/s，活塞与活塞杆面积比为 2∶1，活塞杆伸出时的负载力为 100kN，系统压力为 25MPa，输出流量为 80L/min，忽略液压缸回油背压与管路压力损失，求液压缸活塞和活塞杆的直径。若缸体材料的 $R_m = 5 \times 10^7 N/m^2$，计算缸体壁厚。

5-7 已知液压缸最大行程为 800mm，液压缸活塞直径为 100mm，求液压缸的最小导向长度。

典型泵控液压缸系统

第6章 单泵控双出杆液压缸系统

提高液压系统能量利用率最有效的途径是采用无阀的泵控技术，但长期受泵响应特性的制约，该技术早先只用在大功率泵控马达系统中。直到20世纪80年代末，伺服泵和比例泵技术才取得突破性进展。液压泵排量通过变量机构和伺服阀阀芯位移双闭环调节，配合辅助液压源，在高的控制压力下，伺服泵的频率响应在小信号范围达到50Hz以上，为获得与比例阀控制系统性能相当的泵控液压缸系统奠定了基础。双出杆液压缸两腔面积比与液压泵进、出油口流量比相匹配，仅采用单个液压泵便可方便地实现容积控制。因此，最早的泵控液压缸技术采用的是双出杆液压缸，经过数十年发展，相关技术已经成熟，在航空航天作动器领域应用广泛。

6.1 单泵控双出杆液压缸系统分类

6.1.1 变排量泵控双出杆液压缸系统

图6-1所示为变排量泵控双出杆液压缸系统基本结构，主要包括变排量液压泵、定转速电动机、双出杆液压缸、蓄能器、溢流阀、单向阀等。电动机驱动液压泵，通过调节转速或排量及旋转方向，使液压泵一个油口输出油液到双出杆液压缸的一个容腔，另一个容腔的油液则排出到液压泵的另一个油口，从而控制双出杆液压缸活塞杆运动。在变排量泵控双出杆液压缸系统中，液压泵的流量和工作压力与负载相匹配，从而消除阀控缸系统的节流损失，具有非常高的能量效率。

变排量泵控双出杆液压缸系统工作时，一路管道的压力等于补油压力，另一路管道的压力由负载力决定。为保证系统元件不受压力冲击而损坏，在两路管道之间增设了两个溢流阀，从而限制管道的最大压力，使管道内油液在受压力冲击时快速卸荷到低压

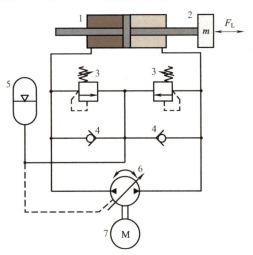

图6-1 变排量泵控双出杆液压缸系统基本结构
1—双出杆液压缸 2—负载 3—溢流阀 4—单向阀
5—蓄能器 6—变排量液压泵 7—定转速电动机

管路。

　　蓄能器和单向阀构成补油系统。蓄能器中的油液通过单向阀向低压油路补油，补偿液压泵泄漏，同时保证低压管道具有一个恒定的压力，防止产生气穴现象和空气渗入系统。除使用蓄能器外，还可采用增压动力单元作为补油系统。图 6-2 所示为穆格公司生产的模块化增压动力系统三维模型。增压系统提供的油液压力为 0.9~1.6MPa，输出流量范围为 9~60L/min。

图 6-2　穆格公司的模块化
增压动力系统三维模型

　　变排量泵控双出杆液压缸系统具有四象限运行特性，原理如图 6-3 所示。根据图 6-3 所示的系统状态，当系统处于第一象限工况时，负载力 F 方向向下，活塞杆速度 v 方向向上，双出杆液压缸处于阻抗工况，液压泵处于泵工况，排出高压油至双出杆液压缸，高压油作用于活塞来平衡负载力。当系统处于第二象限工况时，负载力 F 方向与活塞杆速度 v 方向均向上，双出杆液压缸处于超越工况，双出杆液压缸排出的高压油反向驱动液压泵，液压泵处于马达工况。当系统处于第三象限工况时，负载力 F 方向向上，活塞杆速度 v 方向向下，双出杆液压缸处于阻抗工况，液压泵处于泵工况，排出高压油至双出杆液压缸，高压油作用于活塞来平衡负载力。当系统处于第四象限工况时，负载力 F 方向与活塞杆速度 v 方向均向下，双出杆液压缸处于超越工况，双出杆液压缸排出的高压油反向驱动液压泵，液压泵处于马达工况。因此，泵控双出杆液压缸系统处于第一象限与第三象限工况时，液压泵处于泵工况，在第二象限与第四象限时液压泵处于马达工况。

113

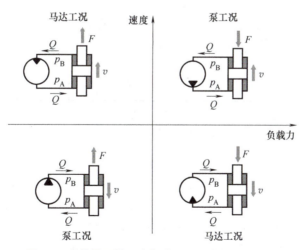

图 6-3　变排量泵控双出杆液压缸四象限运行原理

　　图 6-4 所示为变排量泵控双出杆液压缸系统控制原理。液压缸位置控制属于外环，液压泵排量控制属于内环。液压缸的位置控制指令与液压缸的位移反馈信号作差，控制器根据液压缸的位移偏差输出位置控制信号到液压泵变排量控制器，根据检测的泵实际排量，液压泵变排量控制器输出信号到伺服阀，通过调节液压泵斜盘摆角，控制液压泵的排量，最终调节液压缸的速度与位移。当液压缸位移传感器检测出的信号与给定指令接近时，控制器调节液

压泵排量逐渐减小，直到控制误差在允许的范围内，与维持液压缸要求位置的内泄漏量相符。

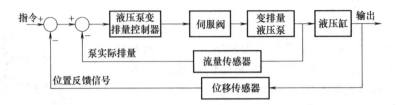

图 6-4　变排量泵控双出杆液压缸系统控制原理

变排量泵控双出杆液压缸系统中，液压泵可以采用比例变排量控制方式，也可以采用压力反馈控制方式。图 6-5 所示为直接负载敏感电静液执行器原理，负载敏感伺服机构使用梭阀将液压缸高压腔的液压油引至变排量液压泵的斜盘调节机构，实现利用液压缸负载压力调节液压泵排量的功能。在梭阀与液压泵变量机构之间增加阻尼孔，可有效缓解负载冲击引起的系统波动。根据负载敏感原理可知，当外部负载较大时，由梭阀引入液压泵变量机构的压力增大，使液压泵斜盘角度减小，从而减小液压泵排量。因此，在执行器待机时，电动机电流可相应减小，从而在一定范围内降低电动机铜损，使电动机发热现象得到改善。但该方案中，液压泵排量随液压缸负载压力波动而被动调整，系统的刚度会降低，导致系统在恶劣条件下的动态性能明显降低。

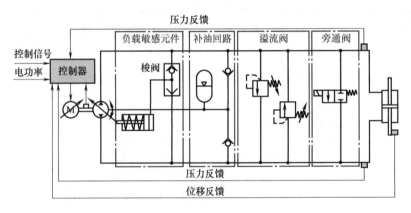

图 6-5　直接负载敏感电静液执行器原理

北京航空航天大学焦宗夏院士团队提出了主动负载敏感泵控双出杆液压缸系统原理，如图 6-6 所示。主动负载敏感执行器（ALS-EHA）原理是通过梭阀将液压缸的负载压力引入图 6-6 所示的控制阀中，控制阀输出液压油到液压泵变量机构。可以通过调节控制信号 u，将控制阀的输出油液压力控制在 0 到最大负载压力范围内。由此可知，通过调节控制信号 u，液压泵的斜盘摆角可在最大值与负载压力对应的值之间进行调节。因此，可以通过设计合适的控制算法来有效地避免液压泵排量变化导致系统动态响应降低。当执行器需要更好的跟踪性能且外部负载相对较大时，可主动增大液压泵排量，保证执行器良好的动态性能。

图 6-7 所示为不同执行器的电动机铜损对比。变转速定排量泵控双出杆液压缸系统的铜损为 21.69kJ，主动负载敏感泵控单出杆液压缸系统的铜损为 13.46kJ，较变转速定排量泵控双出杆液压缸系统的铜损降低 37.9%。因此，采用主动负载敏感技术有利于一定程度上

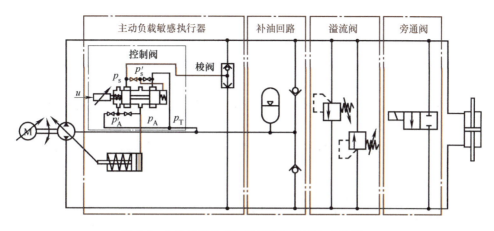

图 6-6　主动负载敏感泵控双出杆液压缸系统原理

解决电动机发热问题，提高系统效率，并且可在执行器设计中选择功率较小的电动机。

6.1.2　变转速泵控双出杆液压缸系统

随着电力电子技术、电动机制造技术、大规模集成电路和微处理器控制技术的迅猛发展，伺服电动机的产品性能及性价比越来越高，伺服电动机逐渐应用于泵控双出杆液压缸系统。变转速泵直驱双出杆液压缸系统主

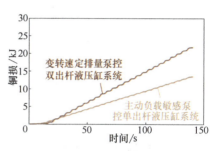

图 6-7　不同执行器的电动机铜损对比

要是将图 6-1 所示的变排量液压泵替换为定排量液压泵，定转速电动机替换为变转速电动机。通过调节电动机的转速和旋转方向，控制液压泵的输出流量和方向，实现对双出杆液压缸的速度和位置控制。

图 6-8 所示为变转速泵控双出杆液压缸系统控制原理。

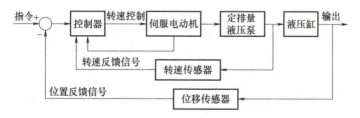

图 6-8　变转速泵控双出杆液压缸系统控制原理

变转速泵控双出杆液压缸系统通常采用三环伺服控制，液压缸位置控制属于外环，定排量液压泵转速控制属于中环，电动机转速控制属于内环，它保证电动机不会因外负载过大而烧损。为了抑制电动机电流并适当补偿负载变化，在位置环内还设置了压力补偿环节。电动机转动带动液压泵旋转，液压泵输出流量与电动机转速成比例的液压油，控制液压缸的速度，当液压缸位移传感器检测出的信号与给定指令接近时，控制器调节后让电动机转速逐渐降低，直到控制误差在允许的范围内，与维持液压缸要求位置的内泄漏量相符。其他元部件不参与伺服控制。

1. 变转速泵控对称单出杆液压缸系统

图 6-9 所示为变转速泵控对称单出杆液压缸系统原理，它与变排量泵控双出杆液压缸系统的主要区别在于采用对称单出杆液压缸替换双出杆液压缸。对称单出杆液压缸中，活塞杆为中空结构，形成容腔，其有效作用面积为 A_1，活塞杆与缸体之间形成容腔，其有效作用面积为 A_2，活塞与缸体柱塞之间形成的容腔与空气连通。为使液压泵流量与液压缸流量相匹配，容腔有效作用面积 A_1 与 A_2 相等，液压泵进、出油口分别与这两个容腔连通，其本质与泵控双出杆液压缸系统相同。与常规泵控双出杆液压缸系统相比，这种液压缸具有结构紧凑、安装空间小的优势。

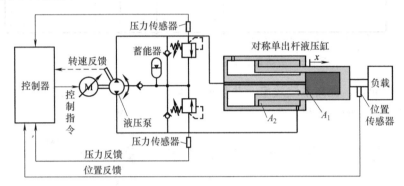

图 6-9　变转速泵控对称单出杆液压缸系统原理

2. 变转速泵控集成储能腔液压缸系统

第 5 章介绍了对称单出杆液压缸的一个容腔可与蓄能器连通形成集成储能腔液压缸，实现重载机械臂的重力势能回收。以 6t 挖掘机动臂为研究对象，泵控集成储能腔液压缸驱动挖掘机动臂系统原理如图 6-10 所示。

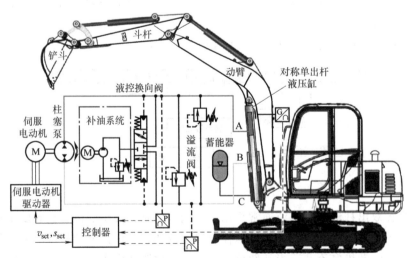

图 6-10　泵控集成储能腔液压缸驱动挖掘机动臂系统原理

由图 6-10 可知，单出杆液压缸的容腔 A 和容腔 B 分别连接液压泵的进、出油口，液压泵由伺服电动机变转速驱动，储能腔 C 与高压蓄能器连通。补油系统用于补偿单出杆液压缸容腔 A 和容腔 B 由设计和加工导致的不对称流量，并实现系统油液与油箱油液的热交换，同时对单出杆液压缸的容腔 A 和容腔 B 进行预压紧。补油系统由定量泵、溢流阀及液控换向阀构成。液控换向阀由单出杆液压缸两侧的压力直接控制，使单出杆液压缸的低压侧始终与补油系统相连通。当单出杆液压缸需要补油时，油液由液控换向阀进入单出杆液压缸低压侧；当单出杆液压缸多余流量需要排出时，多余油液经液控换向阀排出。

智能化、无人化操作是工程机械领域的一个重点发展方向，尤其小型的工程机械已经与传统机器人无异。典型的应用场合就是采用电池作为电力供应源，工程机械进入危险环境工作时，进行自主作业或人工远程操作，这要求机器的能耗较低，以获得较长的续航时间，同时执行器还要能够实现准确的位置闭环控制。在变转速泵控集成储能腔液压缸系统中，采用伺服电动机控制液压泵转速，液压泵直接驱动液压缸，这样不但具有良好的节能效果，且仅需控制电动机转速即可符合上述应用场合中高精度的要求。图 6-11 所示为具有泵控集成储能腔液压缸系统的速度-位移复合控制策略。

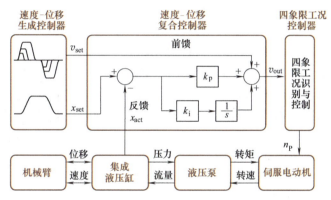

图 6-11　具有泵控集成储能腔液压缸系统的速度-位移复合控制策略

由图 6-11 可知，控制器总体分为三层：速度-位移生成控制器、速度-位移复合控制器、四象限工况控制器。其中，速度-位移生成控制器采用 S 型曲线算法生成速度前馈信号和位置设定信号；速度-位移复合控制器用于控制液压缸跟踪设定的速度和位移，实现位移闭环控制；四象限工况控制器用于识别四象限工况，并计算生成伺服电动机的转速控制信号。

由于动臂运行过程中常受到油液压缩、泄漏及负载扰动等的干扰，第二层控制器仅使用速度前馈信号难以使动臂达到目标位置。为了补偿上述因素产生的误差，加入目标值闭环控制，在第一层控制器生成速度的同时，对所生成的速度进行积分得到位置目标曲线，并将其输入到第二层控制器，控制伺服电动机的转速。位置目标有定值目标和动态轨迹目标两种：定值目标是直接使用最终位置信号作为目标，是一个固定值；动态轨迹目标是对速度前馈信号进行积分，得到动态的位置轨迹，目标值随时间动态变化。

图 6-12 所示为挖掘机动臂举升和下放的一个循环中，泵控集成储能腔液压缸的运行特性曲线。图 6-12a 所示为泵控集成储能腔液压缸的速度与位置控制特性曲线。由于挖掘机动臂自身重力和惯性较大，在动臂加速下放与减速举升的过程中，液压缸存在一定的速度超调。图 6-12b 所示为泵控集成储能腔液压缸容腔压力曲线。动臂下降过程，即液压缸活塞杆缩回过程，容腔 C 中的油液存入蓄能器，蓄能器压力逐渐升高；动臂上升过程，即液压缸活塞杆伸出过程，蓄能器中的油液压入容腔 C 中，蓄能器压力逐渐降低，同时容腔 A 压力逐渐升高，以克服动臂的重力。

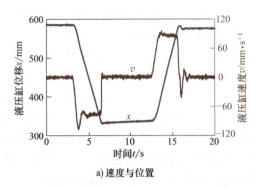

a) 速度与位置

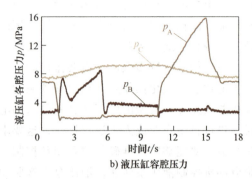

b) 液压缸容腔压力

图 6-12 泵控集成储能腔液压缸的运行特性曲线

对系统运行过程中的液压泵流量、压力和液压缸压力进行采集,计算获得液压泵和蓄能器的功率,便可进一步对功率积分得到液压泵和蓄能器的能量变化。图 6-13 所示为挖掘机动臂原机系统与电液负载敏感系统、阀口独立控制系统、闭式泵控集成储能腔液压缸系统的能耗对比。相较于原机系统的能耗,动臂完成相同作业,泵控集成储能腔液压缸系统的能耗可降低 73%。

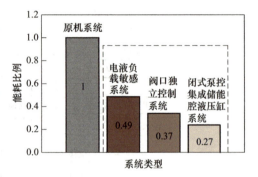

图 6-13 不同系统的能耗对比

3. 变转速泵控多腔液压缸系统

基于第 5 章介绍的多腔液压缸,其两个容腔有效作用面积可设计为相等,为实现泵控多腔液压缸系统提供便利。图 6-14 所示为变转速泵控多腔液压缸系统,主要包括变转速电动机、定排量液压泵、多腔液压缸、控制阀组、蓄能器与电液动力源等。多腔液压缸的容腔 B 和容腔 C 的有效作用面积设计为相等,液压泵的进、出油口分别与多腔液压缸的容腔 B 和容腔 C 连通,变转速电动机驱动定排量液压泵为多腔液压缸的容腔 B 和容腔 C 提供油液。根据多腔液压缸的结构原理,可以通过调节液压泵的转速和转角控制多腔液压缸容腔 B 和容腔 C 的油液流量,实现多腔液压缸活塞杆的速度和位置控制。

多腔液压缸的容腔 A 和容腔 D 通过控制阀组分别与高压蓄能器、低压蓄能器和油箱连通,调节每个容腔控制阀的开关状态,便可控制多腔液压缸容腔 A 与容腔 D 施加于活塞杆的输出力。由于多腔液压缸的容腔 A 与容腔 D 的有效作用面积比容腔 B 和容腔 C 大,作业机构的大部分负载力将由阀控系统提供的液压能克服,使变转速泵控回路处于小负载工况,从而保证多腔液压缸的动、静态控制性能。多腔液压缸

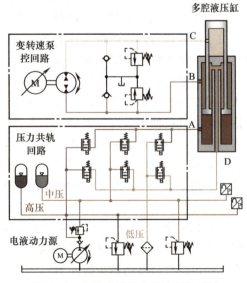

图 6-14 变转速泵控多腔液压缸系统

118

的容腔 A 和容腔 D 与蓄能器连通，可构成储能回路，直接转换并利用作业机构的动能和势能，进一步提高系统的能量利用效率。

6.2　单泵控双出杆液压缸系统基础理论

6.2.1　基本方程

推导泵控双出杆液压缸系统的传递函数时，以定转速变排量动力源为例，做如下假设。

1）连接管道较短，管道压力损失和动态响应可忽略，两根管道完全相同，液压泵与液压缸的两腔容积均为常数。

2）液压泵与液压缸的泄漏为层流，忽略液压泵低压腔向壳体内的泄漏。

3）电动机转速恒定，油液密度为常数。

4）补油系统工作无滞后，补油压力为常数，工作中低压管道压力不变且等于补油压力，只有高压管道压力变化。

液压泵的排量 D_p 为

$$D_p = K_p \gamma \tag{6-1}$$

式中，K_p 为变量泵的排量梯度；γ 为变量机构的摆角。

液压泵的流量方程为

$$q_p = D_p \omega_p - C_{ip}(p_s - p_r) - C_{ep} p_s \tag{6-2}$$

式中，q_p 为液压泵流量；p_s 为液压泵压力；ω_p 为液压泵的转速；C_{ip} 为液压泵的内泄漏系数；C_{ep} 为液压泵的外泄漏系数；p_r 为低压管道的补油压力。

将式（6-1）带入式（6-2），式（6-2）的增量方程拉普拉斯变换式为

$$Q_p = K_{qp} \gamma - C_{tp} P_s \tag{6-3}$$

式中，K_{qp} 为液压泵的流量增益，$K_{qp} = K_p \omega_p$；C_{tp} 为液压泵的总泄漏系数，$C_{tp} = C_{ip} + C_{ep}$。

双出杆液压缸进油腔的流量连续方程为

$$q_L = C_{ic}(p_s - p_r) + C_{ec} p_s + A_p \frac{dx_p}{dt} + \frac{V_t}{4\beta_e} \frac{dp_s}{dt} \tag{6-4}$$

式中，q_L 为双出杆液压缸进油腔的流量，与液压泵流量 q_p 相等，即 $q_L = q_p$；C_{ic} 为液压缸内泄漏系数；C_{ec} 为液压缸外泄漏系数；A_p 为液压缸有效作用面积；x_p 为液压缸活塞杆位移；V_t 为一个腔室的总容积（包括液压泵与液压缸的一个工作腔及管道容腔）；β_e 为油液弹性模量。

式（6-4）的增量方程拉普拉斯变换式为

$$Q_L = C_{tc} P_s + A_p s X_p + \frac{V_t}{4\beta_e} s P_s \tag{6-5}$$

式中，C_{tc} 为液压缸的总泄漏系数，$C_{tc} = C_{ic} + C_{ec}$。

液压缸的输出力与负载力的平衡方程为

$$A_p p_L = m \frac{\mathrm{d}^2 x_p}{\mathrm{d}t^2} + B_p \frac{\mathrm{d}x_p}{\mathrm{d}t} + F_L \tag{6-6}$$

式中，p_L 为负载压力，与液压泵压力 p_s 相等，即 $p_L = p_s$；m 为折算到活塞杆上的负载质量；B_p 为活塞及负载的黏性阻尼系数；F_L 为作用在活塞上的外负载力。

式（6-6）的增量方程拉普拉斯变换式为

$$A_p P_L = m s^2 X_p + B_p s X_p + F_L \tag{6-7}$$

6.2.2 传递函数

由式（6-3）、式（6-5）和式（6-7），结合 $Q_L = Q_p$ 和 $p_L = p_s$，消去中间变量 Q_L 和 p_L，可得泵控双出杆液压缸系统的液压缸活塞杆位移为

$$X_p = \frac{\dfrac{K_{qp}}{A_p}\gamma - \dfrac{C_t}{A_p}\left(1 + \dfrac{V_t}{4\beta_e}s\right)F_L}{\dfrac{V_t m}{4\beta_e A_p^2}s^3 + \left(\dfrac{C_t m}{A_p^2} + \dfrac{B_p V_t}{4\beta_e A_p^2}\right)s^2 + \left(1 + \dfrac{C_t B_p}{A_p^2}\right)s} \tag{6-8}$$

式中，C_t 为总泄漏系数，$C_t = C_{tc} + C_{tp}$。

当 $C_t B_p / A_p^2 \ll 1$ 时，式（6-8）可简化为

$$X_p = \frac{\dfrac{K_{qp}}{A_p}\gamma - \dfrac{C_t}{A_p}\left(1 + \dfrac{V_t}{4\beta_e}s\right)F_L}{s\left(\dfrac{s^2}{\omega_h^2} + \dfrac{2\zeta_h}{\omega_h} + 1\right)} \tag{6-9}$$

式中，ω_h 为泵控双出杆液压缸系统液压固有频率，

$$\omega_h = \sqrt{\frac{4\beta_e A_p^2}{V_t m}} \tag{6-10}$$

ζ_h 为泵控双出杆液压缸系统液压阻尼比，

$$\zeta_h = \frac{C_t}{A_p}\sqrt{\frac{\beta_e m}{V_t}} + \frac{B_p}{4A_p}\sqrt{\frac{V_t}{\beta_e m}} \tag{6-11}$$

忽略负载力影响，液压缸活塞杆位移对变量泵摆角的传递函数为

$$\frac{X_p}{\gamma} = \frac{\dfrac{K_{qp}}{A_p}}{s\left(\dfrac{s^2}{\omega_h^2} + \dfrac{2\zeta_h}{\omega_h} + 1\right)} \tag{6-12}$$

液压泵作用于电动机的负载转矩 T_L 为

$$T_L = D_p P_L = \frac{D_p(m s^2 X_p + B_p s X_p + F_L)}{A_p} \tag{6-13}$$

在变排量泵控系统中，系统的动态响应还受泵变量机构的动态响应影响。泵变量机构的动态响应速度较整个系统快得多，因此，在变量泵排量闭环系统中，放大器差分输入电压到

变量泵斜盘位移的传递函数可简化为一阶模型，即

$$G_{uD} = \frac{k_a}{\tau_s s + 1}$$ (6-14)

式中，k_a 为斜盘摆角-差分输入电压增益；τ_s 为斜盘摆角时间常数。

　　由泵控双出杆液压缸系统的液压缸活塞杆位移对变量泵摆角的传递函数式（6-12）可知，泵控双出杆液压缸系统刚度与阀控系统刚度都是由油液的压缩性和系统的内、外泄漏共同决定的，在负载力作用下产生的位置变化较小。但由式（6-7）和式（6-13）可知，负载力的变化将引起液压缸两腔压力变化，从而使液压缸压力变化而改变液压泵作用于电动机的负载转矩。而电动机刚度远小于液压系统刚度，在负载作用下产生较大的转速变化，从而影响泵控双出杆液压缸系统的位置输出，因此泵控双出杆液压缸系统的刚度远小于阀控系统。

6.2.3　参数匹配

　　双出杆液压缸活塞杆的负载包括恒值负载、惯性负载、弹性负载、黏性阻尼负载、库伦摩擦力、冲击与振动负载，以及其他随机干扰力。

　　1）恒值负载：不随时间、位移等参数而改变的作用于双出杆液压缸活塞杆的力，主要影响泵控系统的静态性能。

　　2）惯性负载：由质量与加速度所确定的力，与负载质量和加速度成正比，主要影响泵控系统的动态特性。

　　3）弹性负载：与液压缸活塞杆位移成线性比例的负载力，主要影响泵控系统的静态精度。

　　4）黏性阻尼负载：与液压缸活塞杆速度成线性比例的负载力，主要增加泵控系统的阻尼，影响泵控系统的速度控制精度。

　　5）库伦摩擦力：在液压缸由静止起动时起作用，具有非线性特征。

　　6）冲击与振动负载：一种具有特殊变化规律的负载，冲击负载具有脉动特征，振动负载具有谐振特征。

　　为了满足泵控双出杆液压缸系统运动行程、速度、加速度和频率的要求，根据负载特性曲线，对电动机、液压泵和液压缸等进行参数匹配。液压泵的压力-流量（p-Q）曲线必须包容双出杆液压缸负载特性曲线，电动机的转矩-转速（T-n）曲线必须包容液压泵的压力-流量曲线。由于存在摩擦能量损失和液压内漏等因素，液压泵和电动机都应设计留有一定的余量，满足泵控缸双出杆液压缸系统的全部性能指标，如图 6-15 所示。

　　双出杆液压缸的行程由负载的最大位移决定，容腔有效作用面积 A_p 由负载力与液压泵进出油口压差决定，有

$$A_p = \frac{F_{max}}{\Delta p}$$ (6-15)

式中，F_{max} 为液压缸活塞杆所受最大负载力；Δp 为液

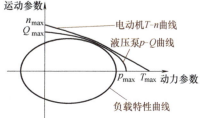

图 6-15　液压缸负载、液压泵与电动机的参数

压泵进出油口压差。

液压泵排量 D_p 主要由液压缸活塞杆的最大速度、容腔有效作用面积、液压泵的容积效率与额定转速决定，有

$$D_p = \frac{v_{max} A_p}{n_p \eta_p} \tag{6-16}$$

式中，v_{max} 为液压缸活塞杆的最大速度；n_p 为液压泵的额定转速；η_p 为液压泵的容积效率。

电动机的转矩 T_E 由液压泵进出油口压差、排量和机械效率决定，有

$$T_E = \frac{\Delta p D_p}{2\pi \eta_{pm}} \tag{6-17}$$

式中，η_{pm} 为液压泵的机械效率。

电动机的功率 P_m 由其转矩、效率和液压泵的额定转速决定，有

$$P_m = \frac{T_E n_p}{\eta_m} \tag{6-18}$$

式中，η_m 为电动机效率。

根据式（6-15）~式（6-18），可获得泵控双出杆液压缸系统的液压缸、电动机和液压泵的基本参数，确定系统最基本的组成参数，从而对上述元件进行选型。但这对完成系统设计远远不够，还需根据选定的元件进行动态参数匹配，需借助 6.2.2 和 6.2.3 小节中的数学模型，在 Matlab 或 AMESim 软件中，搭建系统仿真模型，对系统动、静态特性进行分析，优化选型参数。

图 6-16 所示为泵控双出杆液压缸系统参数匹配的完整流程。首先根据负载特性曲线从静态指标匹配和动态指标匹配两方面对电动机、液压泵、液压缸、补油系统等元件的参数进行匹配设计，通过选型初步确定主要元件的参数。然后，建立泵控双出杆液压缸系统数学模型和仿真模型，进行仿真分析，通过多次迭代确定元件的具体参数，研制样机进行试验验证，根据试验结果进行迭代。最终完成泵控双出杆液压缸系统的参数匹配与设计优化。

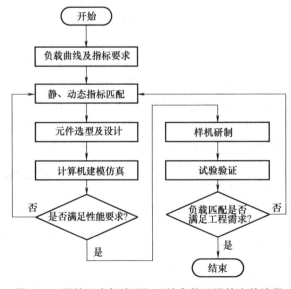

图 6-16　泵控双出杆液压缸系统参数匹配的完整流程

122

6.3　单泵控双出杆液压缸系统特性

6.3.1　系统压力增益改善方法

　　液压马达与双出杆液压缸均是两腔等效作用面积相等的液压执行元件,变排量或变转速泵控技术在这两类执行元件中的应用原理相同。根据 6.2 节的分析可知,由于液压泵泄漏等的影响,泵控系统的传动刚度低,其动态响应速度远小于阀控系统。因此,需通过回路改进的方法提升泵控双出杆液压缸系统的动态响应性能。

　　泵控技术最初是在液压马达中得到应用的。变排量泵控液压马达回路原理如图 6-17 所示。当电动机的旋转方向不变时,可以通过改变双向变排量液压泵变量机构的摆角方向来控制液压马达的旋转方向,同时通过改变变量机构的摆角大小来控制液压马达的旋转速度。当主泵不工作时,补油泵提供的低压油由单向阀流到液压马达的两腔,以防止液压马达摆动,油液经液控换向阀和溢流阀流回油箱。当上侧管路为高压管路,下侧管路为低压管路时,液控换向阀接通上位,一部分高压油经过溢流阀流回油箱,将油液的温度降低,其中,液控换向阀的溢流阀的溢流压力小于补油泵的溢流阀的溢流压力。在该回路中,液控换向阀与所连通的溢流阀的作用是对一条油路进行预压紧,也称为单腔预压紧。

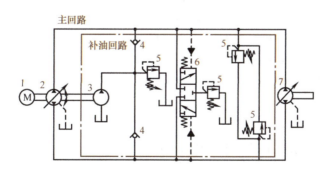

图 6-17　变排量泵控液压马达回路原理（单腔预压紧）
1—电动机　2—双向变排量液压泵（主泵）　3—定排量泵（补油泵）
4—单向阀　5—溢流阀　6—液控单向阀　7—液压马达

　　德国亚琛工业大学液压研究所的 Sprockhoff 博士,将图 6-17 所示的变排量泵控液压马达回路原理引入双出杆液压缸控制回路,是较早开展泵控双出杆液压缸研究工作的研究人员。图 6-18 所示为变排量泵控双出杆液压缸回路原理,其工作原理与变排量泵控液压马达回路基本相同,区别在于将液压马达替换为双出杆液压缸。与变排量泵控液压马达回路一样,该回路在主回路中没有阀,故不存在节流损失,提高了液压系统的能效。在 20 世纪 80 年代后期,液压泵的响应特性得到很大改善,与大流量高响应比例阀的响应特性相当,在小信号范围内,可以满足高响应的需求。

　　当图 6-18 所示回路中的双向变排量液压泵排量为 63mL/r,转速为 1500r/min 时,双出

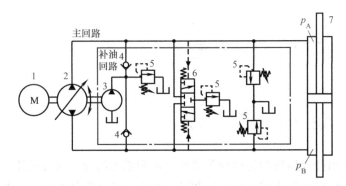

图 6-18　变排量泵控双出杆液压缸回路原理（单腔预压紧）
1—电动机　2—双向变量液压泵（主泵）　3—定排量泵（补油泵）
4—单向阀　5—溢流阀　6—液控换向阀　7—双出杆液压缸

杆液压缸单腔预压紧压力增益曲线如图 6-19 所示。当主泵中的高压油进入双出杆液压缸的容腔 A 时，补油泵与双出杆液压缸的低压腔连通，以此维持低压腔的恒定压力和流量。利用外界因素将双出杆液压缸两端固定时，随着主泵变量机构摆角的增大，其角度达到额定摆角的 3%～5% 时，双出杆液压缸两腔压力才可到达所连通溢流阀的设定压力，正是这个原因造成了液压系统的动态响应速度较低。该液压系统由于采用具有恒定背压的液控换向阀进行热交换，工作过程中双出杆液压缸只有一个容腔处

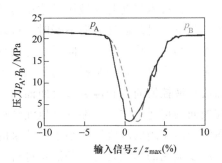

图 6-19　双出杆液压缸单腔预压紧压力增益曲线

于液压压紧状态，因此系统的固有频率较低，影响系统的动态特性。

　　为了使闭式泵控系统具备与阀控系统同样的响应速度，对图 6-18 所示回路进行优化，将液控换向阀去掉而增加液阻，如图 6-20 所示，G_Z 为进油液阻，G_A 为出油液阻，G_{LE} 为液压泵外泄漏液阻。

　　在无负载工况下，系统主回路的压力 p_M 为

$$p_M = p_0 \frac{G_Z}{G_{LE}+G_Z+G_A} = p_A = p_B \tag{6-19}$$

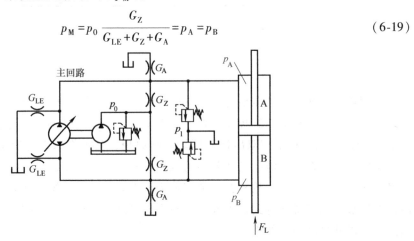

图 6-20　变排量泵控双出杆液压缸回路原理（双腔预压紧）

在有负载工况下，系统的负载压力 p_L 为

$$p_L = p_A - p_B = \left(p_M + \frac{p_L}{2}\right) - \left(p_M - \frac{p_L}{2}\right) \tag{6-20}$$

这种系统回路可使压力分配关系比较固定，通过改变进油液阻 G_Z 与出油液阻 G_A 的比值，可以灵活地设置系统在定位时液压缸两腔的压力，使泵控双出杆液压缸系统实现类似于阀控系统的压力响应特性。双腔预压紧系统的性能受所选液阻影响，下面对该回路进行详细说明。

在伺服阀控系统中，通过封闭伺服阀工作油口，改变阀芯位移，可获得伺服阀的压力增益，这种伺服阀的压力增益通常用来确定系统的静态刚度。类似地，在泵控系统中，可以通过调节变排量液压泵的摆角与溢流阀设定值确定系统的静态刚度。德国亚琛工业大学的 Berbuer 博士对该系统展开研究，双腔预压紧泵控系统与阀控系统的响应速度完全一致。在 $p_0 = 21\text{MPa}$，$p_1 = 23.5\text{MPa}$，$G_{LE} = 0.12\text{L/min} \cdot \text{MPa}$，$G_Z = 0.33\text{L/min} \cdot \text{MPa}$，$G_A = 0$ 的情况下，液压缸双腔预压紧压力增益曲线如图 6-21 所示。该原理使液压缸的两腔都处于压紧状态，提高了泵控液压缸系统的固有频率和负载刚性，使系统具有与阀控原理类似的特性，完善了泵控双出杆液压缸的理论。当液压缸两腔容积相等时，系统固有频率是图 6-18 所示回路的 1.4 倍。

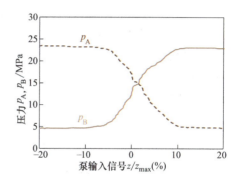

图 6-21　液压缸双腔预压紧压力增益曲线

为了实现双出杆液压缸两腔压力差的对称分布，两个进油液阻必须具有相同的流量系数。同样地，出油液阻的总和也必须确保两侧回路具有相同的流量行为。在某些情况下，液压泵的外泄漏 G_{LE} 可通过适当调整出油液阻进行平衡。利用线性化方程，可分析性地描述双出杆液压缸两腔压力与泵泄漏、液阻等的映射关系，有

$$p_A = \frac{G_Z p_0 + (G_{LE} + G_A) p_T}{G_{LE} + G_A + G_Z} + \frac{z q_{max}}{z_{max}(2G_{LI} + G_{LE} + G_A + G_Z)} \tag{6-21}$$

$$p_B = \frac{G_Z p_0 + (G_{LE} + G_A) p_T}{G_{LE} + G_A + G_Z} - \frac{z q_{max}}{z_{max}(2G_{LI} + G_{LE} + G_A + G_Z)} \tag{6-22}$$

式中，p_T 为油箱压力；z 为液压泵实际排量控制信号；z_{max} 为液压泵最大排量控制信号；q_{max} 为液压泵最大输出流量；G_{LI} 为液压泵内泄漏液阻。

泵控双出杆液压缸系统的压力增益 e_0 为液压泵变量机构摆动期间的压力增幅。

$$e_0 = \frac{\partial p_L}{\partial z} = \frac{2 q_{max}}{z_{max}(2G_{LI} + G_{LE} + G_A + G_Z)} \tag{6-23}$$

图 6-22 所示为双腔预压紧变排量泵控双出杆液压缸系统压力增益与负载压力的仿真曲线与测试曲线。图 6-22b 清楚地显示了负载压力的非线性变化，这主要是由产生液阻的节流孔的压差与流量之间的二次关系所致。当液压缸两腔压力接近压力 $p_0 = 21\text{MPa}$ 区域时，可以观察到压力上升趋缓。在此区域内，油液流经节流孔的流动方向发生了变化。然而，这种压力上升趋缓的现象在压差变化中几乎没有明显反映，因此系统的压力增益在整个区域内几乎保持恒定。

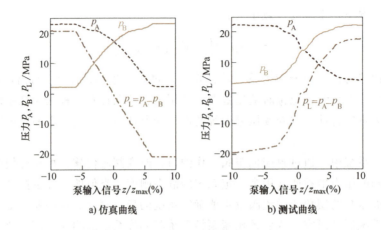

图 6-22　变排量泵控双出杆液压缸系统压力增益与负载压力曲线

　　为了确保所需的对称压力分配，并使双出杆液压缸预压紧传动装置的设计不依赖边界值，可以使用一个减压阀来自动调节静态压力。该减压阀具有同向调整的控制边和两个大小相等、同向受力的活塞面，系统回路如图6-23所示。通过设定减压阀的弹簧预紧力，可在无须明确液压泵实际泄漏的情况下调节系统压力水平，同时可在很大程度上补偿由温度变化引起的内泄漏量变化。

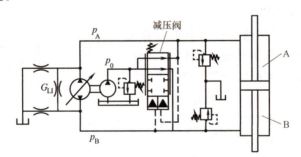

图 6-23　采用减压阀的泵控双出杆液压缸双腔预压紧回路

　　两腔压力作用于减压阀活塞面的力 F_F 为

$$F_F = p_A A_1 + p_B A_2 \qquad (6\text{-}24)$$

式中，A_1 为减压阀与液压缸 A 腔连通的活塞面积；A_2 为减压阀与液压缸 B 腔连通的活塞面积。

　　当双出杆液压缸两腔压力之和的一半超过预设值时，减压阀在活塞面压力作用下的流通面积减小，阻尼效应增大。当双出杆液压缸两腔压力之和的一半小于预设值，且开始下降时，减压阀在活塞面压力作用下的流通面积增大，阻尼效应减小，从而实现静态压力自动调节。图 6-24 所示为采用减压阀的泵控双出杆液压缸系统的压力增益曲线图。测试结果与理论计算结果存在一定的差异，这主要是由于滞后效应的存在和液压泵泄漏特性随压力变化。

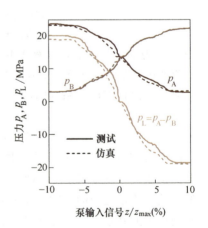

图 6-24　采用减压阀的泵控双出杆
液压缸系统压力增益曲线图

6.3.2 系统负载特性

图 6-25 所示为液压阀与变排量液压泵的压力-流量特性曲线,图中,y 为阀控制信号;y_{max} 为阀最大控制信号;q_L 为负载流量;q_{0max} 为阀芯位移最大时的空载流量;p_L 为负载压力;p_0 为阀进油口压力;z 为液压泵排量控制信号;z_{max} 为液压泵排量最大控制信号;q_{max} 为液压泵空载最大流量;p_{max} 为液压泵最大压力。对比图 6-25 所示液压阀与变排量液压泵的特性曲线可以清楚地看出,由于负载流量与液压泵排量以及负载压力差的线性关系,变排量液压泵特征值在工作点上相互独立。

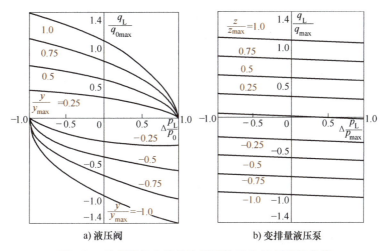

a) 液压阀   b) 变排量液压泵

图 6-25 液压阀与变排量液压泵的压力-流量特性曲线

在提高静态压力水平的情况下,泵控双出杆液压缸系统在静态负载工况下,可以由压力增益函数确定两腔压力。与阀控双出杆液压缸系统不同的是,泵控双出杆液压缸系统的压力分布即使在流量减少的情况下也是不变的,因为负载流量与双出杆液压缸的负载力无关。

在动态负载工况下或流量变化的情况下,泵控双出杆液压缸系统的压力将根据以下公式进行调整:

$$\frac{dp_A}{dt} = \sum q_A \frac{\beta_e}{V_A} \tag{6-25}$$

$$\frac{dp_B}{dt} = \sum q_B \frac{\beta_e}{V_B} \tag{6-26}$$

式中,q_A 为液压缸 A 腔的流量;q_B 为液压缸 B 腔的流量;V_A 为液压缸 A 腔的容积;V_B 为液压缸 B 腔的容积;β_e 为油液体积弹性模量。

对图 6-20 所示回路系统,负载力由 0 阶跃变化到 50kN 时不同容腔体积下系统动态压力的变化曲线如图 6-26 所示。在动态负载工况下或流量变化的情况下,双出杆液压缸两腔的油液体积变化方向相反。当泵控双出杆液压缸系统两个工作回路中的油液体积相同时,双出杆液压缸两腔会产生相同的压力增益,如图 6-26a 所示。当泵控双出杆液压缸系统两个工作回路中的油液体积不同时,双出杆液压缸两腔压力增益不同,容腔体积越大,压力增益越小,如图 6-26b 所示。

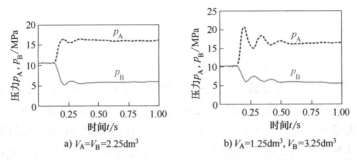

图 6-26 负载力阶跃变化时不同容腔体积下系统动态压力的变化曲线

当负载力变化幅度较大时，系统工作回路的压力变大，可能达到溢流阀的开启压力值，或者在相反方向上，系统工作回路的压力降低至最小允许值以下，导致空化现象的发生。因此，对于系统工作回路中油液体积相差较大的系统，需通过增大最低压力保证系统的可靠运行。泵控双出杆液压缸系统配置如图 6-27a 所示时，在负载力阶跃变化时的控制特性曲线如图 6-27b 所示。采用位移闭环控制，当负载力增大时，双出杆液压缸活塞杆速度将减小；当负载力减小时，双出杆液压缸活塞杆速度将增大；经短暂调整且负载力保持不变时，双出杆液压缸活塞杆速度将趋于稳定。

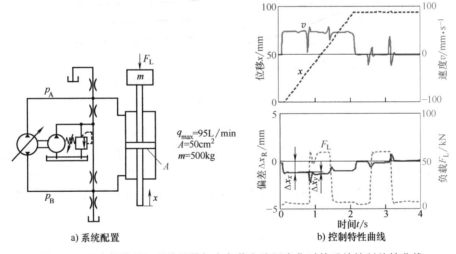

图 6-27 双出杆液压缸系统配置与在负载力阶跃变化时的系统控制特性曲线

图 6-28 所示为阀控与泵控双出杆液压缸系统配置与特性曲线。由图 6-28c 所示曲线可

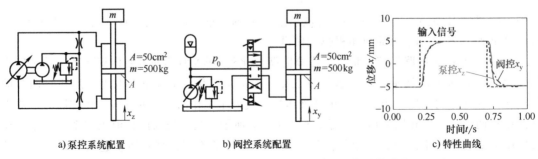

图 6-28 阀控与泵控双出杆液压缸系统配置与特性曲线

知，通过双出杆液压缸两腔预压紧回路，泵控双出杆液压缸系统可获得与伺服阀控系统相同的动态响应特性。

6.4　航空航天用电静液执行器

为了满足未来飞行器向高机动性、超高速及大功率方向发展，飞行器液压系统正朝着高压化、大功率、变压力、智能化、集成化、多余度方向发展。泵控双出杆液压缸技术由于其技术优势，正逐步在航空航天装备领域获得应用，并发展出电静液执行器。电静液执行器（Electro-Hydrostatic Actuator，EHA）通常称为功率电传，也称为电静液作动器，是完全自给式的作动系统，综合了电作动和电液作动的设计元素。

电传操纵系统用电缆取代了复杂的机械系统，节省了大量机内空间和结构重量，飞行员的操纵指令经机载计算机转换为电信号，控制液压缸完成舵面操纵，舵面动作更加精细可控。数字式的电传操纵系统将飞行员的操纵指令严格限制在安全包络线内，避免失速等危险机动，大型民航客机和军用飞机目前普遍采用这种操纵系统。

电传操纵系统和机械液压操纵系统的区别在于将机械指令升级成了电子指令。电传操纵系统各执行机构的液压源由中央液压系统提供，而传递液压能需要复杂的液压管路，同时需要多套液压冗余系统，采用伺服阀控制双出杆液压缸运动，原理如图 6-29 所示。这种能量传递方式易产生泄漏，传动效率低，管路复杂，质量大，制约了飞机的轻量化与机动性发展。

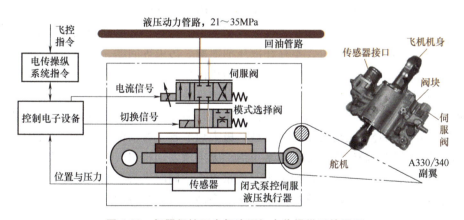

图 6-29　伺服阀控双出杆液压缸电传操纵系统原理

因此，以电静液执行器为核心的多电/全电操纵系统应运而生，成为飞机作动器的重要发展方向。电静液执行器的优势在于其不需要中央液压系统提供液压能，省去了遍布机身的液压管路和备份管路，不仅可以节省空间和重量，而且有效降低了发动机的能源消耗，同时提高了飞控系统的安全性。

6.4.1　电静液执行器概述

电静液执行器系统原理与泵控双出杆液压缸系统原理相同，包含伺服电动机、液压泵、蓄能器和液压缸，其特点在于将上述元件集成于同一执行器，如图 6-30 所示。

20 世纪 70 年代，国外已研制出用作应急舵机的功率电传舵机——电静液执行器。20 世纪 80 年代开始，英国的卢卡斯（Lucas）公司又将其发展成了一种集成驱动组件。1988 年，Bendix 公司展出了 F/A-18 灵巧式副翼舵机原型，这种装置又称为机电液一体化舵机。20 世纪 90 年代，美国的功率电传

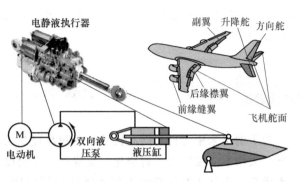

图 6-30　电静液执行器原理

舵机已接近实际应用水平。1991 年 12 月，Parker Berta 公司研制的电静液执行器在 C-130 飞机上完成了空中飞行试验。1991 年，NASA 在 Racal 飞行模拟器上对直升机上的电静液执行器进行飞行试验。Lucas 公司研制了作为备份系统与传统的液压系统结合而成的双余度电执行器。1994 年开始，美国在 F/A-18 副翼上分别进行电静液执行器和机电执行器的飞行试验。1996 年，穆格公司开始为电力作动控制系统计划研制电静液执行器，其制造的电静液执行器已经完成 F/A-18 SRA 飞机上的飞行试验。目前，电静液执行器已在美国 F-35 战斗机和空客 A380 客机主控舵面上作为备份得到应用。同时，电静液执行器在飞行器助推级摆动喷管推力矢量伺服机构领域得到广泛应用，输出功率达 40 kW，直线推力达 200kN 以上。

与中央液压系统的电液伺服阀控执行器相比，电静液执行器具有以下优势：①电静液执行器供电系统与中央计算机连接，供电系统发生故障后能立即重新布局，具有更强的容错能力，有用电少、发热少、部件磨损小、可靠性高等工作特点；②电静液执行器不用在机身和机翼中设置复杂的高压液压管道，不存在液压油泄漏、污染等问题，飞机局部受损后生存力更强；③电静液执行器中的微处理器具有很强的机内检测能力，降低了对地面设备和维护人员的要求，可以减轻甚至取消传统液压系统必需的更换油滤、重新加注液压油、液压系统排气等外场定期维护工作；④电静液执行器作动系统按需用电，舵面负载轻时，很少甚至不从机载发电机取电，减轻了飞机发动机的负载，极大地节省了燃油消耗，减轻了起飞质量和飞机的冷却负担。采用电静液执行器作动系统后，无须从发动机引气，提高了发动机的工作效率，使得相同推力需求的发动机体积更小，质量更小，同时飞行控制、刹车、冷却功能均得到改善。电静液执行器能效高，飞机的出动架次率高，所需装备的飞机数量可减少，飞机的生产费用、期间费用和寿命周期费用也将降低。因此，电静液执行器技术可以简化系统结构，优化资源配置，提高能源利用率、功重比、可靠性、测试性和可维护性，降低全寿命成本，符合未来多电/全电战斗机的发展需求。

图 6-31 所示为美国穆格公司生产的两款用于运载火箭的通用型电静液执行器的产品照片。为提高安全性和冗余度，采用双电动机-双泵组合，电动机供电电压为 280V，最大电流为 400A，额定负载为 311.5kN，作业温度为−9.4~60.0℃。

图 6-32 所示为美国穆格公司生产的用于飞机的电静液执行器的产品照片。图 6-32a 所示为集成功率单元-控制单元的电静液执行器，主要用于飞机的辅助操纵系统。图 6-32b 所示为集成双电动机-双泵的电静液执行器，称为双余度电静液执行器，主要用于飞机的主操纵系统。

派克汉尼汾子公司派克宇航为全世界各种飞行器提供飞行控制、液压、燃油、油箱惰

a) Type Ⅲ型通用型电静液执行器　　　　　　b) Type Ⅴ型通用型电静液执行器

图 6-31　穆格公司的运载火箭电静液执行器

a) 集成功率单元-控制单元的电静液执行器　　　　b) 双余度电静液执行器

图 6-32　穆格公司的飞机电静液执行器

化、流体传送、热能管理、气动和滑油系统的产品及组件，是我国国产大型客机 C919 的液压系统、主飞控作动系统、燃油系统和油箱惰化系统的供应商。图 6-33 所示为派克汉尼汾公司生产的电静液执行器产品照片，执行器压力为 35MPa，功率为 1~25kW。

a) 水平尾翼电静液执行器　　　　　　b) 方向舵电静液执行器

图 6-33　派克汉尼汾公司飞机电静液执行器

图 6-34 所示为 F-35 战斗机舵面控制原理。F-35 战斗机是典型的多电战斗机，总发电功率为 250kW，其综合机载机电系统包括热/能量管理系统、起动/发电系统、电静液执行器系统，并由综合飞行器管理系统控制，在布局、能量利用和控制信息方面实现优化共享，该飞机几乎为全电飞机。

F-35 战斗机采用的综合飞行器管理系统是集飞行控制、推力控制、公共设备管理等功能为一体的飞机飞行平台控制、监测、配置系统。该系统采用三余度配置，主要包括飞行器管理计算机、IEEE 1394b 通信网络和远程输入/输出单元。该系统是全网络化分布式控制系统，通信速率为 400Mb/s。

F-35 机载两路独立 DC 270V 网络，发电功率为 160kW，全部采用功率电传系统。襟副翼、平尾使用 4 台双腔串联式电静液执行器，方向舵使用 2 台单腔电静液执行器，这 6 台电静液执行器承担了 F-35 战斗机的所有主控舵面的控制任务。前缘襟翼使用大功率电动机驱动。

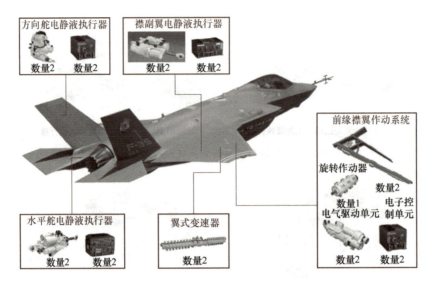

图 6-34　F-35 战斗机舵面控制原理

6.4.2　电备份液压伺服执行器

电备份液压伺服执行器（Electric Backup Hydraulic Actuation，EBHA）具有非相似双余度作动技术特点，集成了常规电液伺服作动和电静液作动的优点，自身可靠性高，可维护性好。当普通飞机液压系统可用时，电备份液压伺服执行器系统可作为传统的电液伺服执行器运行，并在飞机液压系统丢失时作为电静液执行器运行。

图 6-35 所示为电备份液压伺服执行器系统原理。电备份液压伺服执行器通常由以下部分组成。

1）常规电液伺服作动控制部分：包括伺服阀，用于实现油液流量大小和流动方向的控制。

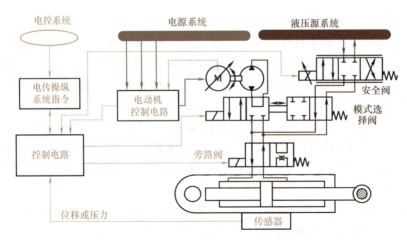

图 6-35　电备份液压伺服执行器原理

2）电静液作动控制部分：包括双向电动机和液压泵等，根据指令信号驱动电动机带动液压泵旋转，将电能转换为液压能，为液压缸提供能源，实现运动方向的控制。

3）液压控制部分：包括模式转换阀、电磁开关阀、抗气穴阀、安全阀和充油排气阀等，为电动机液压泵、液压缸提供机械和液压接口，实现两种工作模式的切换，并提供充油排气接口。

4）液压缸：用于将液压能转换为机械能。

5）储油部分：包括增压油箱，为液压泵增压、补偿液压油外泄漏和实现执行器抗气穴。

6）检测部分：包括位置传感器、温度传感器和压力传感器等，为执行器伺服控制提供反馈，对压力、温度、油液体积等工作状态进行监控。

电备份液压伺服执行器通常有正常和电备份两种工作模式。正常工作模式下为常规电液伺服控制，以飞机液压源系统为能源，实现功率液传。电备份工作模式下为电静液作动，以飞机电源系统为能源，实现功率电传。电备份液压伺服执行器在两种模式之间切换，能够独立驱动同一执行机构。目前电备份液压伺服执行器已在 A380 扰流板中得到应用。

图 6-36 所示为派克汉尼汾生产的电备份液压伺服执行器产品，它包含传统电液伺服阀控缸的所有组件和功能。在电液伺服液压系统故障时提供备用模式，电备份液压伺服执行器还包含由无刷直流电动机驱动的高转速双向定排量液压泵。在电动备用模式下，执行器位置由液压泵旋转方向与转角控制，执行器活塞杆速度由液压泵转速控制，其性能与电液伺服阀控缸性能相当。

图 6-36　派克汉尼汾的电备份液压伺服执行器产品

6.4.3　电静液执行器设计流程

电静液执行器的设计过程与 6.2 节中泵控双出杆液压缸系统参数匹配类似，主要涉及系统及元件等的参数，可分为架构设计、系统设计和详细设计三个阶段。其中，架构设计和系统设计需要对比大量不同的设计方案，如果对每个设计选项都进行设计计算或询问供应商来确定参数，则需要反复更改参数而使设计工作周期大大延长，成本大幅度上升。此外，由于架构设计和系统设计追求的是确定可行的准最优方案，而不是确定每个参数的最终准确值，因此采用智能估算参数的方法可大大提高效率。

首先选择电静液执行器最具代表性的参数，如电动机的额定转矩、液压泵的排量、液压缸的缸径等作为定义参数，其他所需参数则作为被动参数自动生成。只更改少数定义参数，即可对比不同的设计选项，从而大幅度提高设计及评估效率，设计过程如图 6-37 所示。

这种参数设计需依赖基于 6.2 节液压缸系统数学模型所建立的参数匹配软件。参数自动生成主要基于相似性原理和量纲分析法。对于已经较为成熟、形成系列化的元件，可采用相似性原理估算未知参数，或者直接建立数据库检索相应参数。而定制化元件参数的设计一般难以满足相似性原理假设，应先确定定制化元件参数，再对这些参数进行量纲分析，然后通过实验设计和回归分析，推导出可对其他参数进行估算的经验公式，进而应用于参数自动生成模块。

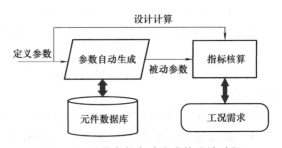

图 6-37　采用参数自动生成的设计过程

除此之外，还可采用智能化建模与参数匹配方法，对电静液执行器参数进行匹配设计与优化。电静液执行器的设计指标主要有最大输出力、最大速度、行程、频宽、超调量、跟踪精度等，其中，最大输出力、最大速度、行程属于静态指标，频宽、超调量、跟踪精度属于动态指标。在系统设计阶段，首先针对静态指标进行液压部分的设计，包括系统压力、液压缸作用面积、液压泵型号的确定，以及其他液压元件的设计与选型等。然后开始动态指标设计，需要依靠仿真建模的方法进行设计计算，根据静态设计结果建立液压环节的模型，再将电动机的电流环、速度环控制共同用传递函数代替，外环位置环首先采用 PID 控制器，然后进行仿真迭代设计，以确定电动机的主要参数。当动态指标满足要求后，根据电动机仿真参数进行电动机选型或设计，便可建立电动机的电流环、速度环的详细模型，进而得到电静液执行器完整的系统级模型。

相比传统的各学科单独模型，多学科耦合模型能更真实地模拟系统的特性，但求解过程更为复杂，难点在于保证学科间耦合变量的一致性。多学科可行法是常用的多学科优化方法，缺点是在不同学科间存在双向耦合状态变量时需进行多学科分析，这会导致计算复杂度大大提高，可通过消除电静液执行器优化设计中的双向耦合变量来实现高效的优化求解。

多目标优化以基于单项指标加权的综合指标作为目标函数，也可以通过专门的多目标优化算法先得到帕雷托最优解集，再根据综合指标最终确定最优解。进化算法、模拟退火算法、蚁群算法等优化算法均可尝试应用。图 6-38 所示为电静液执行器系统级多学科多目标优化设计流程，建立不包含和包含热特性的两套多学科模型，

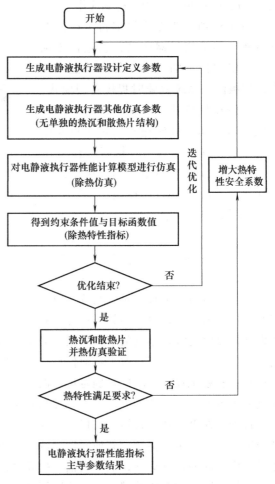

图 6-38　电静液执行器系统级
多学科多目标优化设计流程

分别用于迭代优化设计和单独的热设计。内层采用智能优化算法（如遗传算法），需要执行的模型仿真次数较多；但由于去除了热特性仿真，因此消耗的仿真时间是可承受的。外层主要用于进行后续热设计，对于可能出现的设计结果无法满足热特性要求的情形，采用增大安全系数的方法进行较少次数的迭代就可最终满足要求，这样既可保证足够优化，又不至于仿真计算负担过重而无法承受。

监控电静液执行器的健康状态，并对故障或早期缺陷做出警告，是保证飞机作动系统可靠工作的重要基础。为了准确快速地实现电静液执行器系统状态的识别，进行电静液执行器故障诊断与定位，预测电静液执行器的故障和剩余寿命，需要了解电静液执行器故障类型与诊断方法。

6.4.4　电静液执行器发展趋势

1. 智能化

随着智能控制策略、智能故障检测和健康管理技术的发展，智能化电静液执行器将成为未来机载作动系统的发展方向。相对于传统机载作动系统的伺服作动器，智能电静液执行器以余度数字伺服技术为基础，采用智能补偿算法和控制策略提高执行器的性能，降低执行器的各种固有非线性因素对其性能的影响。同时，数字控制可以采用智能故障诊断技术实现执行器的故障定位与隔离，采用重构等技术实现执行器电气通道的智能容错。因此，电静液执行器的智能化将显著提高飞机的可靠性、安全性及可维护性，成为作动技术重点发展方向之一。

2. 轻量化

飞机的机身一体扁平化结构发展趋势，以及飞机在超高速、长距离巡航过程中对降低能耗的需求，均要求电静液执行器系统具有小型化、轻量化、结构紧凑、高功重比等特点，这对电静液执行器结构设计提出了较高的挑战。通过选择轻量化材料，基于最小包络准则，开展电液伺服阀、功能阀、壳体、缸体、电动机与泵的一体化设计，并在满足工作能力要求的情况下简化传统结构。同时结合增材制造设计技术，实现电静液执行器轻量化、小型化，以及工作效能及功重比的提升，以满足飞机的结构与飞行要求。

电静液执行器实现轻量化的途径主要包括采用高功重比电动机和高速高压柱塞泵。大功率、高功重比电动机是电静液执行器的驱动部件，电动机的功重比及输出特性直接影响整体效能。因此，大功率、高功重比无刷直流电动机的电磁结构优化、高性能绕组成型、高性能新材料、电磁和流体热场分析、低电感驱动控制技术都是研究重点。

液压泵是电静液执行器的关键部件，为液压缸提供动力，驱动执行机构作业。随着飞机速度和机动性能需求、舵面输出力和速度指标的不断提高，液压泵只有向高速、高压、长寿命方向发展，才能提高电静液执行器功重比、可靠性和动态性能。目前航空液压泵的压力多为 21MPa 或 28MPa，转速在每分钟万转以下。为了提高功重比，液压泵须实现额定压力为 35MPa、转速在每分钟万转以上，并且做到小型化插装式设计，这给液压泵的密封、耐压、耐磨等特性及精密加工制造提出了很大的挑战。面对上述关键技术及难点，须开展液压柱塞泵高速摩擦副油膜特性的研究、高速摩擦副的油膜润滑和摩擦磨损机理研究，以及非对称泵配流设计研究，突破插装泵一体化结构设计、非对称液压泵配流设计、核心零件配合副的高精密加工与成型、高速重载摩擦副的配对材料选择、摩擦副油膜润滑特性分析及宽温范围全性能试验验证等关键技术。

3. 高可靠性

为提升电静液执行器整体可靠性，广泛采用了机械、电气、控制的余度设计准则，通过执行器软、硬件备份实现系统的高容错。但多余度通道同时工作易产生相互影响，例如，对于具有两个相互串联的液压缸和活塞杆的双余度作动系统，两个独立的液压系统同时供油时易发生力纷争现象，严重影响控制效果。须研究电静液执行器余度管理技术，解决起动逻辑、模态转换与保持逻辑等难题。同时引入作动系统状态监控与故障检测技术，实时监控执行器工作状态，并在某通道出现故障后迅速完成重构，完成故障容错控制，保证电静液执行器的高可靠性。

目前，国外在电传伺服作动领域，电静液执行器技术已成功应用于军机与民机，而国内对电静液执行器技术的研究起步较晚，尚处于原理样机验证阶段，限制其上机应用的挑战来自各个方面，如材料的研究、工艺的提升、技术的创新等。但国内多家研究所和高校正在不断努力突破电静液执行器研制中的各项关键技术。相信在不远的将来，国产飞机终将用上自主研制的先进电静液执行器。

思考题

6-1 与阀控缸系统相比，泵控双出杆液压缸系统的优势是什么？有什么不足之处？

6-2 泵控双出杆液压缸系统主要由哪些元件组成，各元件的主要功能是什么？

6-3 泵控双出杆液压缸系统主要分为哪些类型？这些类型有何不同？

6-4 电静液执行器目前已在哪些机型上得到应用？主要用于飞机的哪些舵面？

6-5 电备份液压伺服执行器的系统回路和工作原理是什么？

6-6 电静液执行器的发展趋势是什么？需要突破哪些技术难点？

6-7 已知飞机舵面额定负载力为 50kN，系统额定压力为 28MPa，执行器额定速度为 150mm/s，液压泵容积效率为 90%，机械效率为 90%，电动机能效为 92%，电动机转速为 12000r/min，计算液压泵排量、电动机功率与转矩。

第7章 单泵控单出杆液压缸系统

根据动力源不同，单泵控单出杆液压缸可分为 3 种类型：定转速变排量泵控单出杆液压缸系统、变转速定排量泵控单出杆液压缸系统及变转速变排量泵控单出杆液压缸系统。在单泵控单出杆液压缸系统中，通过调节液压泵流量控制液压缸活塞杆的速度和位移，由于液压缸两腔工作流量不相等，需增设补油回路补偿这部分流量差异，防止产生气穴和憋压现象。然而，单泵控单出杆液压缸系统仅能控制液压缸高压腔，低压腔压力接近油箱压力或补油压力，降低整个系统的驱动刚度和固有频率，导致定位精度和动态特性差。本章将对单泵控单出杆液压缸不同回路原理及性能改善等进行介绍。

7.1 单泵控单出杆液压缸类型

单泵控单出杆液压缸系统中，单出杆液压缸两腔有效工作面积不同，也称为差动缸。而系统中液压泵进油口流量和出油口流量相同，在差动缸运行过程中会出现液压泵与差动缸流量不匹配的问题，造成差动缸两腔油液流量过大或吸空的现象，导致整个系统不能稳定、高效地工作，因此必须正确匹配差动缸两腔流量，使泵输出流量和压力与负载完全匹配，系统在两个运动方向上有相同的运动特性，才能使整个液压系统达到很好的控制效果。

差动缸运行特性取决于进出液压缸两腔的流量，由于在闭式泵控系统中，液压泵进、出油口直接与液压缸两腔相连，因此对单出杆液压缸两腔流量的控制实质上就是对液压泵的控制，液压泵是闭式对称泵控液压缸系统的核心，液压泵的控制特性好坏直接决定了整个闭式对称泵控液压缸系统的工作性能能否满足要求。由于差动缸运行过程中会出现液压泵与差动缸流量不匹配的问题，如果继续以相同的流量来驱动液压缸做正、反两个方向的运动，则会与期望的运动规律出现较大的偏差，因此无论是哪种类型的单泵控单出杆液压缸，都需要增设补油单元、大流量液控单向阀或三位四通阀等元件平衡液压缸两腔流量差，进而保证整个液压系统可以稳定、高效地运行。

7.1.1 变转速定排量泵控单出杆液压缸

变转速定排量泵控单出杆液压缸系统主要由定量泵、集成控制器、伺服电机、单出杆液压缸、溢流阀、大流量液控单向阀和传感器等元件组成，系统原理如图 7-1 所示。系统的液压泵排量固定，通过控制电动机输出转速和转矩来实现对差动缸位移、速度、两腔压力的控制，同时通过压力、位移、速度传感器给控制器反馈回来相应的信号，经过一系列分析计算得到相应控制量并转换为控制信号，然后输送给变转速伺服电机，进一步提高液压系统的控制精度和响应速度。定量泵工作效率高，运行稳定，且随着微电子技术、大规模集成电路技术和数字控制技术的快速发展，伺服电机的控制技术发展较为成熟，具有优良的控制性能。该系统采用两个电机作为动力源，主电机（变转速伺服电机）根据给定控制信号输出相应转速而带动定量泵转动并使其输出一定流量，辅助电机（定转速伺服电机）恒转速带动补油泵转动为液压系统补油。

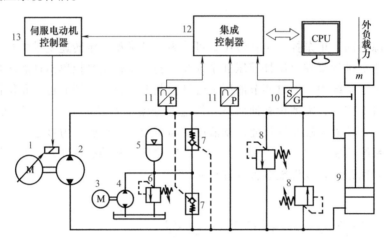

图 7-1 变转速定排量泵控单出杆液压缸系统原理

1—变转速伺服电机　2、4—定量泵　3—定转速伺服电机　5—蓄能器　6、8—溢流阀　7—液控单向阀
9—单出杆液压缸　10—位移-速度传感器　11—压力传感器　12—集成控制器　13—伺服电机控制器

7.1.2　定转速变排量泵控单出杆液压缸

定转速变排量泵控单出杆液压缸系统主要由变量泵、集成控制器、伺服电机、单出杆液压缸、溢流阀、大流量液控单向阀和传感器等元件组成，系统原理如图 7-2 所示。系统驱动部分一般选择转速稳定的交流伺服电机，变量泵选择斜盘式柱塞伺服泵或斜盘式柱塞比例泵，通过改变柱塞泵斜盘倾角来改变排量。当系统工作时，伺服电机输出恒定转速而带动变量泵转动，通过改变液压泵排量，控制泵进、出口流量就可以实现对负载位置、速度的控制。定转速变排量泵控单出杆液压缸系统只有变量泵排量一个控制自由度，但由于整个系统较为复杂，需要设计一种液压泵变排量控制系统，目前系统主要采用两个电机，其中主电机带动变量泵转动控制差动缸运动，辅助电机带动定量泵为系统补偿差动流量，共同完成对系统的准确运动控制。

7.1.3　变转速变排量泵控单出杆液压缸

变转速变排量泵控单出杆液压缸系统主要由变排量液压泵、小排量补油泵、集成控制器、伺服电机、差动缸、溢流阀、大流量液控单向阀和位移、速度、压力传感器等元件组

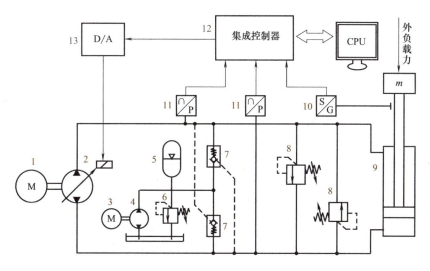

图 7-2　定转速变排量泵控单出杆液压缸系统原理

1、3—定转速伺服电机　2—变量泵　4—定量泵　5—蓄能器　6、8—溢流阀　7—液控单向阀

9—单出杆液压缸　10—位移、速度传感器　11—压力传感器　12—集成控制器　13—D/A 转换器

成，系统原理如图 7-3 所示。该液压系统中，泵的出口流量由带动其转动的伺服电机转速和柱塞泵的斜盘倾角共同决定。由于系统具有伺服电机转速和液压泵排量两个控制自由度，需要协调控制才能保证液压系统具有良好的性能，因此需要设计复杂的控制系统，控制起来较为困难。但该系统较前述两类液压系统多一个控制变量，改变转速控制液压泵出口流量和改变排量控制液压泵出口流量可以叠加起来，使液压系统具有更快的响应速度，可以更好地提高系统的动、静态特性。该系统同样需要增加电动机来带动小排量的定排量液压泵来对系统进行补油，平衡差动缸两腔的不对称流量。

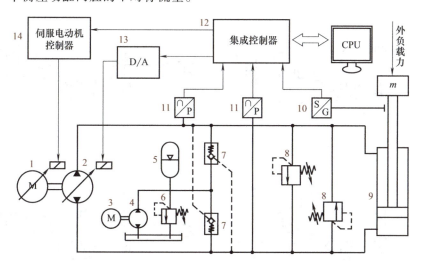

图 7-3　变转速变排量泵控单出杆液压缸系统原理

1—变转速伺服电机　2—变排量液压泵　3—定转速伺服电机　4—定排量液压泵　5—蓄能器

6、8—溢流阀　7—液控单向阀　9—单出杆液压缸　10—位移、速度传感器

11—压力传感器　12—集成控制器　13—D/A 转换器　14—伺服电机控制器

7.1.4 闭式泵控单出杆液压缸四象限运行工况分析

在闭式泵控差动缸系统中，根据液压缸活塞杆所受外负载力方向和运动速度方向，可以将系统分为四种运行工况进行分析。速度以液压缸活塞杆伸出的运动方向为正方向，力以阻碍液压缸活塞杆伸出的力方向为正方向。变转速闭式泵控差动缸系统四象限运行工况如图 7-4 所示，图中，1、2 表示液控单向阀，q_A 表示进、出差动缸无杆腔的流量，q_a 表示进、出差动缸有杆腔的流量，q_{acc} 表示流过液控单向阀的流量，p_{acc} 表示蓄能器压力。

运行工况在第一象限时，差动缸活塞杆向外伸出，负载力方向与差动缸活塞杆伸出方向相反，电动机带动液压泵转动为差动缸无杆腔供油。为了克服负载力，差动缸无杆腔变成高压腔，有杆腔变成低压腔，液控单向阀 2 打开。由于无杆腔有效作用面积比有杆腔有效作用面积大，无杆腔需要的流量多，因此补油系统通过液控单向阀 2 向系统补偿所需要的流量来平衡差动缸两腔的不对称流量。

运行工况在第二象限时，差动缸活塞杆向外伸出，负载力方向与差动缸活塞杆伸出方向相同，定量泵带动电机转动，电机处于发电状态。差动缸有杆腔变成高压腔，无杆腔变成低压腔，液控单向阀 1 打开。由于无杆腔有效作用面积比有杆腔有效作用面积大，有杆腔排出的流量少，无杆腔需要的流量比有杆腔多，因此补油系统通过液控单向阀 1 向系统补偿所需要的流量来平衡差动缸两腔的不对称流量。

运行工况在第三象限时，差动缸活塞杆向内缩回，负载力方向与差动缸活塞杆缩回方向相反，电机带动液压泵转动为差动缸有杆腔供油。为了克服负载力，差动缸有杆腔变成高压腔，无杆腔变成低压腔，液控单向阀 1 打开，补油系统通过液控单向阀 1 向系统补偿所需要的流量来平衡差动缸两腔的不对称流量。

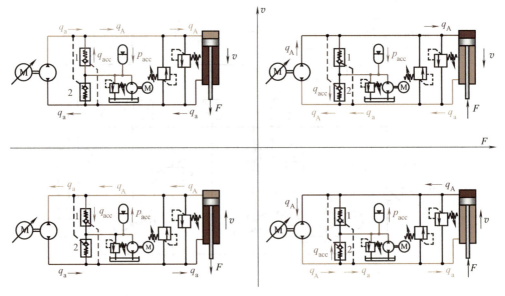

图 7-4　变转速闭式泵控差动缸系统四象限运行工况

运行工况在第四象限时，差动缸活塞杆向内缩回，负载力方向与差动缸活塞杆缩回方向相同，定排量液压泵带动电机转动，电机处于发电状态。差动缸无杆腔变成高压腔，有杆腔变成低压腔，液控单向阀 2 打开。由于无杆腔有效作用面积比有杆腔有效作用面积大，有杆腔吸入的流量少，无杆腔排出的流量比有杆腔多，因此补油系统通过液控单向阀 2 向系统补偿所需要的流量来平衡差动缸两腔的不对称流量。

7.1.5 典型单泵控单出杆液压缸系统

1. 具有负载保持功能的单泵控单出杆液压缸

在某些应用场合，需要泵控系统具有锁紧液压缸的功能，即负载保持功能。图 7-5 所示为具有负载保持功能的变排量泵控单出杆液压缸回路原理，通过调节变排量液压泵的排量，直接控制液压缸速度。在液压缸活塞杆的伸出和缩回过程中，通过液控单向阀和低压蓄能器构成的低压辅助回路来平衡不对称流量，补偿系统泄漏，并为液压泵变量机构提供油液。采用二位三通电磁换向阀控制的插装阀实现双线负载保持功能。该系统还具有其他功能，例如，二位四通电磁换向阀实现压力浮动功能；补油回路和低压辅助补偿回路之间的溢流阀实现初级卸荷，双线负载保持回路中的溢流阀实现二级卸荷功能。与传统的阀控方案相比，采用该系统可节省高达 15% 的燃油。

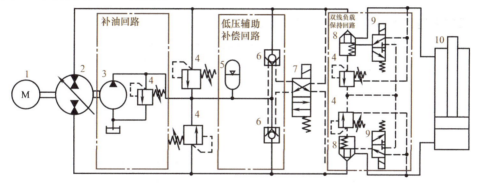

图 7-5 具有负载保持功能的变排量泵控单出杆液压缸回路原理
1—电动机 2—变排量液压泵 3—定量泵 4—溢流阀 5—低压蓄能器 6—液控单向阀
7—二位四通电磁换向阀 8—插装阀 9—二位三通电磁换向阀 10—单出杆液压缸

图 7-6 所示为具有负载保持功能的变转速泵控单出杆液压缸回路原理。增设电磁开关阀，将液压缸活塞杆缩回过程中无杆腔的多余油液排回油箱，在活塞杆伸出时，电磁开关阀关闭。平衡阀安装在液压缸有杆腔回路，不需要液压泵提供能量，液压缸活塞杆便可平稳停止在设定位置。当液压缸活塞杆伸出时，液压泵向无杆腔提供流量，无杆腔压力升高，与液压缸有杆腔连接的液控单向阀开启（单向阀开启压力为 $0.21 \times 10^5 \mathrm{Pa}$），液压泵进油口压力约等于油箱压力，系统工作在第一象限工况。当液压缸活塞杆缩回时，液压泵经与平衡阀并联的单向阀为液压缸有杆腔提供流量，电磁开关阀开启，液压缸无杆腔多余油液经电磁开关阀返回油箱。当液压缸无杆腔压力小于平衡阀预设压力时，平衡阀阀芯处于关闭状态，液压缸有杆腔油液无法流通，负载被液压锁紧。当液压缸有杆腔压力达到设定压力时，平衡阀阀芯开启，液压缸有杆腔与油箱连通，从而使液压缸活塞杆伸出。在系统运行过程中，由于平衡阀的作用，液压泵始终工作在泵工况，因此该回路不具备能量回收功能。在给定的负载周

期内，与阀控系统相比，能耗降低 21%。

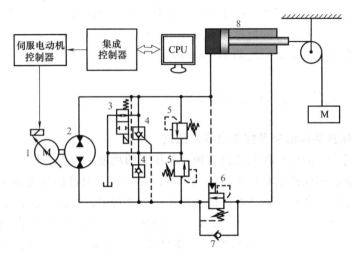

图 7-6　具有负载保持功能的变转速泵控单出杆液压缸回路原理

1—变转速伺服电机　2—定排量液压泵　3—电磁开关阀　4—液控单向阀　5—溢流阀

6—平衡阀　7—单向阀　8—单出杆液压缸

2. 具有旁通回路的单泵控单出杆液压缸

美国普渡大学的 Qu 提出具有旁通回路的变转速定排量闭式泵控单出杆液压缸回路，回路原理如图 7-7 所示。当定排量液压泵转速为零时，可通过调节旁通回路的电磁开关阀实现低速控制；当系统所需流量超出定排量液压泵最大输出流量时，还可通过旁通回路补偿系统所需的额外流量。

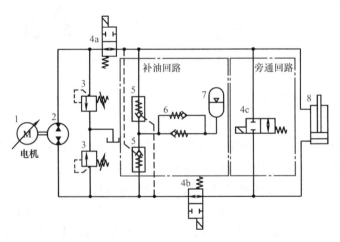

图 7-7　具有旁通回路的变转速定排量闭式泵控单出杆液压缸回路原理

1—变转速伺服电机　2—定排量液压泵　3—溢流阀　4a、b—电磁开关阀（常开）　4c—电磁开关阀（常闭）

5—液控单向阀　6—单向阀　7—蓄能器　8—单出杆液压缸

3. 具有液压锁紧功能的单泵控单出杆液压缸

美国派克汉尼汾公司推出如图 7-8 所示的紧凑型具有液压锁紧功能的变转速泵控单出杆液压缸直线驱动器，将定量泵、变转速伺服电机、单出杆液压缸、液压锁紧回路、溢流阀、单向阀、起散热功能的过滤器等元件集成于一体，主回路通过四个溢流阀和两个液控单向阀来平衡单出杆液压缸活塞杆伸缩过程中的不平衡流量。结合电液执行机构功率密度大和质量小的优点，可通过锁紧回路，较为简单地实现"即插即用"功能，克服了常规直线驱动技术动力不足、速度特性差和耐久性差等缺点。

4. 三配流油口液压泵控单出杆液压缸

图 7-9 所示为三配流油口液压泵控单出杆液压缸系统原理，博世力士乐公司推出了采用三配流油口液压泵控单出杆液压缸系统的闭式泵控伺服液压执行器（SHA），将液压缸、电机、泵、阀完全集成于一体，仍采用变转速伺服电机驱动三配流油口定量泵，通过蓄能器和一个液控单向阀来平衡单出杆液压缸活塞杆伸缩过程中的不平衡流量。同时，由于在精度、动态特性和可控制性等方面的优势，SHA 被广泛应用于飞机、运动模拟器、机器人等领域。该公司认为变转速闭式泵控直线驱动系统可显著提高系统的功率密度、鲁棒特性和数字化程度，并推出一款 Sytronix 闭式泵，提出采用四个电磁开关阀控制两个液压缸中的三个腔室，通过此种连接实现闭式泵控系统流量的供需平衡。

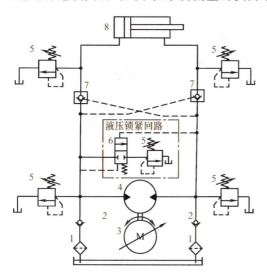

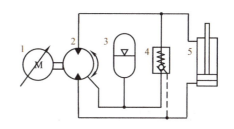

图 7-8　紧凑型具有液压锁紧功能的变转速泵控
单出杆液压缸直线驱动器

1—过滤器　2—单向阀　3—变转速伺服电机　4—定量泵
5—溢流阀　6—电磁开关阀　7—液控单向阀
8—单出杆液压缸

图 7-9　三配流油口液压泵控
单出杆液压缸系统原理

1—变转速伺服电机　2—三配流油口定量泵
3—蓄能器　4—液控单向阀
5—单出杆液压缸

7.2　单泵控单出杆液压缸工作与能耗特性

7.2.1　单泵控单出杆液压缸工作特性

单泵控单出杆液压缸试验测试系统原理如图 7-10 所示。系统液压泵为对称泵且排量固定，伺服电机转速可变且输出转矩可以控制，差动缸（单出杆液压缸）输出的液压力可由力传感器测得。系统采用小排量定量泵构成补油系统，一方面由于补油回路近乎为压力恒定的低压回路，可以维持主回路的最低工作压力；另一方面由于差动缸、液压泵等系统元件的制造误差，在工作时会出现泄漏问题，以及液压油的压缩性造成的管道容积变化，这些问题都会影响整个系统的控制精度，补油回路可以消除这方面的影响，保证系统的控制精度。采用大流量的液控单向阀，一方面可以平衡由差动缸两腔有效作用面积不同带来的差动缸运行过程中两腔的不对称流量；另一方面由于力加载系统会受到被测系统的位置干扰，差动缸两腔会产生多余流量，液控单向阀可以减小多余流量，减弱多余流量对系统的影响。

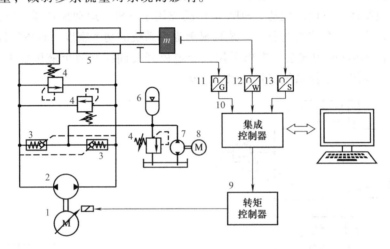

图 7-10　单泵控单出杆液压缸试验测试系统原理

1—变转速伺服电机　2—定排量对称液压泵　3—液控单向阀　4—溢流阀　5—单出杆液压缸
6—蓄能器　7—小排量定量泵　8—定转速伺服电机　9—转矩控制器　10—集成控制器
11—位移传感器　12—力传感器　13—速度传感器

当液压泵进油口压力一定时，可以通过控制变转速伺服电机的转矩输出进而控制液压泵的出油口压力。在闭式泵控系统中，因为有补油系统的存在，在差动缸运行时，补油系统可以为液压缸低压腔提供一定的背腔压力，具体的背腔压力由补油系统设定。当控制变转速伺服电机输出转矩后，就可以控制液压泵的出油口压力。因为在闭式泵控系统中，液压泵进、出油口直接与差动缸两腔连接，所以控制液压泵出油口压力也相当于控制了差动缸工作腔的压力。在确定差动缸有杆腔和无杆腔有效作用面积后，可以通过控制两腔压力控制差动缸的输出力。

研究系统给静态物体加载时的力输出性能是研究整个电液负载模拟器系统特性的基础，在多学科联合仿真软件 SimulationX 中搭建电液负载模拟器力加载系统仿真模型，如图 7-11 所示。在搭建的力加载系统仿真模型中取差动缸活塞杆伸出方向为系统的正方向，将液压泵的机械效率、泄漏，差动缸的摩擦、泄漏因素均考虑在内，并设置相关具体参数。

在 SimulationX 搭建的力加载系统仿真模型中设置各液压元件的参数，具体参数见表 7-1。

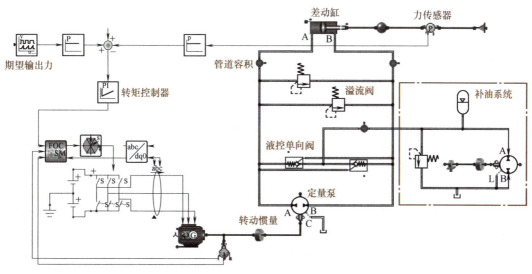

图 7-11　电液负载模拟器力加载系统仿真模型

表 7-1　力加载系统仿真模型中液压元件参数

元件	名称/单位	参数
差动缸	行程/mm	400
	有杆腔直径/mm	36
	无杆腔直径/mm	50
	效率(%)	90
定排量液压泵	排量/mL·r⁻¹	45
	容积效率(%)	90
补油泵	排量/mL·r⁻¹	10
	转速/r·min⁻¹	1000
	容积效率(%)	90
转矩控制器	比例环节放大系数	495
	积分环节放大系数	0.01
	微分环节放大系数	0.1
管道容积	容腔/dm³	1
主回路溢流阀	开启压力/MPa	20
补油回路溢流阀	开启压力/MPa	1
液控单向阀	面积比	1
惯性负载	转动惯量/kg·cm²	10
负载	质量/kg	100

145

　　构建系统的仿真模型，对系统特性进行分析，验证系统输出力的响应速度、加载精度、稳定性能否达到要求。给定频率1Hz，幅值分别为10kN、15kN的正弦输入信号（期望输出力）时，系统的输入、输出力对比如图7-12所示。由图7-12可知，当给定频率为1Hz，幅值分别为10kN、15kN的正弦期望输出力信号时，系统实际输出力曲线基本与期望输出力曲线基本重合，输出没有响应滞后，系统加载稳定性、加载精度非常好。

　　给定频率为5Hz，幅值分别为10kN、15kN的正弦输入信号（期望输出力）时，系统的

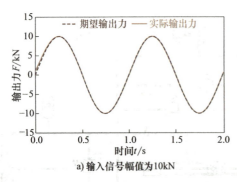
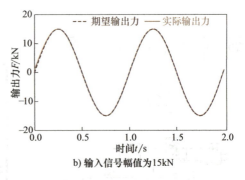

a) 输入信号幅值为10kN

b) 输入信号幅值为15kN

图 7-12　频率为 1Hz，不同输入信号幅值下系统的输入、输出力对比

输入、输出力对比如图 7-13 所示。由图 7-13 可知，当给定频率为 5Hz，幅值分别为 10kN、15kN 的正弦期望输出力信号时，系统的输入、输出力曲线基本重合。但随着输入信号频率的增加、幅值的变大，输出力曲线会出现较小的响应滞后，系统加载稳定性、加载精度良好。

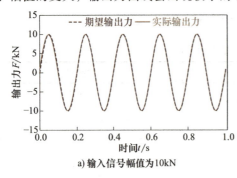
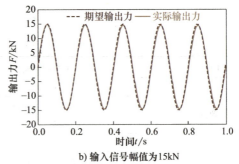

a) 输入信号幅值为10kN

b) 输入信号幅值为15kN

图 7-13　频率为 5Hz，不同输入信号幅值下系统输入、输出力对比

给定频率为 10Hz，幅值为 10kN 的正弦输入信号（期望输出力）时，系统输入、输出力对比如图 7-14 所示。由图 7-14 可知，当给定频率为 10Hz、幅值为 10kN 的正弦期望输出力信号时，系统的输入、输出力曲线基本重合，基本没有幅值误差和响应滞后，系统加载稳定性、加载精度较好。

仿真结果表明，采用控制变转速伺服电机转矩输出进而控制液压泵进、出油口压力的控制策略，能够使单泵控单出杆液压缸系统具有较高的跟踪精度、响应速度和加载稳定性。

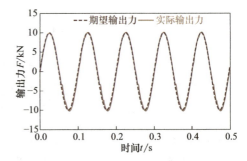

图 7-14　频率 10Hz、幅值 10kN 下系统输入、输出力对比

7.2.2　单泵控单出杆液压缸能耗特性

1. 伺服阀控单出杆液压缸能耗特性

图 7-15 所示为伺服阀控单出杆液压缸系统原理及能耗组成示意图。在传统电液伺服系统中，采用定转速电动机驱动定排量液压泵并与溢流阀组合构成恒流源系统，如图 7-15b 所

示。在该系统中，动力源输出恒定流量，溢流阀限制系统最高压力，比例阀或伺服阀控制执行器的速度和位置。动力源输出流量大于执行器运行所需流量，多余流量经溢流阀返回油箱，造成了非常大的节流损失和溢流损失。在执行器速度和外负载力较低工况下能量损失更大。

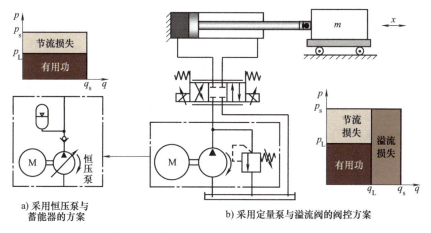

图 7-15　伺服阀控单出杆液压缸系统原理及能耗组成示意图

a) 采用恒压泵与蓄能器的方案

b) 采用定量泵与溢流阀的阀控方案

为解决传统恒流源系统能耗大的问题，现有技术通常采用恒压泵与蓄能器组合构成动力源来为液压缸提供动力，原理如图 7-15a 所示。在该系统中，恒压泵的压力通常设定为较高的恒定值，可满足液压缸全工况负载力需求。蓄能器提供的瞬时流量可满足系统动态特性需求，并减轻系统压力波动。由于恒压泵实时输出流量与液压缸需求流量相匹配，该系统在运行过程中不存在溢流损失，节流损失是该系统能量损失的主要形式。

选择活塞直径为 63mm、活塞杆直径为 45mm 的液压缸，通流能力为 22L/min（额定压差为 3.5MPa）的液压阀，设定液压泵压力为 15MPa，可计算得到恒流源液压泵流量为 44L/min。基于上述数据，在液压阀全开工况下，对采用恒流源与恒压源的阀控缸系统能量特性进行分析。图 7-16 所示为伺服阀控单出杆液压缸系统的压力与速度随负载压力变化曲线。由图 7-16 所示曲线可知，在阀口全开时，液压缸无杆腔压力随负载压力的增大逐渐增大，最大压力为液压泵设定压力 p_s。随着负载

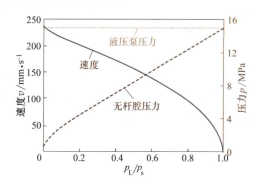

图 7-16　伺服阀控单出杆液压缸系统的压力与速度曲线

压力的增加，液压泵与无杆腔压差逐渐减小，根据液压阀阀口流量公式 $Q = CA\sqrt{2\Delta p / \rho}$（其中，$C$ 为流量系数；A 为阀口通流面积；Δp 为阀口压差；ρ 为流体密度）可知，液压缸速度随负载压力的升高逐渐降低。当负载压力为 $2p_s/3$ 时，液压缸速度为 138mm/s，约为其最大速度 236mm/s 的 58.5%。

图 7-17 所示为采用恒流源与恒压源的伺服阀控单出杆液压缸系统能量特性曲线。图 7-17a 所示为采用恒流源的伺服阀控单出杆液压缸系统能量特性曲线，液压泵功率保持

10.8kW 恒定，液压缸功率与系统效率随负载压力的增加先增大后减小。当负载压力为 $2p_s/3$ 时，液压缸功率与系统效率最大，液压缸最大输出功率为 3.98kW，系统最高效率为 38.5%。

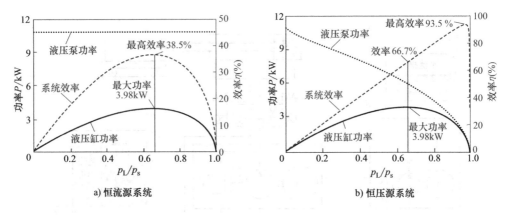

a) 恒流源系统　　　　　　　　b) 恒压源系统

图 7-17　采用恒流源与恒压源的伺服阀控单出杆液压缸系统能量特性曲线

图 7-17b 所示为采用恒压源的伺服阀控单出杆液压缸系统能量特性曲线。由于系统负载流量随负载压力的增加逐渐减小，液压泵功率也随负载压力的增加逐渐降低，液压缸功率变化规律与采用恒流源的伺服阀控单出杆液压缸系统相同。当负载压力为 $2p_s/3$ 时，液压缸最大输出功率也为 3.98kW，系统效率为 66.7%。根据图 7-17b 所示曲线可知，随着负载压力的增加，液压泵与液压缸之间的功率差逐渐减小，意味着阀口节流损失逐渐减小，系统效率逐渐增加。当负载压力接近液压泵压力时，系统效率快速降低为 0。由图 7-17b 所示曲线可知，当负载压力为液压泵压力 p_s 的 97.5%时，系统效率最高，约为 93.5%。

2. 单泵控单出杆液压缸能耗特性

美国普渡大学的 Naseem 等将单泵控单出杆液压缸系统用于驱动装载机转向，如图 7-18 所示。在该系统中，将转向液压泵油口与转向液压缸直接相连进而直接驱动转向液压缸，增设补油系统来平衡单出杆液压缸的不平衡流量，通过采集装载机行驶速度和转向角度、方向盘转角和转速控制变排量液压泵的排量。

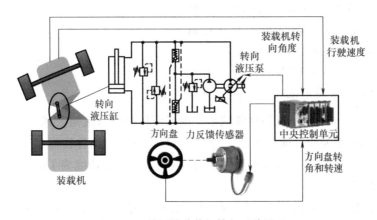

图 7-18　单泵控装载机转向系统原理

对如图 7-18 所示的单泵控单出杆液压缸系统的能耗特性进行试验测试分析，可得如图 7-19 所示的试验测试曲线。图 7-19a 所示为转向过程中转向液压缸压力曲线，为保证试验工况中原有系统与单泵控液压缸系统保持相同的负载大小、地面接触条件和操控过程，使两个系统的转向液压缸的工作压力保持相同。图 7-19b 所示为转向过程中系统各个元件的输出功率曲线，发动机平均工作功率约为 5.5kW，相较于原有阀控系统，降低了 57.9%。

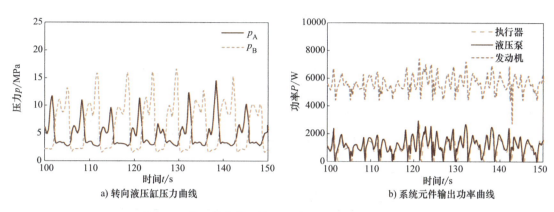

图 7-19　单泵控装载机转向系统能耗特性试验测试曲线

保持相同的转向工况，对原有阀控系统和单泵控系统的能耗进行分析，对比两系统中各自元件的能量效率、发动机燃油消耗、系统工作效率和燃油使用效率等指标，可得出图 7-20 所示的两系统的主要能量损耗情况对比图。在原有阀控系统中，液压阀造成了 61% 的能量损失。在单泵控系统中，液压泵的能量损耗最高。经计算，单泵控系统可提升燃油效率 43.5%。

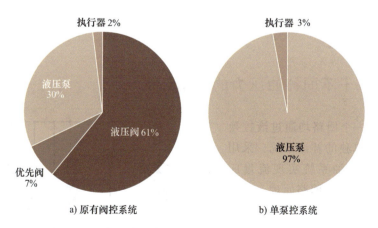

图 7-20　原有阀控系统和单泵控系统主要能量损耗对比图

7.3　单泵控单出杆液压缸系统流量匹配方法

与阀控单出杆液压缸系统相比，单泵控单出杆液压缸系统具有无可置疑的能效优势，越来越受到学术界和工业界的关注。其主要特点是液压泵直接控制液压缸，可消除节流损失。然而，对于具有应用广泛、安装空间小、输出力大等优点的单泵控单出杆液压缸系统，由于液压缸两腔有效作用面积不相等，因此需要在该液压回路中增设蓄能器、液压泵、液压阀等辅助元件来匹配单出杆液压缸的不对称流量。

7.3.1 基于液压变压器的流量匹配

在单泵控单出杆液压缸系统中增设液压变压器，通过流量的二次分配，实现泵控单出杆液压缸的流量平衡。图 7-21 所示为基于液压变压器流量匹配的两种实施方案：图 7-21a 所示为在液压缸有杆腔与液压泵之间增设液压变压器，使多余的流量经液压变压器流入油箱；图 7-21b 所示为液压缸在无杆腔与液压泵之间增设液压变压器，使多余的流量经液压变压器流入油箱。液压变压器各油口的流量配比需要根据液压缸有杆腔和无杆腔的有效作用面积比设计。

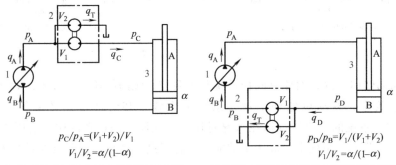

$$p_C/p_A=(V_1+V_2)/V_1$$
$$V_1/V_2=\alpha/(1-\alpha)$$

$$p_D/p_B=V_1/(V_1+V_2)$$
$$V_1/V_2=\alpha/(1-\alpha)$$

a) 液压缸有杆腔与液压泵之间增设液压变压器　　b) 液压缸无杆腔与液压泵之间增设液压变压器

图 7-21　基于液压变压器流量匹配的两种实施方案

1—变排量液压泵　2—液压变压器　3—单出杆液压缸

7.3.2 基于不同补油压力的流量匹配

将液压缸每一个回路均通过液控换向阀连接到一个单独的补油系统，采用不同补油压力的补油系统实现流量匹配，图 7-22 所示为系统回路原理。由于使用了两种不同的补油压力，两个液控换向阀的开启压力也应该不同，以保证回路正常工作。

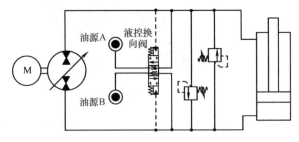

图 7-22　采用不同补油压力的补油系统回路原理

对采用双补油系统的变排量液压泵控单出杆液压缸的速度振荡抑制特性进行分析。选择有杆腔与无杆腔有效作用面积比为 0.75 的液压缸，液压缸无杆腔补油压力为 1.16MPa，液压缸有杆腔补油压力为 1.54MPa。经仿真可知，在液压缸活塞杆缩回过程中，传统液控单向阀补油和采用不同补油压力补油的回路中的液压泵处于马达工况和泵工况切换过程时，液压缸活塞杆速度都会经历振荡。相较于传统液控单向阀补油，采用不同补油压力补油的回路中，液压缸活塞杆速度的振幅降低35%，而且振荡持续的时间更短。

7.3.3　基于平衡阀的流量匹配

平衡阀是一种节流阀，用于保证液压缸在整个工作范围内的安全性，已经在一些泵控回路中得到应用，但泵控系统超越负载工况下的能量不能再生。图 7-23 所示为配置平衡阀的单泵控单出杆液压缸回路原理，其中，平衡阀仅在低负载工况下通过节流方式提升系统性能，在高负载工况下，液压缸内液压油可自由流动，实现能量再生功能。

在该回路中，平衡阀进行了特殊设计，由两路压力信号控制，一路是不同回路的液压泵交叉压力，另一路是负载感应压力。两路压力信号可显示系统的负载工况，从而调整平衡阀的工作模式。为了获得较好的控制性能，需要仔细选择平衡阀的额定流量、先导比和开

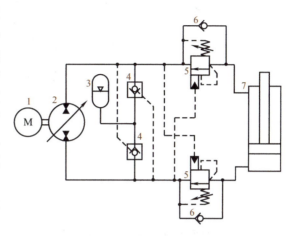

图 7-23　配置平衡阀的单泵控单出杆液压缸回路原理
1—电动机　2—变排量液压泵　3—蓄能器　4—液控单向阀　5—平衡阀　6—单向阀　7—单出杆液压缸

启压力。当液压回路压力值小于最大工作压力的 15% 时，则表明系统工作在低负载工况，此时平衡阀充当节流阀使用；当液压回路压力较高时，平衡阀以较小压差完全开启。在加载工况下，相较于传统采用液控单向阀的泵控液压缸系统，采用平衡阀可降低液压缸运行速度的振幅。

7.3.4　基于工况信号处理回路的流量匹配

图 7-24 所示为具有信号处理回路的单泵控单出杆液压缸回路原理。通过增设的信号处理回路确定系统工作象限，将流量补偿与压力信号处理分离，解决单泵控单出杆液压缸系统中的振荡等问题。信号处理回路采用一个增压缸、一个二位四通液控换向阀、两个二位三通换向阀，当液压缸两腔压力大于某个值时，主液压回路通过二位三通换向阀与二位四通液控换向阀连通。二位三通换向阀的开启压力必须小于补油系统的压力，以便在触发压力信号作用下，开关阀可立即完全开启。

图 7-25 所示为二位三通换向阀 V_a 和 V_b 状态与单出杆液压缸两腔压力的关系，该回路不存在液压缸无杆腔与有杆腔补油的临界区域。假设液压缸处于超越伸出工况，系统工作在第二象限，阀 V_a 开启，阀 V_b 关闭，单出杆液压缸无杆腔与补油回路连通。当液压缸无杆腔压力 p_B 升高超过点 2 压力时，变排量液压泵由马达工况切换为泵工况，此时阀 V_a 在阀 V_b 开启时关闭。

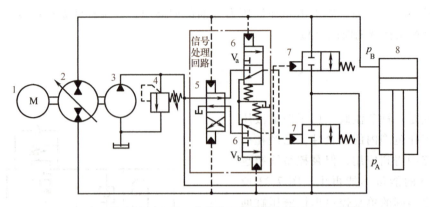

图 7-24 具有信号处理回路的单泵控单出杆液压缸回路原理
1—电动机 2—变排量液压泵 3—定量泵 4—溢流阀 5—二位四通液控换向阀
6—二位三通换向阀 7—液控开关阀 8—单出杆液压缸

7.3.5 基于电磁换向阀主动控制的流量匹配

通过电磁换向阀主动控制补油系统可实现泵控单出杆液压缸的流量匹配，图 7-26 所示为系统原理。电磁换向阀直接与低压蓄能器连接，采用交流伺服电机驱动双向液压泵，当液压缸控制腔因负载力方向突变而转换时，采用变转速控制，使液压泵输出流量能与控制腔有效作用面积相匹配，保证运行过程中不会出现速度突变。同时采用电气方式代替液压先导方式控制阀芯位置，以抑制两腔压力相近时压力波动对流量平衡的影响，提高系统的稳定性和可操作性。

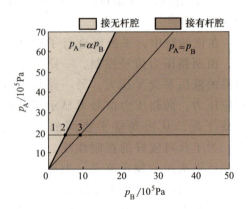

图 7-25 二位三通换向阀 V_a 和 V_b 状态与单出杆液压缸两腔压力的关系

在液压缸运行过程中，流量匹配系统始终通过电磁换向阀与单出杆液压缸低压侧回路连通。当液压缸控制腔发生变化时，需要保证电磁换向阀工作于正确位置，且不受两腔压力波动影响而频繁变换位置，同时应尽量避免电磁换向阀本身存在的响应延迟造成的流量匹配滞后及其导致的液压缸速度和压力波动。

图 7-27 所示为电磁换向阀工作位置控制流程图。两腔压力信号经传感器检测至控制器，控制器首先对两腔压力大小进行比较并识别出低压值，然后在低压值上增加修正值，再对修正后得到的压力值与原高压值进行比较，从而输出电磁换向阀控制信号。假设 $p_A < p_B$，则在 p_A 值基础上加上修正值 p_C 得到 $p_s = p_A + p_C$，再对 p_s 与 p_B 进行比较，若 $p_s < p_B$ 则输出控制信号使电磁换向阀保持左位工作状态不变，若 $p_s > p_B$ 则输出控制信号使阀芯动作，电磁换向阀变换到右位工作状态。

修正值 p_C 主要有两方面作用。一是当两腔压力接近时，若仅通过比较两腔压力大小控制电磁换向阀位置，系统的压力波动会导致控制信号频繁改变，电磁换向阀频繁动作引起速度波动，进而加剧系统压力波动。p_C 对低压值进行修正，可有效降低压力波动对运行平稳

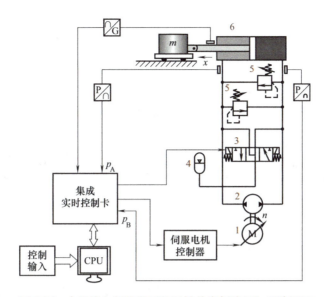

图 7-26　电磁换向阀流量匹配泵控单出杆液压缸系统原理

1—变转速伺服电机　2—双向液压泵　3—电磁换向阀　4—低压蓄能器

5—溢流阀　6—单出杆液压缸

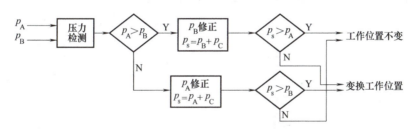

图 7-27　电磁换向阀工作位置控制流程图

性的影响。二是可以使电磁换向阀提前动作，减小电磁换向阀自身响应延迟导致流量匹配不及时产生的压力、速度波动。p_C 可根据伺服电机转速进行调整，转速越快，p_C 取值越大。

对传统液控单向阀补油系统进行试验测试，可得图 7-28a 所示曲线。液压缸活塞杆伸出工况下，液压缸活塞杆在负载力作用下超越伸出，当达到最大运行速度时，负载力为驱动力，控制腔为有杆腔，压力逐渐减小，无杆腔压力维持在 2MPa。4.8s 时，液压缸活塞杆全部伸出，两腔压力大小转变，控制腔为无杆腔，系统在阻力伸出工况下运行。因两腔有效作用面积不同，控制腔转变而伺服电机转速保持不变，液压缸速度突然降低，并产生小幅度的波动。液压缸活塞杆缩回工况下，伺服电机反向旋转。当系统运行至一定速度时，两腔压力近似相等，压力小幅度波动导致电磁换向阀控制信号频繁变化，电磁换向阀不能以理想动作平衡两腔流量，加快液压缸速度并加大两腔压力波动幅度，直至系统到达阻力缩回工况，有杆腔压力增大，抵抗负载力将活塞杆缩回，系统逐渐趋于稳定。

相同工况下，对基于电磁换向阀主动控制的流量匹配系统进行试验测试分析，图 7-28b 所示为系统特性曲线。液压缸活塞杆伸出和缩回过程中，液压缸活塞杆保持一定速度运行，无速度突变，且无明显的速度和压力波动，可显著提高流量匹配系统的平稳性和可操作性。

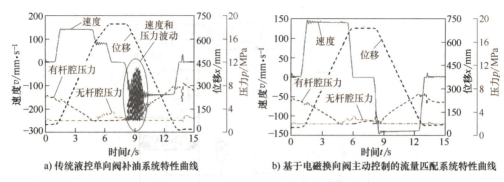

a) 传统液控单向阀补油系统特性曲线　　　　　b) 基于电磁换向阀主动控制的流量匹配系统特性曲线

图 7-28　传统液控单向阀补油系统和基于电磁换向阀主动控制的流量匹配系统特性曲线

7.3.6　基于液压缸容腔设计的流量匹配

为实现泵控单出杆液压缸的流量匹配,将液压缸重新设计为含有四个腔室的单出杆液压缸,系统工作原理如图 7-29 所示。系统中,四腔液压缸中不同截面积比的三个腔室分别通过组合的方式与液压泵进、出油口相连,实现泵控单出杆液压缸系统流量匹配,第四个腔室则与蓄能器相连,用于直接回收系统中的动能和势能。在系统中增设三个电磁开关阀,进而构成一种具有三个工作模式的开关系统,以实现不同的力输出模式。将系统用于驱动 6t 挖

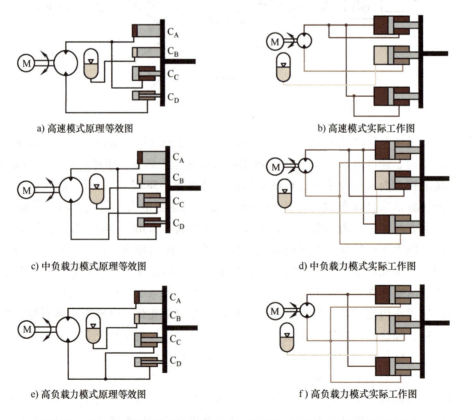

a) 高速模式原理等效图　　　　　　　　　b) 高速模式实际工作图

c) 中负载力模式原理等效图　　　　　　　d) 中负载力模式实际工作图

e) 高负载力模式原理等效图　　　　　　　f) 高负载力模式实际工作图

图 7-29　基于液压缸容腔设计的流量匹配的泵控单出杆液压缸系统工作原理

掘机，研究仿真验证该系统实现了泵控单出杆液压缸的流量匹配，系统运行速度提高了约 66%。

用该四腔液压缸系统驱动挖掘机动臂，首先运行负载 1 工况，在 3~6s 期间对系统施加低负载，在 9~12s 期间对系统施加高正负载。当动臂降低时，系统处于高速模式；当动臂抬升时，系统处于高负载力模式。接着运行负载 2 工况，在 3~6s 期间对系统施加低负载，在 9~12s 期间对系统施加中等负载。当动臂抬升时，系统处于中负载力模式。两个工况下，在动臂抬升过程中系统输出力都可以达到最大值 100000N。在这两个工况下，四腔液压缸和传统两腔液压缸的输出位移和速度大致相同。与传统两腔液压缸相比，四腔液压缸在高速模式下的工作流量减少了 66%，在中负载力模式下工作流量减少了 33%。

研究结果表明，四腔液压缸系统可以通过高速和中负载力模式扩展系统的运行速度范围。由于蓄能器连接到储能腔 C_B，两者的压力相等。当动臂降低时，随着 C_B 腔的流量进入蓄能器，蓄能器压力增加，动臂的势能转化为液压能并存储在蓄能器中，由于蓄能器吸收了能量，C_A 腔的压力降低。当动臂抬升时，蓄能器中的油液释放到 C_B 腔，使 C_B 腔的压力逐渐降低，从而提供辅助液压力来完全驱动动臂，同时，C_A 腔的压力逐渐增加。

对于传统的两腔液压缸，在动臂上升和下降运行过程中，液压缸腔室压力变化高达 72.4%。而在四腔液压缸中，这一压力变化仅为 40.6%，有效地减少了系统的压力波动。因此，系统在液压缸运行方向变化时，四腔液压缸的压力和速度冲击均小于两腔液压缸。

7.4　单泵控单出杆液压缸多执行器系统

1. 装载机

美国普渡大学的 Eggers 对采用闭式泵控液压系统驱动的铰接式装载机做了研究，所提出的泵控装载机多执行器系统工作原理如图 7-30 所示。在相同工况下与原有负载敏感系统的能量消耗进行了仿真分析对比，结果表明，闭式泵控液压系统可将装载机液压工作装置的能量效率提高 60.5%。Orpe 将闭式泵控系统应用到滑移式装载机中，提出一种主动阻尼减振控制策略，在提升液压系统能量效率的同时，减少系统的压力波动和振荡。Schneider 在蓄能器和液控单向阀组成的补油回路的基础上增添了负载保持功能，并将补油回路、负载保

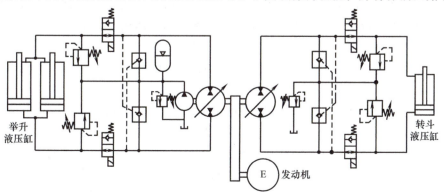

图 7-30　泵控装载机多执行器系统工作原理

持回路集成于变排量液压泵中，组成闭式泵控驱动单元，用于驱动装载机行走、转向和工作，研究结果表明，与原系统相比可节省燃油消耗 10%~15%。

2. 挖掘机

美国普渡大学的 Monika 教授在闭式泵控系统中增添蓄能器和液控单向阀来补偿单出杆液压缸的不平衡流量，首次将所提出的定转速变排量泵控单出杆液压缸系统应用于挖掘机，构建如图 7-31 所示的泵控挖掘机多执行器系统。在对 5t 挖掘机的改造中，采用四套定转速变排量泵控系统分别驱动回转马达、动臂液压缸、斗杆液压缸和铲斗液压缸，相较于装备的原有系统，能耗提升 50% 以上。

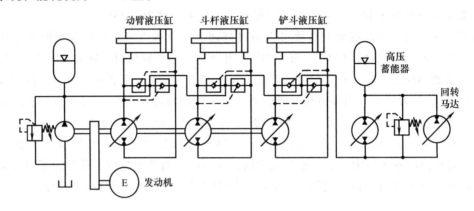

图 7-31　泵控挖掘机多执行器系统

普渡大学 Monika 进一步提出多执行器驱动挖掘机的分时共享方案，系统简化液压回路如图 7-32 所示。该系统包括 8 个执行器（左行走马达、右行走马达、回转马达、铲斗液压缸、抓取液压缸、斗杆液压缸、推杆液压缸、动臂液压缸）和 4 个变排量液压泵。通过增设 20 个电磁开关阀组成液压管网实现泵流量的再次分配，在最大限度地提高挖掘机的操作效率与控制精度的同时，尽可能地减少液压装置中液压元件的数量。对于所设计的泵控挖掘机多执行器系统，液压元件的使用数量由挖掘过程中的流量需求限定，在挖掘过程中，回转马达、动臂液压缸、斗杆液压缸和铲斗液压缸可以同时使用。需要通过液压管网合流使各个执行器按照操作顺序完成挖沟、平地等工作。在某些情况下，泵控单出杆液压系统流量需求过大时，液压管网还可将两个泵控单出杆液压系统的流量合流到单个执行器中，以满足高流量要求。液压单元所需流量的多少可以根据典型工况中的工作循环来确定。例如，当图 7-32 中动臂执行器工作时，可通过阀 5 和 8、10 和 13 或 17 和 18 的引导，将三个泵控单出杆液压缸系统的流量组合在一起并供给动臂执行器，使执行器在高流量需求下高效、高速运行，提高整机的运行与工作效率。

在"工业 4.0"的概念下，为实现装备的数字化和网络化，将多个泵控单出杆液压缸系统的电动机连到电网中，通过能量网组为单泵控单出杆液压缸多执行器系统提供动力。通过动力网组还可将可回收能量反馈到电池、超级电容等储能单元中，通过储能单元在短时间内为系统提供峰值功率，减轻多执行器的高峰值功率为电源带来额外的负担。而且，系统只需增设位移、压力等传感器，结合驱动器控制数据就可实现对系统实时状态的监控，还可实现高效的能量管理、状态运维等功能。

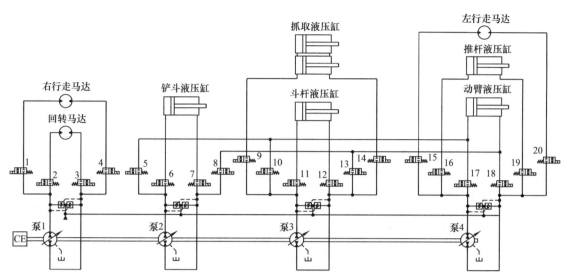

图 7-32　具有液压管网回路的泵控挖掘机多执行器系统简化液压回路图

思考题

7-1　列举已经应用到产业中的单泵控单出杆液压缸系统。

7-2　变转速变排量单泵控单出杆液压缸系统中的两个变量是如何实现协调控制的？

7-3　不同流量匹配方式的优缺点都有哪些？

第8章　双泵控单出杆液压缸系统

对于双泵控单出杆液压缸系统，必须解决的问题是液压泵吸、排油与液压缸进、出油口流量的匹配性。借鉴泵控双出杆系统原理，可通过设置两台油口偶联液压泵来解决单出杆液压缸不对称流量问题。本章共分为3节内容，分别对双泵控单出杆液压缸系统构型、控制原理和运行特性进行详细探讨。

8.1　系统构型

双泵控单出杆液压缸系统类型有很多种，见表 8-1。根据液压油循环方式，可以分为开式回路系统和闭式回路系统；根据电动机的数量，可以分为单动力源系统和双动力源系统；根据电动机和液压泵的类型，可以分为定转速定排量系统、定转速变排量系统、变转速定排量系统、变转速变排量系统。

表 8-1　双泵控单出杆液压缸系统类型

分类		定转速定排量	定转速变排量	变转速定排量	变转速变排量
开式	单动力源	（液压原理图）	（液压原理图）	（液压原理图）	（液压原理图）
	双动力源	（液压原理图）	（液压原理图）	（液压原理图）	（液压原理图）
闭式	单动力源	（液压原理图）	（液压原理图）	（液压原理图）	（液压原理图）

（续）

分类		定转速定排量	定转速变排量	变转速定排量	变转速变排量
闭式	双动力源				

开式回路（图 8-1a）的液压缸两腔分别由独立的液压泵供油，液压泵从油箱直接吸油，好处是不需要大功率的冷却回路，便于油液散热。闭式回路中，一个变排量泵连接液压缸两腔，控制液压缸运行的速度和方向，另一个变排量泵补充液压缸无杆腔的不对称流量，通过这样的连接方式，液压缸无杆腔能够同时输出满足两液压泵的流量之和的流量，减小液压泵的排量。

根据系统成本及控制的复杂性，常用的系统构型有单动力源定转速电动机驱动双变量泵系统、单动力源变转速电动机驱动双定量泵系统、双动力源变转速电动机驱动双定量泵系统。采用单动力源的系统方案，只需使用一个电动机和相应的转速控制装置，比较适用于中、小功率系统，且因为双泵同轴驱动，可以直接进行能量再生利用；采用双动力源的系统方案适用于大功率系统。

8.1.1　单动力源定转速电动机驱动双变量泵系统

图 8-1 所示为单动力源定转速双变量泵控单出杆液压缸系统原理，系统采用一个定转速电动机同轴驱动两个变排量泵，通过控制两液压泵的摆角大小和方向改变单出杆液压缸的速度和方向，实现单出杆液压缸两腔压力和流量的独立控制。系统具有两个控制自由度，分别是单出杆液压缸两腔流量与活塞杆运行速度。从某种意义上讲，该方案可认为是变转速控制系统的前身。

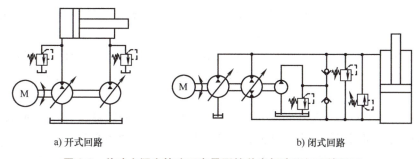

a) 开式回路　　　　　　　　　　　　　b) 闭式回路

图 8-1　单动力源定转速双变量泵控单出杆液压缸系统原理

无论单出杆液压缸活塞杆伸出还是缩回，一个变量泵处于泵工况，从油箱（开式回路）或单出杆液压缸回油口（闭式回路）吸油，并将油液输送到单出杆液压缸中；而另一个变量泵处于马达工况，从单出杆液压缸中回收液压能。

8.1.2　单动力源变转速电动机驱动双定量泵系统

在开式单动力源变转速双定量泵控单出杆液压缸系统中，两个定量泵通过齿轮箱与一个电动机同轴串联。各液压泵的排量大小与其所连通的液压缸各腔室有效作用面积相对应，避免造成流量不对称，通过改变电动机的转速大小和方向，实现对液压缸运行速度和方向的控制。

然而，对于各种各样的不同尺寸的液压缸，由于液压泵种类有限，因此液压泵的实际排量与理想排量存在一定的误差。另外，考虑到液压缸和液压泵的泄漏、油液压缩性的影响，随着转速和负载的变化，液压泵的容积效率也会发生变化，同样会出现流量误差，使液压缸两腔出现气蚀或憋压。为了补偿这些误差，可以在液压缸有杆腔和与之连通的液压泵之间增设一个蓄能器来吸收多余油液，或者对液压缸两腔增设比例阀和单向阀来补油或排出多余油液。

1. 蓄能器补偿回路

图 8-2 所示为基于蓄能器补偿流量误差的单动力源变转速双泵控液压缸系统原理。液压泵 a 和液压泵 b 为定排量液压泵，其固定排量比与液压缸 A、B 两腔有效作用面积比相同；电动机与两台液压泵同轴串联，因此两台液压泵具有相同的转速。与图 8-1 所示系统原理相比，可以将油箱替换为蓄能器，减小安装空间，使系统更加紧凑高效。

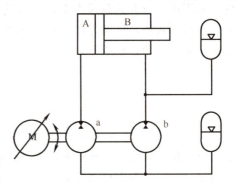

假设液压泵 a 的排量与液压缸 A 腔的有效作用面积完全匹配，在选取液压泵 b 的排量时，液压泵规格数量有限，导致选取的液压泵 b 的排量比理想排量略小，使液压泵所能提供的流量略低于液压缸 B 腔的所需流量。当液压缸活塞杆伸出时，其运行速度由液压泵 a 提供给液压缸 A 腔的流量决定，也就是由电动机转速决定。此时，由于液压泵 b 的排量低于理想排量，液压缸 B 腔排出的流量就会大于流入液压泵 b 的流量，导致液压缸 B 腔压力上升。

图 8-2　基于蓄能器补偿流量误差的单动力源变转速双泵控液压缸系统原理

为了平衡这一流量误差，在液压缸 B 腔与液压泵 b 之间连接一个小容积低压蓄能器，吸收多余流量。

此外，在系统动态运行过程中，由于速度和负载实时变化，因此液压泵的容积效率随之改变，也会造成流量不匹配的问题，采用这一方案同样可以补偿这一流量误差。

2. 液压阀补偿回路

为了解决上述流量不匹配的问题，还可以通过由若干单向阀组成的防气蚀系统补偿流量误差，并增设比例阀用于排出多余油液，解决憋压的问题，如图 8-3 所示。

防气蚀系统由三个单向阀组成，其中有一个是弹簧式单向阀 5。弹簧式单向阀 5 与单向阀 4 相结合，确保在油液从液压缸流向油箱时，液压泵的背压始终保持在最小值。因此，在液压泵 a 提供的流量低于液压缸所需流量时，油液通过单向阀 3 和 4 快速补充到液压缸，最大限度地减少气蚀的风险。

为了处理液压缸两个腔室中任何一个腔室压力过大的情况，每个腔室分别安装一个比例阀2，以便多余油液流回油箱。此时，比例阀只排出非常小的可压缩流量，这对系统效率的影响微乎其微。理想情况下，这些比例阀可被改为简单、便宜的开关阀。

8.1.3 双动力源变转速电动机驱动双定量泵系统

图8-4所示为双动力源变转速双定量泵控单出杆液压缸系统原理。该系统有两套独立的变转速电液动力源，具有两个自由度，可适应任意面积比的单出杆液压缸产生的流量差，并可在不附加其他辅助元件的情况下，通过控制算法实现液压缸两腔的预压紧，消除系统中因泄漏和油液压缩造成的气蚀和失控现象。

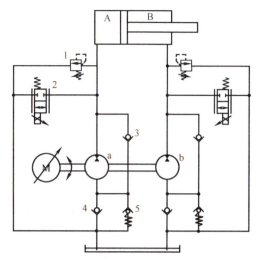

图8-3 基于液压阀补偿流量误差的单动力源变转速双泵控液压缸系统原理
1—溢流阀 2—比例阀 3、4—单向阀
5—弹簧式单向阀

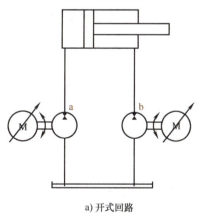

a) 开式回路

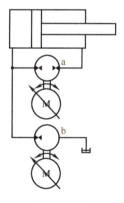

b) 闭式回路

图8-4 双动力源变转速双定量泵控单出杆液压缸系统原理

图8-4a所示为双动力源变转速双定量泵控单出杆液压缸开式回路，液压缸两腔流量和压力分别由两套独立且转速可调的液压泵进行单独调节，实现两腔控制的解耦。该回路的不足之处是为了实现系统快速运行，需要采用大功率的电动机和大排量的液压泵，系统成本较高。

图8-4b所示为双动力源变转速双定量泵控单出杆液压缸闭式回路。一台电动机驱动闭式液压泵a，闭式液压泵a的两个油口分别与液压缸两腔连通；同时，液压泵b的一个油口与液压缸无杆腔连通，另一油口与油箱连通。采用该系统方案后，可通过对液压缸两腔压力的控制，使系统输出功率为两台电动机功率之和，解决了采用大功率伺服电动机成本高的问题，其不足之处是不能回收利用液压泵的制动能量。

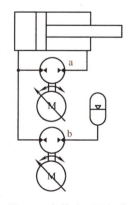

图8-5 变转速双泵闭式回路能量回收系统原理

　　为解决制动能量回收利用问题，可以采用蓄能器代替油箱来进行能量回收利用，如图 8-5 所示。当液压缸活塞杆伸出时，蓄能器释放储存的能量，直接驱动液压泵 b。液压缸有杆腔和蓄能器中的液压油分别经液压泵 a 和液压泵 b 进入液压缸无杆腔。当液压缸活塞杆缩回时，液压缸无杆腔油液的一部分经液压泵 a 送入有杆腔，另一部分经液压泵 b 送入蓄能器，实现能量回收。在系统运行过程中，根据蓄能器能量的变化，实时调节电动机输出功率。

8.2　系统控制原理

　　在阀控系统中，控制阀存在零位泄漏，使液压缸两腔处于静压平衡状态，且液压缸两腔的压力之和等于溢流阀的调定压力。正是阀控系统的这一特性，可以补偿系统泄漏和油液压缩产生的流量偏差，当液压缸运动或有外负载作用时，在维持两腔压力之和不变的情况下，使液压缸两腔的压力向相反的方向发生变化而产生压力差，进而使液压缸加速或制动，平衡外负载，实现四象限驱动功能，并提高了系统的刚性和固有频率。

　　为了使双泵控单出杆液压缸系统具有与阀控系统一样的特征和特性，在液压缸运动过程中能够自动补偿两腔有效作用面积差产生的不对称流量，自动补偿液压泵和液压缸的泄漏产生的影响，可以借鉴上述阀控系统，实现系统的预张紧和四象限驱动功能。

8.2.1　总压力控制原理

　　以双动力源变转速电动机驱动双定量泵闭式回路系统为例，系统采用总压力控制原理，在位置控制回路的基础上，叠加总压力控制回路，控制两腔压力，如图 8-6 所示。两台电动机的转速控制信号均由两部分组成：一部分来自位置控制回路，包括 PI 调节和加速度反馈调节等信号；另一部分来自总压力控制回路，根据设定的总压力信号与两腔压力之和的差值进行 PI 调节。位置控制回路与电动机之间的系数 $\alpha-1$ 由液压缸两腔的面积比和两台液压泵

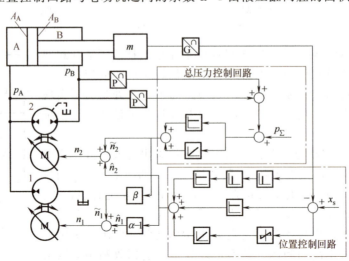

图 8-6　总压力控制原理

的排量决定，总压力控制回路与电动机之间的系数 β 与系统的泄漏有关，其作用是控制两台电动机的转速补偿泄漏，实现液压缸的预压紧，使系统具有与阀控系统类似的功能。

当系统刚起动时，总是处于总压力控制状态，位置控制信号的设定值为零，压力控制信号经过与系统泄漏有关的换算后，同时作用于液压泵 1 和液压泵 2。液压泵 2 向容腔 B 供油，供出的油液一部分被压缩使压力 p_B 升高，另一部分补偿容腔 B 的内、外泄漏流量。液压泵 1 同时提供容腔 A 工作所需流量及产生压力需要的压缩流量，并补偿容腔 A 的外泄漏流量。系统达到稳态时，由于控制回路的调节作用，液压缸两腔的压力之和 p_Σ 等于设定值，即

$$p_\Sigma = U_{ps} = p_A + p_B \tag{8-1}$$

式中，U_{ps} 为总压力设定值。

同时，两腔压力满足稳态的平衡关系，实现预张紧状态，即

$$p_A A_A = p_B A_B + F \tag{8-2}$$

式中，F 为外界负载力，定义负载压力 p_L 为

$$p_L = \frac{F}{A_B} = p_A \frac{A_A}{A_B} - p_B = \alpha p_A - p_B \tag{8-3}$$

式中，α 为液压缸两腔面积比，$\alpha = A_A / A_B$；A_A 为液压缸无杆腔有效作用面积；A_B 为液压缸有杆腔有效作用面积。

对于位置控制回路，液压泵 2 的作用是控制液压缸活塞杆的运动速度和方向，使液压缸活塞杆无论是伸出还是缩回，都具有相同的运动速度。

液压泵 1 的作用是补偿液压缸两腔面积比产生的流量偏差。当活塞杆伸出时，液压泵 1 向容腔 A 提供流量，当活塞杆缩回时，液压泵 1 将容腔 A 多余的油液抽回油箱。假定液压泵 1 和液压泵 2 的排量相等，即 $V_{p1} = V_{p2} = V_p$，液压泵 1 的转速 $\hat{n}_1$ 可根据速度平衡关系及液压缸两腔面积比，由液压泵 2 的转速 $\hat{n}_2$ 计算确定，即

$$\hat{n}_1 = (\alpha - 1)\hat{n}_2 \tag{8-4}$$

8.2.2　转速偏置控制

在系统运行过程中存在液压油的压缩和膨胀，以及液压泵和液压缸泄漏产生的流量偏差，这些会造成液压缸两腔的气蚀和失控。系统的泄漏主要包括液压泵和液压缸的内泄漏和外泄漏两部分。一般来讲，液压缸的泄漏要比液压泵的泄漏小很多，可将其泄漏合并到液压泵的泄漏中一起考虑。由图 8-6 可知，液压泵 1 的出油口始终与液压缸压力腔相连，而进油口始终与油箱相连，所以液压泵 1 只有一条流回油箱的泄漏通道，其泄漏量是内泄漏和外泄漏总的泄漏量 q_{v1}。液压泵 2 的进、出油口都与液压缸压力腔相连，还有一个外泄漏油口接油箱，因而存在两个压力油口之间的内泄漏量 q_{v2i}，以及各压力油口与外泄漏油口之间的外泄漏量 q_{v2eA} 和 q_{v2eB}。

采用总压力控制原理后，采用变转速泵实现液压缸位置的闭环控制时，系统在初始状态下，处于与阀控系统相同的静压平衡状态。为了维持液压缸两腔的压力、避免液压缸活塞杆的位置发生漂移，应提高位置控制精度。根据系统泄漏特性，两液压泵必须输出一定的额外流量，即通过设置一定的转速偏置值来补偿两个容腔各自的泄漏量。根据液压缸活塞杆速度 $v = 0$ 时两腔的流量连续性方程，可确定液压泵 1 及液压泵 2 进行转速偏置后的偏置转速

$\widetilde{n}_1$ 和 $\widetilde{n}_2$ 间存在如下关系。

定义与总压力控制信号有关的泄漏系数 β，使

$$\widetilde{n}_1 = \beta\,\widetilde{n}_2 \tag{8-5}$$

容腔 A 的容积 V_A 为

$$V_A = \widetilde{n}_1 V_p + q_{v2i}(p_B - p_A) = (q_{v1} + q_{v2eA})p_A + \widetilde{n}_2 V_p \tag{8-6}$$

容腔 B 的容积 V_B 为

$$V_B = \widetilde{n}_2 V_p = q_{v2i}(p_B - p_A) + q_{v2eB}p_B \tag{8-7}$$

根据式（8-1）和式（8-3）可分别确定总压力控制下的压力 p_A 和 p_B 分别为

$$\begin{cases} p_A = \dfrac{p_\Sigma + p_L}{\alpha + 1} \\[3mm] p_B = \dfrac{\alpha p_\Sigma - p_L}{\alpha + 1} \end{cases} \tag{8-8}$$

在 $p_L = 0$ 的条件下，将式（8-8）代入式（8-6）和式（8-7）中即可确定压力控制回路每个液压泵的转速设定值分别为

$$\widetilde{n}_1 = \frac{p_\Sigma}{V_p}\left[\frac{1}{\alpha + 1}(q_{v1} + q_{v2eA}) + \frac{\alpha}{\alpha + 1}q_{v2eB}\right] \tag{8-9}$$

$$\widetilde{n}_2 = \frac{p_\Sigma}{V_p}\left(\frac{\alpha - 1}{\alpha + 1}q_{v2i} + \frac{\alpha}{\alpha + 1}q_{v2eB}\right) \tag{8-10}$$

在实际运行中，外负载力总是由位置控制回路的输出克服，所以当 p_Σ 给定后，即可由式（8-9）和式（8-10）确定液压泵 1 及液压泵 2 的偏置转速 $\widetilde{n}_1$ 和 $\widetilde{n}_2$ 之间的比值 β 为

$$\beta = \frac{\widetilde{n}_1}{\widetilde{n}_2} = \frac{q_{v1} + q_{v2eA} + \alpha q_{v2eB}}{(\alpha - 1)q_{v2i} + \alpha q_{v2eB}} \tag{8-11}$$

β 值与液压缸面积比、系统的泄漏特性有关，受液压泵内、外泄漏系数比值的影响特别大。这样每个液压泵转速的给定值就应是相应液压泵的总压力控制回路的偏置值和位置控制回路的设定值之和，即

$$\begin{cases} n_1 = \widetilde{n}_1 + \hat{n}_1 \\[2mm] n_2 = \widetilde{n}_2 + \hat{n}_2 \end{cases} \tag{8-12}$$

8.2.3 腔压控制

在采用总压力控制原理后，因为按照系统最高负载确定的恒定总压力进行控制，在系统非工作时间内，不仅液压泵处在高压小流量的低效率工况，而且液压泵转速很低，各摩擦副不能通过液压油充分散热冷却，而会加重液压泵的磨损并影响使用寿命。液压缸运动时需要一定的背压，以实现制动和超越负载工况的平稳运行；而实际应用中，部分负载工况下的背压较高，存在较大的制动能耗。

为了充分发挥两台液压泵的功率优势，降低系统的能量损失，液压缸两个方向的运动过程都应具有较低的背压，为此，采用控制背压的原理，即腔压控制原理，如图 8-7 所示。控制系统由两个独立的回路组成。当液压缸活塞杆外伸时，液压泵 1 作为位置控制回路的调节环节，液压泵 2 作为压力控制回路的调节环节，控制液压缸容腔 B 排出的流量，在容腔 B 产生恒定的压力 p_s；当液压缸活塞杆缩回时，液压泵 2 作为位置控制回路的调节环节，液压泵 1 则作为压力控制回路的调节环节，控制液压缸容腔 A 排出的流量，在容腔 A 产生恒定的压力 p_s，使液压缸活塞杆能够双向运动，在超越负载的工况下正常工作。两种控制器根据给定控制信号的正负通过数字控制器自动进行切换。

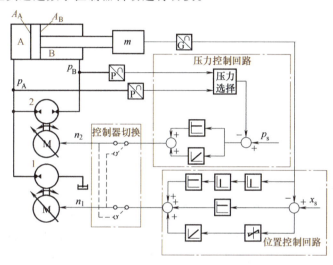

图 8-7　腔压控制原理

由图 8-7 可知，双泵控制单出杆液压缸的回路实际上是一个多输入多输出系统，有液压缸的活塞杆位移和腔压两个输入变量，输出变量也是两个，且输出变量之间存在耦合作用，相互影响。因此要获得好的动态过程就必须进行解耦控制。由液压缸的实际运动过程可以看出，被控压力主要与位置控制回路中液压缸的活塞杆运动速度产生耦合，位置控制回路产生的液压缸活塞杆运动速度作为扰动量作用于压力控制回路，也就是压力控制回路的输出必须能够产生与液压缸活塞杆运动速度相一致的液压泵流量。这一扰动量的大小可以根据电动机的转速和液压泵的排量确定，因而也就可以将这一关系引入压力控制回路，实现此回路的解耦控制，补偿液压缸活塞杆运动速度对压力控制回路的影响。解耦后系统的控制原理如图 8-8 所示。

由图 8-8 可知，液压缸活塞杆运动产生的流量将通过与液压缸面积比有关的比例系数无延迟地叠加到压力控制回路的输出中，而非如图 8-7 所示，这部分流量要通过压力控制器的积分作用来补偿，从而可消除液压泵 2 输出流量的滞后。另一方面的优点是，

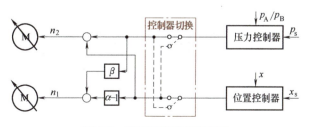

图 8-8　解耦后系统控制原理

压力控制回路的作用仅仅用于补偿液压泵和液压缸泄漏产生的影响，因为这部分流量非常小，所以不用积分调节，只用比例控制就可获得高的压力控制精度，同时获得较好的动态过程。

另外，压力控制回路的输出对位置控制回路也是一个扰动量，需一定的转速值来补偿液压缸两腔容积和泄漏量不同对压力控制特性的影响。若这一补偿值由位置控制回路的输出产生，会降低位置控制回路的控制精度，所以引入系数 β 进行解耦补偿。β 值与液压泵1、液压泵2及液压缸的泄漏量和液压泵的内、外泄漏量的比值有关，理论推导见 8.2.2 小节，在实际使用中也可通过试验确定。

8.3 系统运行特性分析

双泵控单出杆液压缸系统采用总压力控制原理后，可以提高系统的刚性和固有频率，改善系统的动、静态特性。

8.3.1 回路静态特性理论分析

1. 压力流量特性

对于阀控电液伺服系统，系统的压力流量特性是指稳态时，阀的负载流量 q_L、负载压力 p_L 和滑阀位移 y 三者之间的关系，可表示 $q_L = f(p_L, y)$。这一曲线族表征系统的工作能力，并对系统的稳定性起关键作用。同理，了解这一特性，对于双变转速泵控单出杆液压缸闭式回路系统的分析和设计也非常重要。因系统通过改变液压泵的转速改变流量，定义这一特性为液压缸活塞杆的速度 v、负载压力 p_L 和泵的转速 $\hat{n}$ 三者间的关系，可表示为 $v = f(p_L, \hat{n})$。以图 8-6 所示采用总压力控制原理的双动力源变转速驱动双定量泵闭式回路为例，其值可根据稳态情况下液压缸活塞杆的运动方程确定。

当液压缸活塞杆伸出时，其速度为

$$v = \frac{1}{A_A}\left[\hat{n}_1 V_p + \hat{n}_2 V_p - p_A(q_{v1} + q_{v2eA}) + (p_B - p_A)q_{v2i}\right] \tag{8-13}$$

将式（8-4）和式（8-8）代入式（8-13）有

$$v = \frac{1}{A_A}\left\{\alpha\hat{n}_2 V_p + \left[(\alpha-1)q_{v2i} - q_{v1} - q_{v2eA}\right]\frac{p_\Sigma}{\alpha+1} - (q_{v1} + q_{v2eA} + 2q_{v2i})\frac{p_L}{\alpha+1}\right\} \tag{8-14}$$

为了将式（8-14）进行量纲归一化处理，在等式两边同时除以最大速度 $v_{max} = \hat{n}_{2max}V_p/A_A$，得

$$\frac{v}{v_{max}} = \left\{\frac{\hat{n}_2}{\hat{n}_{2max}} + \frac{\left[(\alpha-1)q_{v2i} - q_{v1} - q_{v2eA}\right]p_\Sigma}{(\alpha+1)\hat{n}_{2max}V_p} - \frac{(q_{v1} + q_{v2eA} + 2q_{v2i})p_L}{(\alpha+1)\hat{n}_{2max}V_p}\right\} \tag{8-15}$$

采用同样的方法可导出当液压缸活塞杆缩回时，这一关系为

$$\frac{v}{v_{max}} = -\left\{\frac{\hat{n}_2}{\hat{n}_{2max}} + \frac{(q_{v2eB} + 2q_{v2i})p_L}{(\alpha+1)\hat{n}_{2max}V_p} - \frac{\left[\alpha q_{v2eB} + (\alpha-1)q_{v2i}\right]p_\Sigma}{(\alpha+1)\hat{n}_{2max}V_p}\right\} \tag{8-16}$$

由于式（8-3）中 $0 \leqslant p_A \leqslant p_\Sigma$，$0 \leqslant p_B \leqslant p_\Sigma$，故

$$\begin{cases} p_{Lmin} = -p_{Bmax} = -p_{\Sigma} \\ p_{Lmax} = \alpha p_{Amax} = \alpha p_{\Sigma} \end{cases} \tag{8-17}$$

故负载压力 p_L 的取值范围为

$$-p_{\Sigma} \leqslant p_L \leqslant \alpha p_{\Sigma} \tag{8-18}$$

其物理意义为：向左最大负载 $F_{max1} = p_{Lmax} A_B = \alpha p_{\Sigma} A_B$，向右最大负载 $F_{max2} = |p_{Lmin}| A_B = p_{\Sigma} A_B$。

据上面分析可知，液压缸阻力伸出时的最大负载压力是 αp_{Σ}，超越伸出时的最大负载压力是 $-p_{\Sigma}$，阻力缩回时的最大负载压力为 $-p_{\Sigma}$，超越缩回时的最大负载压力为 αp_{Σ}。由式（8-15）和式（8-16）可知，采用总压力控制原理的双动力源变转速驱动双定量泵闭式回路的速度比与负载压力的关系为线性关系，如图 8-9 所示。当系统元件确定后，α、n_{2max}、V_p、p_{Σ} 都为常数，则系统的速度和负载压力的关系主要受泄漏量 q_{v1}、q_{v2i}、q_{v2eA}、q_{v2eB} 的影响，故其斜率值非常小。这表明随着负载压力的变化，液压缸活塞杆的运动速度变化非

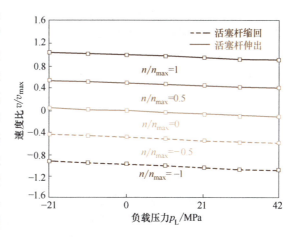

图 8-9　双动力源变转速驱动双定量泵闭式回路的速度比-负载压力特性曲线

常小，具有较高的动态刚度，在所有工作点都具有相同的速度增益。这一优点可使系统在全部工作范围内都具有一致的回路增益特性，系统能够获得较好的动、静态特性。

2. 压力增益特性

电液伺服系统的另一个重要关系是压力信号函数和压力增益，它描述了系统起动大惯性负载、抵抗外负载变化和克服摩擦力的能力。以图 8-6 所示的采用总压力控制原理的双动力源变转速驱动双定量泵闭式回路为例，定义这一特性为系统处于定位状态（液压缸活塞杆速度 $v=0$），总压力一定时，负载压力与泵转速之间的关系，可表示为 $p_L = f(n)$，根据定义可推导这一函数关系。

容腔 A 的流量平衡关系为

$$\tilde{n}_1 V_p = p_A (q_{v1} + q_{v2eA}) + p_A q_{v2eB} - (p_B - p_A) q_{v2i} \tag{8-19}$$

容腔 B 的流量平衡关系为

$$\tilde{n}_2 V_p = p_B q_{v2eB} + (p_B - p_A) q_{v2i} \tag{8-20}$$

将式（8-1）、式（8-3）～式（8-5）代入式（8-19）和式（8-20）可得压力信号函数表达式为

$$p_L = \frac{\alpha+1}{q_{v1} + q_{v2eA} + q_{v2eB}(\beta-1) + 2\beta q_{v1}} \left\{ \tilde{n}_2 V_p (\alpha+\beta-1) - \frac{p_{\Sigma}}{\alpha+1} \left[q_{v2i} + q_{v2eA} + \alpha q_{v2eB}(1-\beta) + \beta q_{v2i}(1-\alpha) \right] \right\}$$

$$\tag{8-21}$$

当总压力给定后，即可由式（8-8）和式（8-21）分别计算确定压力 p_A、p_B 随转速变化

的关系，如图 8-10 所示。采用总压力控制原理，可以使泵控系统与阀控系统一样，液压缸两腔压力以相同的幅值随给定转速（位置误差引起的调节量）反方向变化，从而使系统具有较高的负载刚度和固有频率。图 8-10 所示曲线斜率即为压力增益，斜率越大，表明系统抵抗外负载的能力越强，即系统的刚性越大。对于该系统，这一特性主要由液压泵的泄漏液导确定。因 q_{v1}、q_{v2eA}、q_{v2eB} 和 q_{v2i} 由液压泵的结构所决定，所以这一参数不能随意调整。

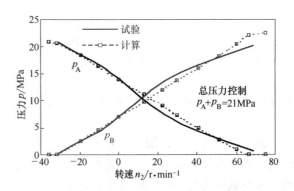

图 8-10 双动力源变转速驱动双定量泵闭式回路压力增益特性曲线

8.3.2 回路动态特性理论分析

1. 总压力控制回路的动态特性

在实际的工作过程中，必须在总压力达到设定值后，位置控制回路才能工作。在位置控制回路的工作过程中，总压力值保持不变，使容腔 A、B 的压力 p_A 和 p_B 以相同的幅值反方向变化，建立克服负载所需的压力差，这样液压缸两腔的液压油均可视为液压弹簧。因此可以将整个系统视为两个单独的回路分别加以分析，确定各自调节器的结构和参数值。其中，总压力控制下液压缸两腔的运动连续性方程分别为

$$\frac{\mathrm{d}p_A}{\mathrm{d}t}=\frac{E}{V_A}\left[\left(U_{ps}-p_\Sigma\right)K_{pp}K_dV_p(\beta-1)-\left(C_{le1}+C_{le2}\right)p_A+C_{li}(p_B-p_A)\right] \tag{8-22}$$

$$\frac{\mathrm{d}p_B}{\mathrm{d}t}=\frac{E}{V_B}\left[\left(U_{ps}-p_\Sigma\right)K_{pp}K_dV_p-C_{le3}p_B-C_{li}(p_B-p_A)\right] \tag{8-23}$$

式中，E 为油液弹性模量；V_p 为液压泵的排量；V_A 与 V_B 分别为液压缸容腔 A 与 B 的容积；K_{pp} 为压力控制回路比例增益；K_d 为伺服电动机转速增益；C_{le1} 与 C_{le2} 分别为液压泵 1 流量和液压泵 2 流量在液压缸 A 腔的外泄漏系数；C_{le3} 为液压泵 2 流量在液压缸 B 腔的外泄漏系数；C_{li} 为液压缸的内泄漏系数。

对式（8-22）和式（8-23）进行化简并忽略伺服电动机的动态过程，拉普拉斯变换后可得分别用液压缸两腔容积 V_A 和 V_B 描述的总压力回路动态特性的频域表达式为

$$P_A(s)=\frac{(\alpha+1)(\beta-1)U_{ps}K}{\dfrac{V_A}{E}s+(\alpha+1)(\beta-1)K+2C_1-C_{li}}-\frac{\left(2C_1+C_{li}+\dfrac{V_A}{E}s\right)p_L}{\dfrac{V_A}{E}s+(\alpha+1)(\beta-1)K+2C_1-C_{li}} \tag{8-24}$$

$$P_B(s)=\frac{(\alpha+1)KU_{ps}-\left(C_1+C_{li}+\dfrac{V_B}{E}s\right)p_L}{\dfrac{\alpha V_B}{E}s+(\alpha+1)K+\alpha C_1-C_{li}} \tag{8-25}$$

式中，$K=K_{pp}K_d V_p$；$C_1=C_{le1}+C_{le2}+C_{le3}$。

可见，总压力响应的动态过程为一阶延迟环节，时间常数由式（8-24）和式（8-25）中时间常数较大的一项决定。如果令液压缸两腔的时间常数相等，则可得到使液压缸两腔压力在动态情况下，能以相同幅值变化所需的容积关系近似为 $V_A=\alpha V_B(\beta-1)$。

图 8-11 所示为总压力控制回路输入信号阶跃的响应曲线，其中 T_{ip} 为积分时间常数。

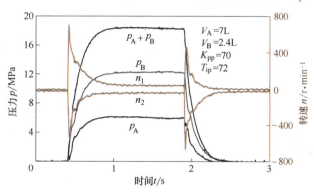

图 8-11　总压力控制回路输入信号阶跃响应曲线

由图 8-11 所示曲线可知，两台液压泵的转动方向相反，在液压泵刚起动时，由于比例调节作用，液压泵的转速较高，液压缸两腔的压力迅速建立，达到稳态时，因积分调节作用，两台液压泵都存在一个很低的转速，这一转速提供补偿系统泄漏所需的流量。如果液压泵的泄漏量较大，为达到一定的控制精度，应采用 PI 调节器。如果使用泄漏量较小的液压泵，仅用比例调节也可获得较好的特性。

2. 总压力作用泵控液压缸位置控制回路动态特性

为了描述系统中位置控制回路的动态特性，确定一些主要的性能指标和结构参数之间的关系，需要确定系统线性化的传递函数，为此首先做如下的简化和假设。

1）将系统回路视为总压力为 p_Σ 的定压回路。

2）液压缸各容腔液压油弹性模量不随压力和容腔体积变化。

3）液压缸的摩擦力在工作点附近认为是常数。

4）只考虑小信号的变化，忽略饱和影响。

液压缸活塞杆的运动微分方程为

$$A_B p_L = m\ddot{x}+b\dot{x}+F_L \tag{8-26}$$

式中，m 为负载的总质量；b 为负载总的黏性摩擦系数；F_L 为外负载力。

容腔 A 的流量连续性方程为

$$\frac{dp_A}{dt}=\frac{E}{V_A}\left[\hat{n}_1 V_p + \hat{n}_2 V_p - A_A \dot{x} -(C_{le1}+C_{le2})p_A + C_{li}(p_B-p_A)\right] \tag{8-27}$$

容腔 B 的流量连续性方程为

$$\frac{dp_B}{dt}=\frac{E}{V_B}\left[A_B \dot{x} - \hat{n}_2 V_p - C_{le3}p_B - C_{li}(p_B-p_A)\right] \tag{8-28}$$

负载压力的微分方程为

$$\frac{\mathrm{d}p_{\mathrm{L}}}{\mathrm{d}t} = \alpha \frac{\mathrm{d}p_{\mathrm{A}}}{\mathrm{d}t} - \frac{\mathrm{d}p_{\mathrm{B}}}{\mathrm{d}t} \tag{8-29}$$

由式（8-4）和式（8-27）~式（8-29）可得

$$\frac{\mathrm{d}p_{\mathrm{L}}}{\mathrm{d}t} = \frac{E}{V_{\mathrm{B}}} \left[(\alpha+1)\hat{n}_2 V_{\mathrm{P}} - (\alpha+1)\dot{x}A_{\mathrm{B}} - p_{\mathrm{A}}(C_{\mathrm{le1}}+C_{\mathrm{le2}}+2C_{\mathrm{li}}) + p_{\mathrm{B}}(C_{\mathrm{le3}}+2C_{\mathrm{li}}) \right] \tag{8-30}$$

将式（8-8）代入上式可得

$$\frac{\mathrm{d}p_{\mathrm{L}}}{\mathrm{d}t} = \frac{E}{V_{\mathrm{B}}} \left[(\alpha+1)\hat{n}_2 V_{\mathrm{P}} - (\alpha+1)\dot{x}A_{\mathrm{B}} - \frac{p_{\Sigma}+p_{\mathrm{L}}}{\alpha+1}(C_{\mathrm{le1}}+C_{\mathrm{le2}}+2C_{\mathrm{li}}) + \frac{\alpha p_{\Sigma}-p_{\mathrm{L}}}{\alpha+1}(C_{\mathrm{le3}}+2C_{\mathrm{li}}) \right]$$
$$\tag{8-31}$$

如果不计总压力 p_{Σ} 引起的泄漏流量及需要补充的流量 $\widetilde{n}_1 V_{\mathrm{p}}$ 和 $\widetilde{n}_2 V_{\mathrm{p}}$，则有

$$\frac{\mathrm{d}p_{\mathrm{L}}}{\mathrm{d}t} = \frac{E}{V_{\mathrm{B}}} \left[(\alpha+1)\widetilde{n}_2 V_{\mathrm{P}} - (\alpha+1)\dot{x}A_{\mathrm{B}} - p_{\mathrm{L}}\frac{C_{\mathrm{le1}}+C_{\mathrm{le2}}+C_{\mathrm{le3}}+4C_{\mathrm{li}}}{\alpha+1} \right] \tag{8-32}$$

$$C_{\mathrm{ls}} = \frac{C_{\mathrm{le1}}+C_{\mathrm{le2}}+C_{\mathrm{le3}}+4C_{\mathrm{li}}}{\alpha+1} = \frac{C_1+4C_{\mathrm{li}}}{\alpha+1} \tag{8-33}$$

定义 C_{ls} 为系统等效的总泄漏液导。可导出用双变转速泵闭式控制单出杆液压缸系统的线性化传递函数框图如图 8-12 所示。

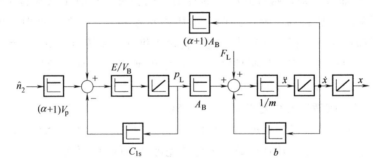

图 8-12　双变转速泵闭式控制单出杆液压缸系统的传递函数框图

由图 8-12 可知，该系统具有与阀控回路类似的传递特性。通过系数比较可确定液压回路的固有频率 ω_{n}、阻尼比 D_{n} 和系统的总速度放大系数 K_{v} 分别为

$$\omega_{\mathrm{n}} = \sqrt{\frac{E\left[(\alpha+1)A_{\mathrm{B}}^2 + bC_{\mathrm{ls}}\right]}{V_{\mathrm{B}}m}} \tag{8-34}$$

$$D_{\mathrm{n}} = \frac{mEC_{\mathrm{ls}}+bV_{\mathrm{B}}}{2E\left[bC_{\mathrm{ls}}+(\alpha+1)A_{\mathrm{B}}^2\right]}\sqrt{\frac{V_{\mathrm{B}}m}{E\left[bC_{\mathrm{ls}}+(\alpha+1)A_{\mathrm{B}}^2\right]}} \tag{8-35}$$

$$K_{\mathrm{v}} = \frac{A_{\mathrm{B}}K_{\mathrm{d}}V_{\mathrm{p}}(\alpha+1)}{bC_{\mathrm{ls}}+(\alpha+1)A_{\mathrm{B}}^2} \tag{8-36}$$

由式（8-33）和式（8-34）可得，液压调节回路的阻尼比主要受系统泄漏特性和液压缸摩擦力的影响。因为这两个值都非常小，所以液压回路本身的阻尼也非常小。系统的固有频率则主要受容腔 B 的有效作用面积大小、液压油体积弹性模量和液压缸及负载的质量的影

响，且随液压缸活塞杆位置的变化而改变。因此仅采用传统的控制器，如比例调节或 PID 调节，受稳定性的限制，将很难获得好的动、静态性能，而必须引入现代控制概念。其中最有效的方法是采用含液压缸速度和加速度的状态反馈控制，如图 8-13 所示。

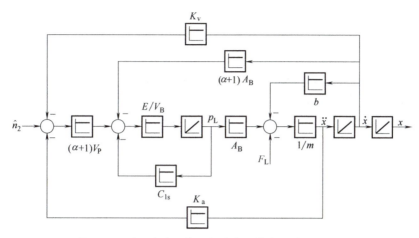

图 8-13　引入速度反馈和加速度反馈的传递函数框图

参考图 8-13 所示框图，可得加入这两项状态反馈后，系统的固有频率 ω_{gn} 和阻尼比 D_{gn} 分别为

$$\omega_{\mathrm{gn}}=\omega_{\mathrm{n}}\sqrt{1+\frac{(\alpha+1)K_{\mathrm{v}}K_{\mathrm{d}}V_{\mathrm{P}}}{(\alpha+1)A_{\mathrm{B}}}} \tag{8-37}$$

$$D_{\mathrm{gn}}=D_{\mathrm{n}}+\frac{1}{2}\frac{(\alpha+1)K_{\mathrm{a}}K_{\mathrm{d}}V_{\mathrm{P}}}{(\alpha+1)A_{\mathrm{B}}}\omega_{\mathrm{n}} \tag{8-38}$$

式中，K_{v} 为速度反馈系数；K_{a} 为加速度反馈系数。

因此，引入速度反馈提高了系统的固有频率，但却降低了回路的阻尼比。速度反馈可降低系统动态响应时的回路增益，而对系统静态响应的回路增益无影响，故可用来提高系统控制精度。加速度反馈使系统增加一项与回路参数无关的阻尼，对回路的其他特性却无影响。因此可以通过选择合适的反馈系数 K_{v} 和 K_{a}，使系统外部回路仅采用比例调节就可获得好的动、静态性能（快速、稳定和大的负载刚度）。

当 $V_{\mathrm{A}}=7\mathrm{L}$，$V_{\mathrm{B}}=2.4\mathrm{L}$，$p_{\mathrm{A}}+p_{\mathrm{B}}=18\mathrm{MPa}$ 时，对比采用比例调节（比例增益 $K_{\mathrm{px}}=12$）和比例调节+加速度反馈（比例增益 $K_{\mathrm{px}}=16$，加速度反馈系数 $K_{\mathrm{a}}=10$）两种控制方法，系统对输入信号的动态响应特性曲线如图 8-14 所示。仅采用比例调节，尽管降低了回路增益，但回路的稳定性仍很差。不仅速度曲线有很大的波动，位置曲线也产生很大的振荡，使得整个调节过程变长。引入加速度反

171

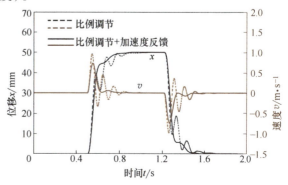

图 8-14　采用不同控制方案系统对输入信号的动态响应特性曲线

馈后,虽然提高了回路增益,将提高系统的控制精度和快速性,但系统仍具有很好的稳定性。位置、速度曲线均无振荡,且位置响应无超调。

思考题

8-1 双泵控单出杆液压缸系统主要有哪几种回路构型?

8-2 单动力源变转速电动机驱动双定量泵系统工作的原理是什么?有几个控制自由度?

8-3 双变转速泵控单出杆液压缸系统如何获得较好的动、静态特性?

第9章 分腔容积直驱单出杆液压缸系统

根据第 8 章中的双泵控单出杆液压缸系统构型，采用双动力源的系统方案，适用于大功率的多执行器系统，但是由于闭式回路需要专用的补油、热交换和预压紧回路，因而系统结构复杂，难以推广应用。结合变转速泵控和阀口独立控制原理，采用分腔容积直驱单出杆液压缸系统，应用两个变转速泵分别独立调节液压缸进、出油口的压力和流量，可以简化回路原理、提高能量效率。本章共分为两节内容，首先对分腔容积直驱系统的回路原理进行介绍，探讨不同控制策略下系统的运行特性，然后介绍分腔容积直驱多执行器系统。

9.1 系统原理

9.1.1 基本原理

如图 9-1 所示，在分腔容积直驱系统（双动力源变转速电动机驱动双定量泵开式回路）中，液压缸两腔各用一个双向变转速电动机驱动的定量泵控制，两腔的流量和压力通过控制电动机的转速、转矩独立调节，可适应任意面积比的液压缸。对于每个执行器，系统存在两个自由度，不需要附加补油和热交换回路，通过合理设计两台电动机的转速控制策略，就可补偿系统泄漏，实现液压缸的预压紧，并对液压缸活塞杆的速度和位置进行控制。

应用总压力控制策略后，分腔容积直驱系统具有与阀控系统类似的动、静态特性，具有线性的压力-流量特性和大的压力增益，提高了系统刚性和固有频率。系统处于动态过程或外负载突变时，液压缸两腔的压力之和不变，两腔压力反向变化产生压力差，进而驱动液压缸运动和平衡外负载，实现四象限驱动。动、静态理论推导过程可参考 8.2 和 8.3 节。

若两泵的最高转速均为 n_{max}，取液压缸两腔压力之和的设定值 $p_\Sigma = 20\text{MPa}$，则系统的比速度-负载压力特性曲线如图 9-2 所示。可以看出，分腔容积直驱系统的比速度-负载压力特性曲线近乎水平，表明系统具有较高的动态刚度，液压缸的运行速度受负载压力变化影响较小，同时，系统具有较好的工作特性，在四个象限内速度增益基本相同。

设 C_{v1}、C_{v2} 分别为液压泵 1 和液压泵 2 的泄漏系数，根据第 8 章中的理论推导过程，可得系统压力增益曲线，如图 9-3 所示。可以看出，在总压力控制原理下，液压缸两腔压力以相同的幅值朝着相反的方向变化。曲线斜率的绝对值即为系统的压力增益，斜率的绝对值越大，表明系统抵抗外负载的能力越强。这一斜率不仅与液压泵泄漏有关，也与液压缸两腔面

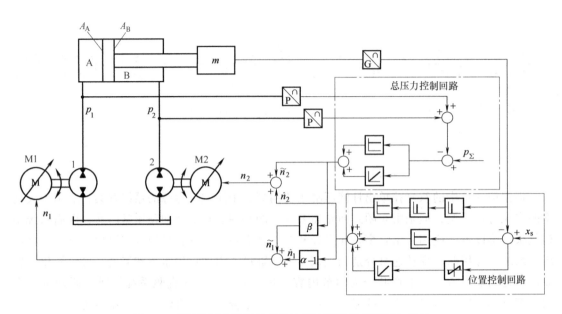

图 9-1　采用总压力控制的分腔容积直驱单出杆液压缸系统

积比 α 有关：随着液压泵泄漏系数增大，斜率的绝对值逐渐减小；随着液压缸两腔面积比增大，斜率的绝对值逐渐减小。

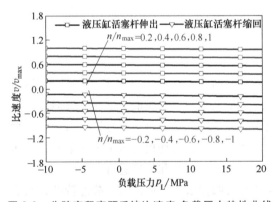

图 9-2　分腔容积直驱系统比速度-负载压力特性曲线

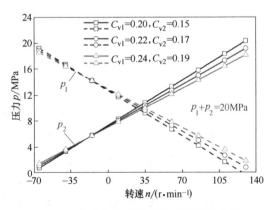

图 9-3　分腔容积直驱系统压力增益曲线

　　图 9-4 所示为不同总压力设定值下，液压缸活塞杆的速度和位置特性曲线。给定相同的总压力比例系数和位置比例系数，设定不同的控制总压力，测试液压缸活塞杆的速度和位置特性。由图 9-4a 可以看出，不同总压力设定值下，液压缸活塞杆速度都能及时跟随前馈速度，总压力回路对液压缸活塞杆的动态响应几乎没有影响。由图 9-4b 可以看出，由于不同总压力设定值下液压泵的泄漏特性不同，液压缸活塞杆位置在达到稳态时存在 1mm 的定位偏差。

　　根据系统原理可知，当液压缸活塞杆伸出时，系统提供的液压功率 $P_{h伸}$ 为

$$P_{h伸} = p_1 q_1 - p_2 q_2 = p_1 n_1 V_{d1} - p_2 n_2 V_{d2} \tag{9-1}$$

式中，p_1 为液压缸无杆腔压力；p_2 为液压缸有杆腔压力；q_1 为液压缸无杆腔流量；q_2 为液

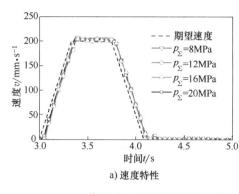
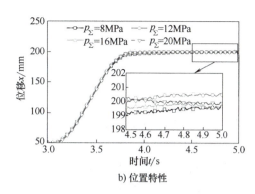

a) 速度特性　　　　　　　　　　　b) 位置特性

图 9-4　不同总压力设定值下液压缸活塞杆速度和位置特性曲线

压缸有杆腔流量；n_1 为电机 M1 转速；n_2 为电机 M2 转速；V_{d1} 为液压泵 1 排量；V_{d2} 为液压泵 2 排量。

此时，电机 M1 处于电动机工况，$p_1 n_1 V_{d1}$ 是液压泵 1 提供的功率；电机 M2 处于发电机工况，$p_2 n_2 V_{d2}$ 是液压泵 2 通过制动电阻消耗的能量。电机 M1 除了提供系统的输出功率，还要提供由电机 M2 发电造成的额外功率，产生多余的能量消耗。

当液压缸活塞杆缩回时，系统提供的液压功率 $P_{h缩}$ 为

$$P_{h缩} = p_2 q_2 - p_1 q_1 = p_2 n_2 V_{d2} - p_1 n_1 V_{d1} \tag{9-2}$$

此时，电机 M2 处于电动机工况，$p_2 n_2 V_{d2}$ 是液压泵 2 提供的功率；电机 M1 处于发电机工况，$p_1 n_1 V_{d1}$ 是液压泵 1 通过制动电阻消耗的能量。同样，电机 M2 除了提供系统的输出功率，还要提供由电机 M1 发电造成的额外功率，产生多余的能量消耗。

对应电机消耗的能量为

$$P_M = P_{M1} + P_{M2} = \int |M_1| \, |n_1| \, \mathrm{d}t + \int |M_2| \, |n_2| \, \mathrm{d}t \tag{9-3}$$

通过上述分析可知，对于图 9-1 所示分腔容积直驱系统，不论液压缸运行在何种工况，总有一台电机处于电动机工况，而另一台电机处于发电机工况，不可避免地有部分电能以热能形式消耗，尤其当液压缸运行在超越伸出（或缩回）工况，外部输入的机械能将完全以热能耗散，造成严重的能量浪费。如果能够将原本经制动电阻耗散的电能进行回收，势必会显著提高系统的能量利用率。

9.1.2　变转速泵与蓄能器复合控制原理

在实际应用中，对于部分简单的应用场合，如果没有四象限驱动的要求，则可用一台蓄能器代替变转速泵 2，通过选择合适的蓄能器特性曲线，可以在满足系统动、静态特性的前提下，使系统能耗降到最低，大大降低回路成本。基于这一思想，采用单变量泵结合蓄能器和旁通阀（比例阀）复合控制单出杆液压缸运动的回路，回路原理如图 9-5 所示。该回路原理既适用于变转速泵，也适用于传统的由伺服泵组成的系统。

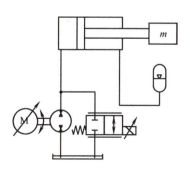

图 9-5　变速泵、蓄能器和旁通阀复合控制单出杆液压缸回路原理

175

该回路的特点是：当液压缸活塞杆伸出时，变转速泵提供动力，同时将液压缸活塞杆运动的动能转换为压力能存储在蓄能器中，避免背压腔电动机制动能量损失；液压缸活塞杆缩回时，蓄能器直接向系统提供能量。为了避免回程中电动机处于制动状态而消耗能量，在液压泵和油箱之间并联一个比例阀，当液压缸活塞杆缩回时，液压泵停止工作，用比例节流阀控制液压缸的速度。

图 9-6 所示为变速泵、蓄能器和比例阀复合控制的系统运行特性和能耗特性曲线。图 9-6a 所示为采用单泵、蓄能器和比例阀复合控制的回路特性曲线。利用位置环叠加压力环的控制策略，并对比例阀流量进行校正，可达到较好的运行特性。因回路采用单泵，故可较大幅度地降低系统成本和回路的复杂性。

图 9-6b 所示为采用双变转速泵控系统的回路特性曲线。因存在较大的电动机制动能量损失和频繁加减速过程能耗，在一个工作循环中，电动机仍存在较大的能耗，这部分能耗通过电动机发热而耗散。液压泵、蓄能器和比例阀复合控制回路因要为蓄能器充液，系统消耗的机械能有所增加，但电动机消耗的能量却极大幅度地减少。在液压缸活塞杆伸出过程中，单泵系统消耗的能量略大于双泵系统；但液压缸活塞杆缩回时，单泵系统不消耗能量。为了对比，图 9-6b 中也给出了无比例阀的单泵系统情况，这时多出了液压缸活塞杆回程中电动机处于制动状态消耗的能量。

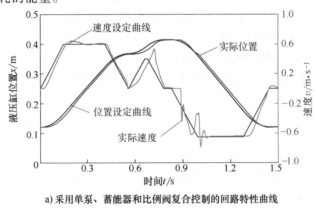

a) 采用单泵、蓄能器和比例阀复合控制的回路特性曲线

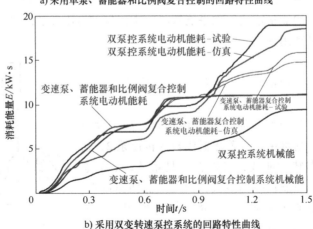

b) 采用双变转速泵控系统的回路特性曲线

图 9-6　变速泵、蓄能器和比例阀复合控制的系统运行特性和能耗特性曲线

采用变速泵、比例阀和蓄能器复合控制单出杆液压缸的回路，为了使执行器运动速度和加速度能跟踪预先设计好的特性，必须根据系统的压力变化对比例阀的流量特性进行校正。为了补偿蓄能器中压力变化及负载力变化对控制精度的影响，需要在位置控制回路中叠加压力控制回路。与双变转速泵控系统相比，采用变速泵、比例阀和蓄能器复合控制单出杆液压缸的回路虽然消耗的机械能略有增加，但电动机处于制动状态消耗的能量极大幅度地减少，使总能量消耗大为降低。相较分腔容积直驱系统，在满足控制性能的要求下，系统回路简单，在部分工况中具有推广应用前景。

9.1.3　液电混合储能原理

针对分腔容积直驱系统电动机制动能量损失大的问题，结合液压储能方式功率密度高和电气储能方式能量密度高的特点，采用液电混合储能原理，应用超级电容和蓄能器作为储能元件，可减小并回收再利用制动能量，系统原理如图 9-7 所示。

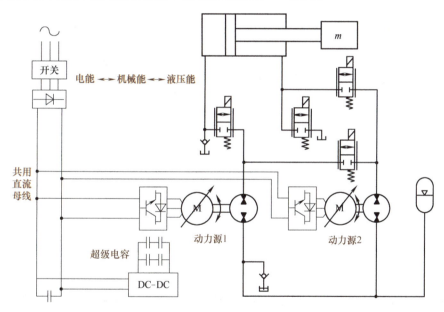

图 9-7　分腔变转速容积直驱液电混合储能系统原理

图 9-7 所示系统中，两台液压泵同时与蓄能器连通，存储在蓄能器内的能量经液压泵直接被利用，通过设置不同的蓄能器预充压力，在输出相同转矩的情况下，可极大幅度地减小电机装机功率和制动能量损失。由于蓄能器具有非线性充压特性，此时电机在少部分工况下仍会处于发电状态，因此，进一步增设小容量超级电容，两台电机通过共用直流母线与超级电容连接，电机制动产生的能量经共用直流母线直接被再利用或储存在超级电容中。

回路中的控制阀只起开关作用。可以通过切换控制阀使两个动力源同时驱动液压缸的无杆腔，提高输出功率。因不需要补油和热交换回路，可以通过切换控制阀使系统可以并联控制多个液压执行器，故系统具有较好的可扩展性。

从能量流分析，液压缸每个容腔的能量都有电能→机械能→液压能、液压能→机械能→电能两条双向可逆转换途径，整个液压缸系统构成多源供能、储能的能量直接转换利用的电液伺服系统。两台电机共用同一条直流母线，存储的电能可经直流母线直接被利用或存入超级电容，而存储在蓄能器内的能量经液压泵直接被利用，所以只存在元件自身的功耗，而无系统层面的损失。储存和释放能量都是由变转速泵控制，因而不受蓄能器内压力值变化的影响，可高效存储和再生利用动能和势能。

图 9-8 所示为无回收、只采用蓄能器的液压回收、只采用超级电容的电气回收、采用液电复合回收系统在不同负载工况下，分腔容积直驱系统的能量消耗大小。从图中可看出，单独采用液压或者电气回收的方式，能有效降低系统能耗，但是只采用电气回收时，随着负载的增大，系统能耗也随之增大，增加了系统成本；而采用液电复合回收时，系统能耗大幅度降低，可以有效降低系统能耗，采用蓄能器进行能量回收，机械能和液压能直接通过液压泵进行能量转换，比电气回收方式的能量传递环节少，进一步提高了系统的能量利用率。

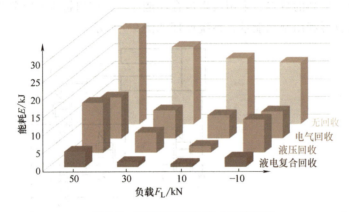

图 9-8 不同能量回收方式系统能耗

9.2 分腔容积直驱多执行器系统

分腔容积直驱系统具有较好的可扩展性，适用于大功率的多执行器系统。图 9-9 所示为分腔容积直驱多执行器系统原理。在该分腔容积直驱多执行器系统中，用 3 台伺服电动机驱动的双向定排量液压泵组成 3 个分布式动力源，每个动力源即为驱动单元，蓄能器储存能量和释放能量的过程都通过液压泵进行调控，可不受其内部压力变化的影响。

动力源 1 驱动执行器 1 的液压缸无杆腔，还可以与动力源 2 复合驱动执行器 2 和执行器 3 的液压缸无杆腔；动力源 2 驱动执行器 2 和执行器 3 的液压缸无杆腔，也可与动力源 1 复合驱动执行器 1 的液压缸无杆腔；动力源 3 可以分别驱动 3 个执行器的液压缸有杆腔。3 个执行器单独动作时，每个执行器都可以采用分腔容积直驱控制方式。当执行器 1 和执行器 2、执行器 1 和执行器 3 复合动作时，仍然可以实现无节流损失的分腔容积直驱控制；当执行器 2 和执行器 3 复合动作时，动力源 2 以相同的压力无节流地驱动执行器 2 和执行器 3 的液压缸无杆腔，动力源 3 驱动执行器 2 或执行器 3 的液压缸有杆腔，补偿两个执行器的负载压力差。回路中控制阀只起开关作用，用于切换动力源和定位执行器。

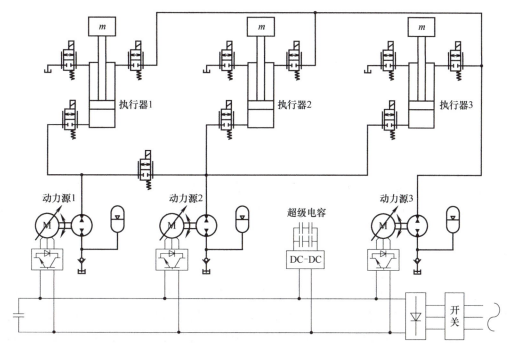

图 9-9　分腔容积直驱多执行器系统原理

思考题

9-1　分腔容积直驱单出杆液压缸系统的工作原理是什么？

9-2　与阀控系统和双变转速泵控闭式系统相比，分腔容积直驱系统有何优、缺点？

9-3　液电混合储能原理是什么？它是如何提升系统能效的？

第10章 非对称泵控单出杆液压缸系统

单出杆液压缸是液压控制技术中应用最广泛的执行器，经过 20 多年的发展，采用高动态响应性能的伺服液压泵控单出杆液压缸系统的控制效果接近常用的比例阀控单出杆液压缸系统。现有泵控单出杆液压缸技术采用变转速控制技术后，解决了单出杆液压缸两腔预压紧的问题，但仍难以完全补偿单出杆液压缸两腔的不对称流量。

泵控单出杆液压缸技术的发展目标是只用一台液压泵，而不需要补油系统等附加元件，便可补偿单出杆液压缸的不对称流量，保持泵控技术优点的同时，实现液压回路简单紧凑、体积小、重量轻、成本低等优点。经过不断探索，编者提出的非对称泵控单出杆液压缸技术可实现这一目标。本章从系统原理、运行特性等方面介绍非对称泵控单出杆液压缸技术，为泵控液压缸技术发展提供支撑。

10.1 传统柱塞泵配流系统

非对称柱塞泵与传统柱塞泵的最大不同之处在于配流方式的不同。为了进一步了解非对称柱塞泵，先介绍传统柱塞泵的配流原理。轴向柱塞泵的配流就是实现液压油在高压腔与低压腔之间的隔离和分配，为实现配流，配流盘在结构上必须具备以下几个功能：吸油、排油、过渡、困油减振和平衡。配流盘紧贴在缸体上，缸体通过配流盘实现吸油与排油，缸体转动一圈，柱塞在缸体内完成一个伸缩周期，即完成一次吸油与一次排油。柱塞做伸出运动时，缸体内会形成局部真空，液压油在大气压作用下通过配流盘吸油窗口被吸入缸体内；柱塞做缩回运动时，缸体油腔内吸入的液压油会通过配流盘排油窗口排出。

图 10-1 所示为传统轴向柱塞泵的配流盘结构及用其控制的液压缸回路原理。配流盘有吸油和排油两个窗口，吸油窗口 A 和排油窗口 B 的腰形槽的角度范围相等。为了隔离吸油和排油过程，在两个配流窗口之间留有过渡区，为了减小吸油向排油转换和排油向吸油转换过程中的压力冲击，在转换的开始部位都设有减振三角槽。

图 10-2 所示为传统轴向柱塞泵的配流盘，吸油窗口和排油窗口的腰形槽角度完全一致，配流盘紧贴在缸体上，承受高转速缸体传来的轴向载荷。图 10-2a 中，虚线部分为缸体配流槽，缸体的主要功能是实现吸油与排油。缸体内装有柱塞，柱塞端部的滑靴统一装在回程盘上，回程盘通过定位环压在配流盘上，配流盘倾角改变时，柱塞在缸体内的伸缩位移就会发生改变。缸体装在旋转轴上，旋转轴转动时缸体就会带动柱塞一起旋转，缸体转动一圈，柱塞在缸体内完成一个伸缩周期。

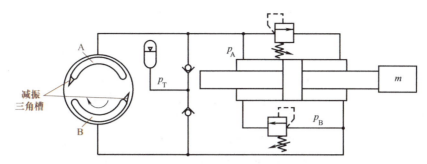

图 10-1　传统轴向柱塞泵的配流盘结构及用其控制的液压缸回路原理

对称液压缸由于两腔有效作用面积相同，因此运行过程中两腔的流量相同。上述配流方式在不考虑内泄漏的条件下，无论泵的哪一个腔作为排油腔，输出流量都是相同的，因此传统轴向柱塞泵可用于控制液压马达和对称液压缸的运动。然而，由于对称液压缸两腔不存在有效作用面积差，因此液压缸的输出力受到限制，所以泵控对称液压缸回路应用范围非常小，仅可应用在一些具有特殊需要的场景中。

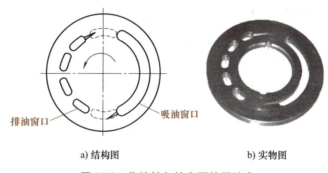

a) 结构图　　　　　　　　　　b) 实物图

图 10-2　传统轴向柱塞泵的配流盘

用上述配流方式的轴向柱塞缸泵直接控制单出杆液压缸的回路无法平衡液压缸两腔的不对称流量，而必须采用其他辅助措施。为此，编者团队对传统轴向柱塞泵的配流盘进行了改造，提出了非对称配流轴向柱塞泵控单出杆液压缸系统，其配流方式可分为串联型和并联型两种。

10.2　串联型非对称轴向柱塞泵

10.2.1　系统原理

图 10-3 所示为轴向柱塞泵串联型非对称配流方式及其控制单出杆液压缸的回路原理。

值得注意的是，传统轴向柱塞泵配流盘上的配流窗口是从吸油到排油，再从排油到吸油。改造后的配流盘上增加了一个从排油到排油的配流窗口，这使得液压泵在运行过程中存在困油噪声、压力脉动和流量匹配问题。此外，配流盘的改造还涉及液压泵后盖、传动轴、壳体等元件的改造，这些改造既要求结构合理，又要考虑承压强度及油道流通的顺畅性。因此，将原有的配流盘吸油窗口改为两个串联布置的独立窗口后，必须在这两个窗口之间设置好过渡区和减振槽，并将轴向柱塞泵后盖上的吸油窗口也改为与这两个配流窗口对应的两个油口，这样整个轴向柱塞泵就有三个配流窗口和三个进、出油口。

按照如图 10-3 所示的工作原理，油口 C 与单出杆液压缸无杆腔连通，油口 A 与单出杆液压缸有杆腔连通，油口 B 与蓄能器连通。非对称轴向柱塞泵工作过程中，油口 A 和 B 吸油、油口 C 排油，油口 C 的液压油驱动液压缸活塞杆伸出；油口 C 吸油、油口 A 和 B 排油，油口 A 的液压油驱动液压缸活塞杆缩回，油口 B 将多余的液压油排回蓄能器，同时进行热交换。这样只用一台轴向柱塞泵，不用辅助的补油装置，就可实现对单出杆液压缸的控制。

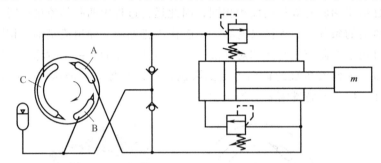

图 10-3　轴向柱塞泵串联型非对称配流方式及其控制单出杆液压缸的回路原理

图 10-4 所示为符合泵控单出杆液压缸回路原理的单向旋转串联结构配流盘，配流盘上的腰形槽圆弧与缸体上的油口圆弧直径对应相同，与传统配流盘相比，新型配流盘由两窗口配流改为三窗口配流。轴向柱塞泵工作时，油口 A 与油口 B 的流量分别通过调节油口 A 和油口 B 的窗口位置及分度圆大小来控制，理论上油口 C 的流量等于油口 A 与油口 B 的流量之和。

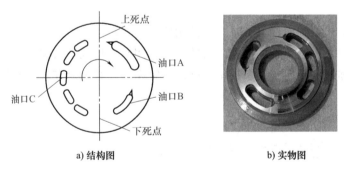

a) 结构图　　　　　　　　　　b) 实物图

图 10-4　串联结构配流盘

图 10-5 为串联型非对称轴向柱塞泵缸体端面结构及实物图，其结构与传统轴向柱塞泵缸体结构一致，柱塞的数量为奇数，缸体配流面上的油口直径与配流盘腰形槽直径大小相同。缸体结构只在配流盘的三个配流窗口为并联结构时才发生改变。配流盘的三个配流窗口为串联结构时，与之相配的缸体为标准件。

图 10-6 所示为串联型非对称轴向柱塞泵后盖端面结构，后盖也为三窗口配流结构，油口 A、油口 B、油口 C 分别连通三个工作油口，每个工作油口又连通一个压力传感器，配流盘通过定位销安装在轴向柱塞泵后盖上。

a) 端面结构图　　　　　b) 实物图

图 10-5　串联型非对称轴向柱塞泵缸体
端面结构及实物图

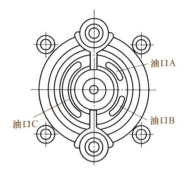

油口A

油口C　　　油口B

图 10-6　串联型非对称轴向柱塞泵
后盖端面结构

10.2.2　结构设计

在轴向柱塞泵工作过程中，随着缸体的转动，缸体柱塞腔与配流盘接触的油口逐渐与配流盘上的配流窗口连通，柱塞泵吸入或排出柱塞腔的液压油流量 q_z 为

$$q_z = C_d A(\varphi) \sqrt{\frac{2|p_z - p_p|}{\rho}} \, \mathrm{sgn}(p_z - p_p) \tag{10-1}$$

式中，C_d 为流量系数；φ 为柱塞转过角度；$A(\varphi)$ 为配流面积；p_z 为柱塞腔内压力；p_p 为与柱塞腔连通的液压泵出油口的压力。

柱塞腔油口与配流盘配流窗口相重叠的部分即为单柱塞的配流面积。建立液压泵的模型时，可以通过改变可变节流阀阀口开启面积来模拟单柱塞的配流面积变化过程。

在轴向柱塞泵工作过程中，液压油经过配流盘上的腰形槽流入或流出柱塞腔，配流面积随着柱塞腔和配流盘腰形槽之间相对位置的变化而变化。不同的相对位置对应的过流面积形状不同，面积计算公式也不同。图 10-7 所示为配流面积变化的 6 个阶段。

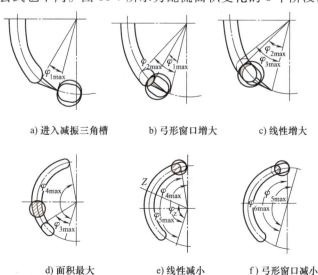

a) 进入减振三角槽　　　b) 弓形窗口增大　　　c) 线性增大

d) 面积最大　　　　　e) 线性减小　　　　　f) 弓形窗口减小

图 10-7　配流面积变化的 6 个阶段

配流盘减振三角槽结构如图 10-8 所示。

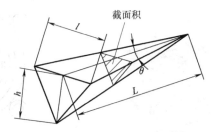

图 10-8　配流盘减振三角槽结构

配流面积公式和角度分布如下。

1) 如图 10-7a 所示, 缸体底部腰形槽与减振三角槽连通, 配流面积 $A_1(\varphi)$ 为腰形槽与减振三角槽相接触位置处减振三角槽的横向截面积, 通过缓慢改变这一区域面积, 使柱塞腔内的压力缓慢上升或释放。配流面积 $A_1(\varphi)$ 为

$$A_1(\varphi) = \frac{R^2 \varphi^2 lh}{L^2} \quad (0 \leqslant \varphi < \varphi_{1\max}) \tag{10-2}$$

式中, R 为柱塞运动分度圆半径 (m); l 为减振三角槽底边长 (m); h 为减振三角槽最大截面高度 (m); L 为减振三角槽长度; $\varphi_{1\max}$ 为减振三角槽的最大角度范围 (°)。

2) 如图 10-7b 所示, 缸体底部腰形槽开始与配流窗口的半圆形节流边导通, 二者形成弓形窗口, 配流面积 $A_2(\varphi)$ 为减振三角槽最大横截面积 $A_{1\max}(\varphi)$ 与弓形面积之和, 即

$$A_2(\varphi) = A_{1\max}(\varphi) + A_G(\varphi) = A_{1\max} + 2r^2 \arccos\left[1 - \frac{R_2(\varphi - \varphi_{1\max})}{2r}\right] -$$

$$r^2\left[1 - \frac{R_2(\varphi - \varphi_{1\max})}{2r}\right] \sin\arccos\left[1 - \frac{R_2(\varphi - \varphi_{1\max})}{2r}\right] \quad (\varphi_{1\max} \leqslant \varphi < \varphi_{2\max}) \tag{10-3}$$

式中, $\varphi_{2\max}$ 为弓形窗口面积的角度范围 (°); r 为腰形槽半径。

3) 如图 10-7c 所示, 缸体底部腰形槽越过配流窗口半圆形节流边, 二者重叠面积线性增大, 配流面积 $A_3(\varphi)$ 为

$$A_3(\varphi) = A_{2\max}(\varphi) + A_G(\varphi) = A_{2\max}(\varphi) + 2rl$$
$$= A_{2\max}(\varphi) + 2rR(\varphi - \varphi_{2\max}) \quad (\varphi_{2\max} \leqslant \varphi < \varphi_{3\max}) \tag{10-4}$$

式中, $\varphi_{3\max}$ 为减振三角槽到通流面积线性增大区的角度范围 (°)。

4) 如图 10-7d 所示, 缸体底部腰形槽完全进入配流窗口, 配流面积等于腰形槽面积的最大值 $A_{3\max}(\varphi)$, 配流面积 $A_4(\varphi)$ 为

$$A_4(\varphi) = A_{3\max}(\varphi) = A_{2\max}(\varphi) + 2rR(\varphi_{3\max} - \varphi_{2\max}) \quad (\varphi_{3\max} \leqslant \varphi < \varphi_{4\max}) \tag{10-5}$$

式中, $\varphi_{4\max}$ 为腰形槽完全进入配流窗口的角度范围 (°)。

5) 如图 10-7e 所示, 缸体底部腰形槽逐渐从配流窗口的半圆形节流边退出, 进入重叠面积线性减小区, 配流面积 $A_5(\varphi)$ 为

$$A_5(\varphi) = A_3(2\varphi_Z - \varphi) = A_{2\max}(\varphi) + 2rR(2\varphi_Z - \varphi - \varphi_{2\max}) \quad (\varphi_{4\max} \leqslant \varphi < \varphi_{5\max}) \tag{10-6}$$

式中, φ_Z 为减振三角槽到配流窗口对称轴的角度, $\varphi_{5\max}$ 为减振三角槽到通流面积线性减小区的角度范围 (°)。

6）如图 10-7f 所示，缸体底部腰形槽逐渐从配流窗口的半圆形节流边退出，进入弓形窗口面积减小区，配流面积 $A_6(\varphi)$ 为

$$A_6(\varphi) = A_2(2\varphi_Z - \varphi)$$

$$= A_{1\max} + 2r^2\arccos\left[1 - \frac{R_2(2\varphi_Z - \varphi - \varphi_{1\max})}{2r}\right] -$$

$$r^2\left[1 - \frac{R_2(2\varphi_Z - \varphi - \varphi_{1\max})}{2r}\right]\sin\,\arccos\left[1 - \frac{R_2(2\varphi_Z - \varphi - \varphi_{1\max})}{2r}\right] \quad (\varphi_{5\max} \leqslant \varphi < \varphi_{6\max})$$

$$(10\text{-}7)$$

式中，$\varphi_{6\max}$ 为减振三角槽到弓形减小区的角度范围（°）。

结合式（10-2）~式（10-7），并分别确定三段配流窗口各阶段的角度范围，可计算出每个柱塞在缸体旋转一周过程中，配流面积与缸体转角之间的关系，如图 10-9 所示。

如图 10-9 所示，柱塞的配流面积变化基本有缓慢增长、线性增长、恒定和线性减小四个阶段。其中，缓慢增长阶段配流面积的变化规律最为关键，由于在油口 A 到油口 B 之间增加了过渡区，因此油口 A 和油口 B 配流面积之和要小于油口 C 的配流面积。由图 10-4 所示配流盘结构可知，改进配流盘结构的轴向柱塞泵在上、下死点位置的配流过程与传统轴向柱塞泵相同，性能已得到很好的优化。

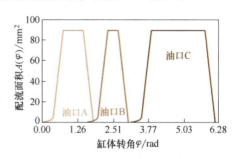

图 10-9　配流面积与缸体转角之间的关系

图 10-10 所示为串联型非对称轴向柱塞泵主要组成元件的三维模型。图 10-10a 所示为轴向柱塞泵缸体模型，缸体结构同标准恒压轴向柱塞泵一致，通过缸体底部油口，实现柱塞腔与配流盘油口 1、2、3 间的独立连通。图 10-10b 所示为配流盘模型，图 10-10c 所示为根据配流盘模型配流需要设计的后盖模型。图 10-11 所示为串联型非对称轴向柱塞泵样机照片。

a）缸体模型　　　　　　　　　b）配流盘模型　　　　　　　　c）后盖模型

图 10-10　串联型非对称轴向柱塞泵主要组成元件的三维模型

图 10-11　串联型非对称轴向柱塞泵样机照片

10.2.3　串联型非对称轴向柱塞泵特性

图 10-12 所示为用于测试非对称轴向柱塞泵性能的试验系统原理，图 10-13 所示为根据图 10-12 所示的测试原理构建的串联型非对称轴向柱塞泵样机性能测试平台。

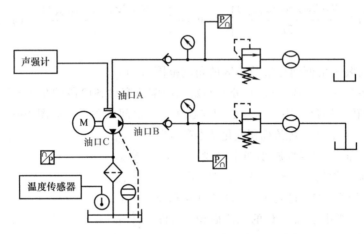

图 10-12　测试非对称轴向柱塞泵性能的试验系统原理

如图 10-12 所示，在轴向柱塞泵的油口 A、油口 B 分别设置两个溢流阀以进行加载，轴向柱塞泵的三个油口各安装一个压力传感器，试验中要测试轴向柱塞泵三个油口的压力、流量和噪声。测试的压力有 0MPa、5MPa、10MPa、15MPa、21MPa 五个等级，通过溢流阀加压至上述压力后进行测试。压力脉动由压力传感器测量，流量由椭圆齿轮流量计测量，噪声由声强计测量。测试分为两个阶段进行：首先测试一进二出工况，即油口 C 吸油，油口 A 和 B 排油；再测试二进一出工况，即油口 A 和 B 吸油，油口 C 排油。压力回路的转换通过改变轴向柱塞泵后盖和配流盘的位置实现。每一种测试排量由轴向柱塞泵配流盘倾角位置确定。电动机功率为 55kW、Ⅳ 级，电动机经过变频调速后，分别测量轴向柱塞泵在 1500r/min、1000r/min、500r/min 三个转速下的输出特性。

具体测试方法是：油口 A、油口 B 分别通过两个溢流阀加载，泵内摇架摆角通过调节螺栓设置，分别在若干个摆角位置进行测量。在某个恒定转速、恒定摆角、恒定压力状况下，通过人工操作测量仪，记录压力、流量、噪声等状况。油口加载时，先将油口 A 依次加载到 0MPa、5MPa、10MPa、15MPa、21MPa，保持油口 A 压力不变，再将油口 B 依次加载 0MPa、5MPa、10MPa、15MPa、21MPa，然后使油口 A 和油口 B 同时在 21MPa、15MPa、10MPa、5MPa、0MPa 下进行测量，油箱内温度传感器实时测量各个状况下液压油的温度。

1）测试容积效率。串联型非对称轴向柱塞泵流量与容积效率测试数据见表 10-1。图 10-14 所示为串联型非对称轴向柱塞泵流量-压力变化曲线。由表 10-1 中数据和图 10-14 所示曲线可知，配流盘的改造基本不影响轴向柱塞泵的容积效率，轴向柱塞泵三个油口的容积效率在 0~21MPa 范围内都大于 94.5%，与现有同排量的两配流窗口轴向柱塞泵相当。

图 10-13　串联型非对称轴向柱塞泵
样机性能测试平台

表 10-1　串联型非对称轴向柱塞泵流量
与容积效率测试数据

压力/MPa		0	5	10	15	21
流量/L·min⁻¹	油口A	31.3	31	30.5	30.1	29.7
	油口B	36.5	36	35.4	34.9	34.5
	油口C	67	66.5	65.8	65.2	64.7
容积效率（%）	油口A	—	99.0	97.4	96.2	94.9
	油口B	—	98.6	97.0	95.6	94.5
	油口C	—	99.3	98.2	97.3	96.6

2）测试压力特性。图 10-15 所示为一进二出工况、不同转速下油口 A 的压力特性测试结果。测试时，模拟非对称液压缸活塞杆缩回过程，油口 B 压力保持 0MPa 不变，记录油口 A 的压力变化过程和噪声。由图 10-15 所示曲线可以看出，当油口 B 的压力为 0MPa 时，对于不同的压力设定值，油口 A 压力脉动幅值都较小。随着轴向柱塞泵转速的增加，压力脉动幅值有较小幅度的增大。高压力、低转速时，会在压力值上叠加与单个柱塞运动频率相

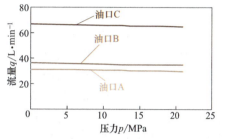

图 10-14　串联型非对称轴向柱塞泵
流量-压力变化曲线

同的低频压力波动，说明单个柱塞腔压力转换过程的冲击增大，但影响很小。

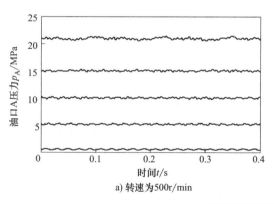

a) 转速为500r/min

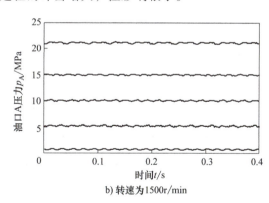

b) 转速为1500r/min

图 10-15　不同转速下油口 A 压力特性测试结果

图 10-16 所示为在一进二出工况、不同转速下，调定油口 A 压力保持 21MPa 不变，将油口 B 分别加载到压力 0MPa、5MPa、10MPa、15MPa 和 21MPa 时，油口 B 的压力特性测试结果。由图 10-15 所示曲线可以看出，当转速较低时，油口 B 的压力主要表现出按柱塞运动频率变化的较大幅度的波动。当压力升高时，会叠加高频小幅度的脉动。当转速升高时，处于同样压力下的压力波动幅值小于低转速时的压力波动。转速较低而压力升高时，叠加的与柱塞数有关的压力波动幅度明显增大，而转速较高时，由于出油软管的滤波作用，压力波动很弱。

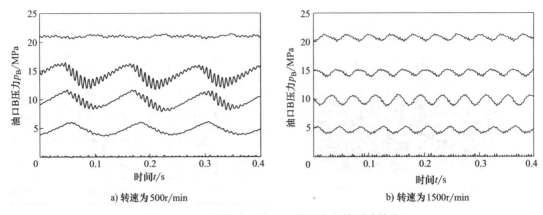

a) 转速为500r/min b) 转速为1500r/min

图 10-16 不同转速下油口 B 的压力特性测试结果

图 10-17 所示为在一进二出工况、不同转速下油口 A 和 B 同时加载的压力特性测试结果。测试时，通过溢流阀对油口 A 和 B 加载相同的压力值，同时记录这两个压力值的变化情况和轴向柱塞泵的噪声。由图 10-17 所示曲线可以看出，油口 A 的压力几乎不受油口 B 压力变化的影响，脉动情况与油口 B 压力为 0MPa 时相同。但油口 B 的压力受转速和加载压力值的影响变化较大，随着压力的升高，压力脉动的幅度明显增大，并叠加与单个柱塞运动频率相同的压力波动。当转速较低时，压力波动和压力脉动幅度要大于高转速的工况，其原因是柱塞从 A 配流窗口向 B 配流窗口的过渡过程存在较大的容积变化。不过，这一特性不会影响单出杆液压缸的使用效果，这种工况下油口 B 将始终与低压油箱连通，但如果将该原理用于开式系统、提供两个输出流量，就需要同时对油口 B 过渡到油口 C 的减振三角槽进行优化设计，以减小油口 B 的压力冲击和脉动。

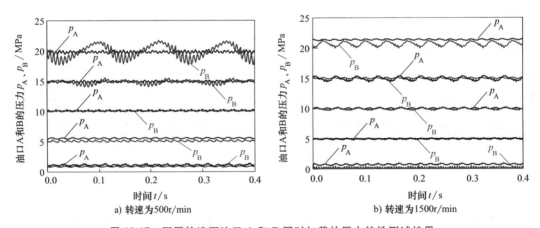

a) 转速为500r/min b) 转速为1500r/min

图 10-17 不同转速下油口 A 和 B 同时加载的压力特性测试结果

3）测试噪声特性。在测试压力特性过程中，记录不同油口工作时轴向柱塞泵的噪声特性，所得测试结果如图 10-18 所示。如图 10-18a 所示，在一进二出工况下，即双油口工作时，如果油口 B 的压力值为 0MPa，则轴向柱塞泵的噪声级别主要由油口 A 的压力决定，随油口 A 压力的增大而缓慢增大；当油口 A 压力保持 21MPa 不变，改变油口 B 的压力值，对轴向柱塞泵的噪声影响不大，噪声始终最大，噪声级别也最高；同时改变油口 A 和 B 的压力值，压力低时噪声低，压力高时噪声也高，压力超过 5MPa 后基本不再增大。总体上，轴向柱塞泵噪声受系统压力变化的影响不是很大。如图 10-18b 所示，在二进一出工况下，即单油口工作时，随着转速的降低，轴向柱塞泵的噪声明显减小，总的趋势是随压力的增大噪声增大，这也与压力脉动的测试结果相吻合。

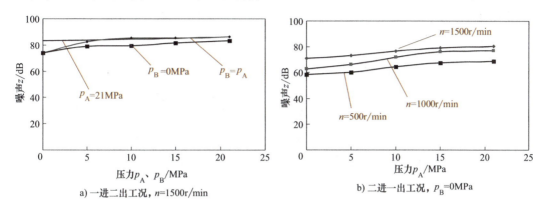

图 10-18 不同油口工作时轴向柱塞泵的噪声特性测试结果

10.3 并联型非对称轴向柱塞泵

10.3.1 系统原理

图 10-19 所示为轴向柱塞泵并联型非对称配流方式及其控制单出杆液压缸的回路原理。将传统轴向柱塞泵的配流盘（及后盖原有的吸油口）重新设计成两个独立的油口 A 和 B，因这两个配流窗口平行布置，故称为并联型。将现有奇数柱塞增加一个柱塞变成偶数柱塞，然后将它们分为两组；改变缸体底部的进、出油口为内环油槽和外环油槽，内环油槽对应油口 B，外环油槽对应油口 A。

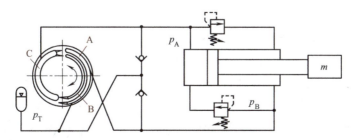

图 10-19 轴向柱塞泵并联型非对称配流方式及其控制单出杆液压缸回路原理

如图 10-19 所示，油口 C 连接单出杆液压缸无杆腔，油口 A、B 分别连接单出杆液压缸有杆腔和蓄能器，分别调整柱塞与油口 A、B 连通的数量，或者调整柱塞的直径，就可以调整从油口 A 和油口 B 排出的流量，使其与单出杆液压缸面积比匹配，改变轴向柱塞泵的排量或转速就可闭环驱动单出杆液压缸活塞杆运动。

对比传统和并联型轴向柱塞泵配流盘，并联型配流盘除了油口 C 油槽宽度变大，油口 A 和油口 B 变成两个油口，两种配流盘的进油窗口和排油窗口的油槽范围角度相差不大。同时，并联型配流盘可以做成双向减振三角槽结构，配流范围角度变化不大，便于连接伺服电动机，通过电动机正、反转实现轴向柱塞泵出口流量的改变。

图 10-20 所示为并联型非对称配流轴向柱塞泵配流盘的结构及实物图。配流盘上油口 A 和油口 B 的腰形槽与缸体上的双油口分度圆直径完全一致。

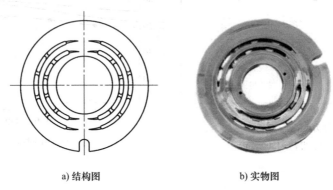

a) 结构图　　　　　　　　　　　b) 实物图

图 10-20　并联型非对称轴向柱塞泵的配流盘的结构及实物图

图 10-21 所示为并联型非对称轴向柱塞泵缸体端面结构及实物图。并联型非对称轴向柱塞泵的缸体端面结构与传统轴向柱塞泵缸体结构不一致，柱塞的数量为偶数，缸体配流面上的两个油口直径与配流盘油口 A 和油口 B 腰形槽直径一致。

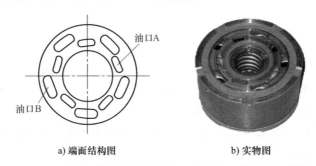

a) 端面结构图　　　　　　　　　　b) 实物图

图 10-21　并联型非对称轴向柱塞泵缸体端面结构及实物图

图 10-22 所示为并联型非对称轴向柱塞泵后盖端面结构图。后盖也为三配流窗口结构，油口 C、油口 A、油口 B 分别连通三个工作油口，每个工作油口又连通一个压力传感器，配流盘通过定位销安装在轴向柱塞泵后盖上，轴向柱塞泵后盖上的油口分度圆角度范围要大于配流盘对应区域。

在结构设计中需要考虑的问题有：改型后的配流盘有一侧为两个配流窗口，在轴向柱塞泵旋转过程中，必须要解决好窗口间的密封油及困油引发的压力冲击和噪声问题；后盖既要结构合理，

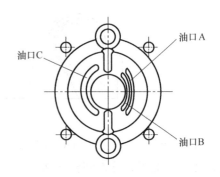

图 10-22　并联型非对称轴向柱塞泵后盖端面结构图

又要考虑承压强度及油道流通的顺畅性，为了不影响轴向柱塞泵的吸油能力，后盖上的油口分度圆角度范围要大于配流盘对应区域。需要重新设计的元件除配流盘、后盖和缸体外，还有传动轴、壳体等。

10.3.2　结构设计

对于并联型非对称轴向柱塞泵，由于配流窗口左右对称，配流面积计算方法相同，且同侧的两个配流窗口只是对应的分度圆半径大小不同；油口 A 与 B 同相位，而油口 C 与油口 A 的相位相差 180°。单柱塞通过一个配流窗口的过程可分为 7 个阶段，具体划分如图 10-23 所示。

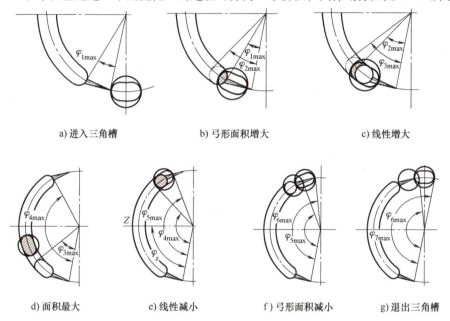

a) 进入三角槽　　　　b) 弓形面积增大　　　　c) 线性增大

d) 面积最大　　e) 线性减小　　f) 弓形面积减小　　g) 退出三角槽

图 10-23　单柱塞通过配流窗口的过程划分

配流面积 $A(\varphi)$ 是关于柱塞转过角度 φ 的函数，具体配流面积公式和角度分布如下。

1）如图 10-23a 所示，缸体底部腰形槽与减振三角槽连通，配流面积为腰形槽与减振三角槽接触位置的横截面面积，配流面积 $A_1(\varphi)$ 为

$$A_1(\varphi) = \frac{R^2 \varphi_1^2 lh}{L^2} \qquad (0 \leqslant \varphi < \varphi_{1\max}) \tag{10-8}$$

2）如图 10-23b 所示，柱塞腰形槽开始与配流窗口的半圆形节流边导通形成弓形的面积为 S_{G1}，配流面积 $A_2(\varphi)$ 为减振三角槽最大截面积加上弓形面积，即

$$A_2(\varphi) = A_{1\max}(\varphi) + S_{G1} = A_{1\max}(\varphi) + 2r^2 \arccos\left[1 - \frac{R(\varphi - \varphi_{1\max})}{2r}\right] -$$

$$\sin\arccos\left[1 - \frac{R(\varphi - \varphi_{1\max})}{2r}\right] \times r^2\left[1 - \frac{R(\varphi - \varphi_{1\max})}{2r}\right] \quad (\varphi_{1\max} \leqslant \varphi < \varphi_{2\max})$$

$$\tag{10-9}$$

3）如图 10-23c 所示，柱塞腰形槽通过配流窗口半圆形节流边进入线性增大区，形成新

的弓形面积 S_{G2}，配流面积为 $A_3(\varphi)$ 为第二阶段配流面积 $A_2(\varphi)$ 的最大值加上弓形面积，即

$$A_3(\varphi) = A_{2\max}(\varphi) + S_{G2} = A_{2\max}(\varphi) + 2rl \tag{10-10}$$
$$= A_{2\max}(\varphi) + 2rR(\varphi - \varphi_{2\max}) \qquad (\varphi_{2\max} \leqslant \varphi < \varphi_{3\max})$$

4）如图 10-23d 所示，柱塞腰形槽完全进入配流窗口，配流面积 $A_4(\varphi)$ 为第三阶段配流面积 $A_3(\varphi)$ 的最大值，即

$$A_4(\varphi) = A_{3\max}(\varphi) = A_{2\max}(\varphi) + 2rR(\varphi_{3\max} - \varphi_{2\max}) \qquad (\varphi_{3\max} \leqslant \varphi < \varphi_{4\max}) \tag{10-11}$$

5）如图 10-23e 所示，柱塞腰形槽逐渐从配流窗口半圆形节流边退出，进入线性减小区，Z 轴是配流窗口的对称轴，$\varphi_Z = (\varphi_{1\max} + \varphi_{4\max})/2$，配流面积 $A_5(\varphi)$ 与第三阶段配流面积 $A_3(\varphi)$ 关于 Z 轴对称，由对称关系可计算得配流面积 $A_5(\varphi)$ 为

$$A_5(\varphi) = A_3(2\varphi_Z - \varphi) = A_{2\max}(\varphi_2) + 2rR(2\varphi_Z - \varphi - \varphi_{2\max}) \qquad (\varphi_{4\max} \leqslant \varphi < \varphi_{5\max}) \tag{10-12}$$

6）如图 10-23f 所示，柱塞腰形槽逐渐从配流窗口半圆形节流边退出，进入弓形减小区，配流面积 $A_6(\varphi)$ 与第二阶段配流面积 $A_2(\varphi)$ 关于对称轴 Z 对称，由对称关系可计算得配流面积 $A_6(\varphi)$ 为

$$A_6(\varphi) = A_2(2\varphi_Z - \varphi)$$
$$= 2r^2 \arccos\left[1 - \frac{R(2\varphi_Z - \varphi - \varphi_{1\max})}{2r}\right] + A_{1\max}(\varphi_1) - $$
$$\sin \arccos\left[1 - \frac{R(2\varphi_Z - \varphi - \varphi_{1\max})}{2r}\right] \times r^2\left[1 - \frac{R(2\varphi_Z - \varphi - \varphi_{1\max})}{2r}\right] \qquad (\varphi_{5\max} \leqslant \varphi < \varphi_{6\max})$$
$$\tag{10-13}$$

7）如图 10-23g 所示，柱塞腰形槽逐渐从过渡三角槽节流边退出，配流面积 $A_7(\varphi)$ 与第一阶段配流面积 $A_1(\varphi)$ 关于对称轴 Z 对称，由对称关系可计算得配流面积 $A_7(\varphi)$ 为

$$A_7(\varphi) = A_1(2\varphi_Z - \varphi) = \frac{R^2(2\varphi_Z - \varphi)^2 lh}{L^2} \qquad (\varphi_{6\max} \leqslant \varphi < \pi) \tag{10-14}$$

通过式（10-8）~式（10-14）计算所得配流盘窗口配流面积 $A(\varphi)$ 与缸体转角 φ 之间的关系如图 10-24 所示。

柱塞周期性经过油口 A 和 B 或 C，经过每个配流窗口的过程都可分为上面分析的 7 个阶段。柱塞经过减振三角槽结构时，配流面积很小，随着柱塞的转动，柱塞逐渐进入弓形区域和面积线性增大区域，配流面积达到最大后保持一定的角度，再逐渐减小到零，然后进入下一个配流窗口。同一时刻，每一个柱塞只能与一个配流窗口连通。

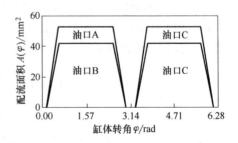

图 10-24　配流面积与缸体
转角之间的关系

图 10-25 所示为并联型非对称轴向柱塞泵主要组成元件的三维模型。图 10-25a 所示为轴向柱塞泵缸体模型，缸体为双油口结构。通过缸体底部油口，实现柱塞与配流盘油口 A、B、

| a) 缸体模型 | b) 配流盘模型 | c) 后盖模型 |

图 10-25　并联型非对称轴向柱塞泵主要组成元件的三维模型

C 间的独立连通。图 10-25b 所示为配流盘模型，图 10-25c 所示为根据配流盘模型配流需要设计的后盖模型。图 10-26 所示为并联型非对称轴向柱塞泵样机照片。

图 10-26　并联型非对称轴向柱塞泵样机照片

10.3.3　并联型非对称轴向柱塞泵特性

基于图 10-12 所示的试验系统原理，建立了并联型非对称轴向柱塞泵样机测试平台，测试方式与串联型非对称轴向柱塞泵基本一致。

1）测试容积效率。并联型非对称轴向柱塞泵流量与容积效率测试数据见表 10-2，图 10-27 所示为并联型非对称轴向柱塞泵的流量-压力变化曲线。由表 10-2 中数据和图 10-27 所示曲线可知，配流盘的改造基本不影响轴向柱塞泵的容积效率，轴向柱塞泵三个油口的容积效率在 21MPa 范围内都大于 95%。油口 A 和油口 B 的流量非常接近，随着压力增加，流量变化的规律基本一致。

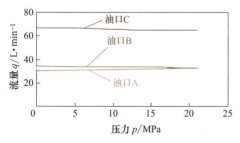

图 10-27　并联型非对称轴向柱塞泵的流量-压力变化曲线

表 10-2　并联型非对称轴向柱塞泵流量与容积效率测试数据

压力/MPa		0	5	10	15	21
流量/ L·min⁻¹	油口 A	29.1	29	28.6	28.2	27.9
	油口 B	30.4	30.3	29.9	29.5	29.2
	油口 C	60.5	60.2	59.5	58.8	58.2
容积 效率 （%）	油口 A	—	99.7	98.3	96.9	95.9
	油口 B	—	99.7	98.4	97.0	96.1
	油口 C	—	99.5	98.3	97.2	96.2

2）测试压力特性。图 10-28 所示为一进二出工况、不同转速下油口 A 的压力特性测试结果。测试时，通过变频器设置轴向柱塞泵不同的转速，油口 B 压力保持为 0MPa 不变，用溢流阀对油口 A、分别加载 0MPa、5MPa、10MPa、15MPa、21MPa 的压力，记录油口 A 的压力变化过程和噪声。由图 10-28 所示曲线可以看出，当油口 B 的压力为 0MPa 时，随着压力设定值的增大，油口 A 的压力脉动幅度增大，但压力波动都较小。随着轴向柱塞泵转速的提高，压力脉动幅度增大，特别是高压时明显增大。

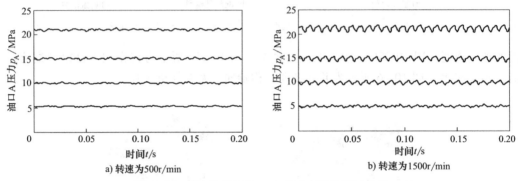

a) 转速为500r/min　　b) 转速为1500r/min

图 10-28　不同转速下油口 A 的压力特性测试结果

图 10-29 所示为一进二出工况、不同转速下，调定油口 A 的压力保持 21MPa 不变，将油口 B 的压力分别加载到 0MPa、5MPa、10MPa、15MPa、21MPa，油口 B 的压力特性测试结果。由图 10-29 所示曲线可以看出，在低转速工况下，油口 B 压力波动很弱，当压力值达到 21MPa 时，叠加了低频的脉动。在高转速工况下，油口 B 的压力脉动幅度增大，当压力达到 21MPa 时，出现明显的低频脉动。同样，低转速时的压力脉动幅度都要小于高转速时的对应幅度。

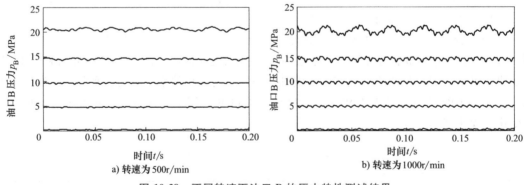

a) 转速为500r/min　　b) 转速为1000r/min

图 10-29　不同转速下油口 B 的压力特性测试结果

图 10-30 所示为在一进二出工况、不同转速下，油口 A 和油口 B 同时加载的压力特性测试结果。测试时，通过变频器设置轴向柱塞泵不同的转速，通过溢流阀对油口 A 和油口 B 加载相同的压力值，同时记录这两个压力值的变化过程和轴向柱塞泵的噪声。由图 10-30 所示曲线可以看出，油口 A 和油口 B 具有几乎相同的压力特性，在低转速工况下，压力脉动幅度都很小，在高转速工况下，随着压力的升高，油口 A 和油口 B 的压力脉动幅度明显增大，而且二者在相位上相差 180°。试验结果也表明，轴向柱塞泵可以同时提供两路液压动力，控制不同的负载。

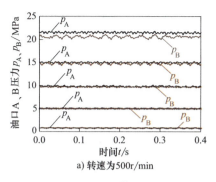
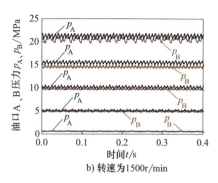

图 10-30 不同转速下油口 A 和油口 B 同时加载的压力特性测试结果

图 10-31 所示为轴向柱塞泵二进一出工况、转速为 1500r/min 时的输出压力特性测试结果。测试时将油口 A 和油口 B 与油箱连通，用溢流阀对油口 C 加载不同的压力值并记录。由图 10-31 所示曲线可以看出，油口 C 的压力脉动幅度比油口 A 和油口 B 小，但脉动的频率明显增大。

3）测试噪声特性。在一进二出工况下测试压力特性的过程中，记录不同油口工作时轴向柱塞泵的噪声特性，所得测试结果如图 10-32 所示。由图 10-32 所示曲线可以看出，在一进二出工况下，即双油口工作

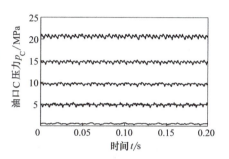

图 10-31 轴向柱塞泵二进一出工况的压力特性测试结果

时，如果油口 B 的压力值为 0MPa，则轴向柱塞泵的噪声级别随油口 A 压力的升高而增大；当油口 A 设定为最高值 21MPa 不变时，轴向柱塞泵的噪声几乎不受油口 B 压力的影响，始终处于最大的噪声值。同时改变油口 A 和 B 的压力值，压力低时噪声小，压力高时噪声也大，变化趋势与油口 B 空载时相同。试验也证明，轴向柱塞泵的噪声随转速的降低明显减小，当转速从 1500r/min 降低到 500r/min 时，噪声值平均降低 10dB。

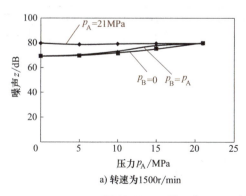
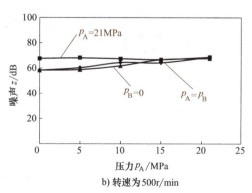

图 10-32 一进二出工况下轴向柱塞泵的噪声特性测试结果

二进一出工况下，轴向柱塞泵的噪声特性测试结果如图 10-33 所示。随着转速的降低，轴向柱塞泵的噪声明显减小，总的趋势是噪声随压力的增大而增大，与压力脉动的测试结果相吻合，但总的噪声值要大于一进二出工况下的值，这与轴向柱塞泵采用偶数柱塞结构有关。

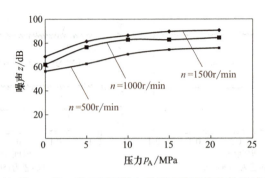

图 10-33　二进一出工况下轴向柱塞泵的噪声特性测试结果

10.4 变转速非对称泵控单出杆液压缸系统

10.4.1 系统控制原理

图 10-34 所示为非对称泵控单出杆液压缸系统控制原理框图。泵控单出杆液压缸系统的控制原理是：指令装置发出给定电压信号作用于系统，单出杆液压缸便输出位移或压力，位移或压力由传感器检测并转化为反馈电压；与给定的电压信号比较得到偏差电压信号，经计算机控制单元处理后传递给伺服电动机调速系统；伺服电动机直接驱动非对称轴向柱塞泵，控制其转速和转向，从而使轴向柱塞泵输出相应的压力和流量，并作用于单出杆液压缸，最终达到控制单出杆液压缸位移输出的目的。

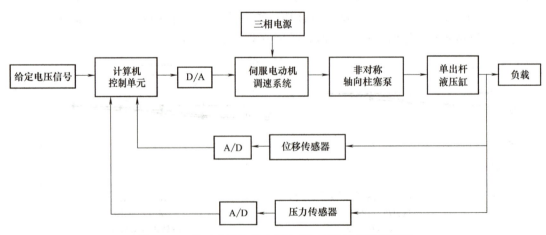

图 10-34　非对称泵控单出杆液压缸系统控制原理框图

10.4.2 系统测试原理及方法

图 10-35 所示为非对称泵控单出杆液压缸系统性能测试回路原理。回路采用一个低压齿

轮泵作为补油泵，补油泵 8 经过溢流阀 11 设定后输出三路液压油，一路通过单向阀 6 进入非对称轴向柱塞泵 2 的 C 口和单出杆液压缸 18 的无杆腔；一路通过单向阀 7 进入非对称轴向柱塞泵 2 的 A 口和单出杆液压缸 18 的有杆腔；一路直接进入非对称轴向柱塞泵 2 的 B 口，通过单出杆液压缸 18 的无杆腔或有杆腔达到冷热油交换的目的。非对称轴向柱塞泵 2 顺时针旋转时，C 口为出油口，A 口和 B 口为进油口，单出杆液压缸 18 活塞杆伸出，高压回路上装有压力传感器 16，压力超载时，溢流阀 12 发挥作用；非对称轴向柱塞泵 2 逆时针旋转时，A 口和 B 口为出油口，单出杆液压缸 18 活塞杆缩回，高压回路上装有压力传感器 17，压力超载时，溢流阀 15 发挥作用，B 口的油液进入蓄能器 4 储存。正常工作后，补油泵 8 停止工作，非对称轴向柱塞泵 2 与单出杆液压缸 18 之间的闭式回路由蓄能器 4 供给油液。当因泄漏或其他原因，蓄能器 4 压力下降到一定数值时，补油回路上的压力传感器 3 发挥作用，通过控制器使补油泵 8 再次起动，达到蓄能器 4 的设定压力后，补油泵 8 停止工作。单出杆液压缸 18 的活塞杆上装有速度传感器 19，用于测试非对称轴向柱塞泵 2 在不同转速下顺时针或逆时针旋转时，单出杆液压缸 18 活塞杆伸出或缩回的速度响应状态。单出杆液压缸 18 的尾端装有位移传感器 20，用于测试活塞杆伸出或缩回的位移大小和非对称轴向柱塞泵 2 流量输出的匹配状态。

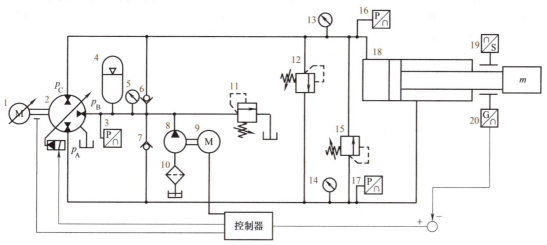

图 10-35 非对称泵控单出杆液压缸系统性能测试回路原理

1—变转速电动机 2—非对称轴向柱塞泵 3、16、17—压力传感器 4—蓄能器

5、13、14—压力表 6、7—单向阀 8—补油泵 9—定转速电动机 10—过滤器

11、12、15—溢流阀 18—单出杆液压缸 19—速度传感器 20—位移传感器

图 10-36 所示为非对称泵控单出杆液压缸系统测试平台。测试中采用德国进口的 dSPACE 集成控制器管理，系统的硬件和软件均安装在研华工控机上，信号的采集和控制分别通过 DS1103 的 A/D 和 D/A 转换器实现。在 MATLAB Simulink 仿真模块中，从实时硬件接口（Real-Time Interface，RTI）库中拖放指令，指定实时测试所需的 I/O 接口，并对 I/O 参数进行设置。系统中，电动

图 10-36 非对称泵控单出杆液压缸系统测试平台

机的速度通过电动机轴上的编码盘输出反馈到控制器，在控制器里经过信号处理后输出 ±10V 的电压信号，经 DS1103MAX_ADC 采集。单出杆液压缸的速度、位移和压力分别通过速度、位移和压力传感器采集并输出 4~20mA 的电流信号，经 500Ω 电阻转换成 2~10V 的电压信号，经 A/D 转换器采集后进行信号处理，变成 0~10V 的电压信号。

10.4.3 系统特性

1. 速度特性

按照图 10-35 给出的系统测试回路原理进行试验。试验中，给定电动机正、负幅值的方波信号，方波的不同幅值分别对应电动机的转速为 ±400r/min、±800r/min、±1200r/min、±1600r/min。测试所得的单出杆液压缸正、反两个方向运行的活塞杆速度和位移、电动机转速的曲线如图 10-37 和图 10-38 所示。

如图 10-37 所示，给定电动机负幅值方波，系统工作在第一象限，非对称轴向柱塞泵经油口 C 向单出杆液压缸的无杆腔供油，经油口 A 从单出杆液压缸的有杆腔吸油，造成单出杆液压缸无杆腔的压力快速增大，有杆腔的压力减小，在两腔之间形成正向力，使得单出杆液压缸做活塞杆伸出运动。如果是电动机制动，电动机转速从设定值突降到 0，则电动机驱动单出杆液压缸正向制动运行，系统工作在第二象限，单出杆液压缸有杆腔的压力增大，无杆腔的压力减小，使单出杆液压缸活塞杆停止运行。

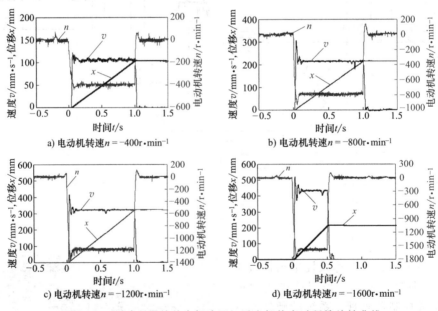

图 10-37　测试所得的单出杆液压缸活塞杆伸出过程的特性曲线

如图 10-38 所示，给定电动机正幅值方波信号，驱动单出杆液压缸活塞杆缩回，系统工作在第三象限，非对称轴向柱塞泵经油口 A 向单出杆液压缸有杆腔供油，经油口 C 从单出杆液压缸无杆腔吸油，多余油液经油口 B 流回低压油源。单出杆液压缸有杆腔压力 p_A 大于无杆腔压力 p_C，对两腔进行预压紧，在两腔之间形成反向力，使单出杆液压缸活塞杆做缩回运动。当电动机转速从负的设定值突然降到 0 时，驱动非对称轴向柱塞泵反向制动运行，系统工作在第四象限，单出杆液压缸活塞杆停止运行。

由图 10-37 和图 10-38 所示的特性曲线可以看出，电动机的转速动态特性和稳定性较好，单出杆液压缸的动态特性和稳定性稍差。单出杆液压缸活塞杆伸出时，速度超调量为 13.5%，上升时间为 50ms，调节时间为 80ms，受电动机转速脉动影响，稳态时出现小幅度振荡。单出杆液压缸活塞杆缩回时，速度超调量为 17.8%，上升时间为 38ms，调节时间为 48ms，速度的对称性较好。单出杆液压缸活塞杆的速度完全由电动机的转速确定，速度增大后基本不影响动态过程响应时间。由单出杆液压缸开环试验可以看出，系统运行在正向电动、正向制动、反向电动、反向制动四象限工况。

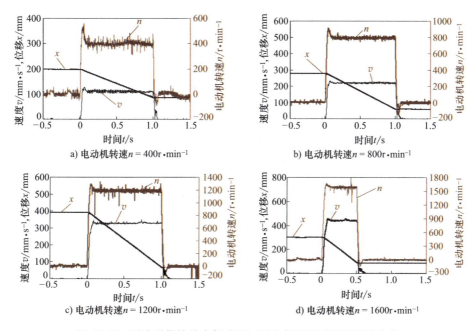

图 10-38　测试所得的单出杆液压缸活塞杆缩回过程的特性曲线

2. 位置特性

图 10-39 所示为非对称泵控单出杆液压缸位移特性曲线。测试中，采用比例调节器和积分调节器，分别设定单出杆液压缸活塞杆的位移为 100mm、200mm 和 300mm，分别记录单出杆液压缸活塞杆的位移和速度、电动机转速。从测试结果可以看出，单出杆液压缸活塞杆的速度几乎无延迟地跟随非对称轴向柱塞泵的转速变化，在响应的瞬间，非对称轴向柱塞泵的转速达到了最大值 1500r/min。随着位置设定值的增大，出现了最大速度恒速过程。虽然正、反方向运行过程中非对称轴向柱塞泵的转速曲线非常对称，但单出杆液压缸活塞杆的速度并不完全一致，在单出杆液压缸活塞杆的伸出过程中的速度比缩回过程中的速度大，而且还有小幅度波动和超调。单出杆液压缸活塞杆的位移值在接近设定值时出现了较大的圆角，减慢了响应速度，100mm 行程需要 0.5s 的时间，速度、加速度特性差。

根据运动控制的特性可知，速度、加速度的动态特性差会引起系统振动和噪声，增加系统损耗。为了改善单出杆液压缸活塞杆的运动特性，降低系统损耗，在闭环的基础上引入速度、加速度前馈控制，使单出杆液压缸活塞杆的运动按照预定函数 $v = f(t)$ 进行控制，使单出杆液压缸活塞杆的速度、位置达到期望的运动特性。图 10-40 所示为前馈补偿非对称泵控

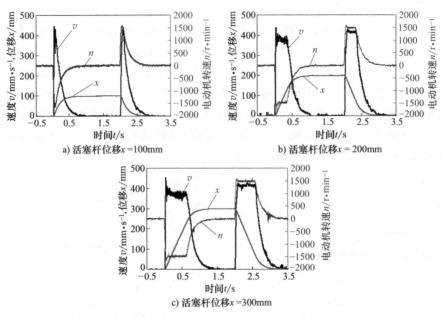

a) 活塞杆位移 x =100mm   b) 活塞杆位移 x = 200mm

c) 活塞杆位移 x =300mm

图 10-39   非对称泵控单出杆液压缸位移特性曲线

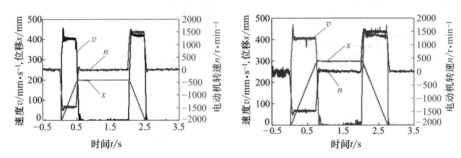

图 10-40   前馈补偿非对称泵控单出杆液压缸位置闭环特性曲线

单出杆液压缸位置闭环特性曲线。

函数 $v=f(t)$ 可通过 PID 闭环控制试验来求取，给定不同的位移，控制电动机转速在 ±1500r/min，得出一组速度曲线，速度稳态值分别为单出杆液压缸活塞杆伸出速度为 405mm/s，单出杆液压缸活塞杆缩回速度为 415mm/s。由单出杆液压缸活塞杆位移给定值求出速度曲线，使单出杆液压缸活塞杆在不同的位移给定值下，按照不同的速度规律来动作，实现单出杆液压缸活塞杆的速度控制。若给定不同的加速度，可以得到不同的位移和速度的关系，得出不同的速度轨迹，实现单出杆液压缸活塞杆的加速度控制。

为了改善单出杆液压缸活塞杆速度特性，并且期望上升速度和下降速度对称，设定电动机角加速度 $d\omega/dt=3822.3$rad/s^2，控制电动机最高转速为 1500r/min，设定单出杆液压缸活塞杆的加速度 $dv/dt=3300$mm/s^2，得出给定不同位移条件下的单出杆液压缸活塞杆速度曲线如图 10-41 所示。

由速度目标曲线得出位移表达式为

$$x = 2\int_0^{t_1} v dt + (t_x - t_1)v_{max} \qquad (t_x \geqslant t_1) \tag{10-15}$$

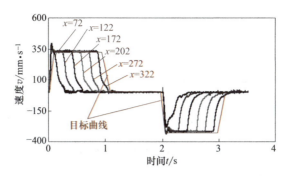

图 10-41　给定不同位移条件下的单出杆液压缸活塞杆速度曲线

式中，v_{max} 为最大速度（mm/s）；t_x 为任意时刻。

单出杆液压缸活塞杆伸出时的速度表达式为

$$v = \frac{4V_1 n}{\pi D^2} \qquad (10\text{-}16)$$

式中，V_1 为泵排量（mL/r）；n 为电动机转速（r/min）；D 为活塞杆直径（mm）。

当 $v_{max} = 330\text{mm/s}$，$t_1 = 0.1\text{s}$，$V_1 = 50\text{mL/r}$，$n = 1500\text{r/min}$，$D = 63\text{mm}$ 时，将式（10-16）代入得

$$x = 2\int_0^{0.1} \frac{4 \times 50 \times 10^3 \times 1500}{\pi \times 63^2 \times 60} t\mathrm{d}t + 330(t_x - 0.1) = 330t_x + 47.2 \qquad (10\text{-}17)$$

由图 10-41 所示的给定位移可以确定时间 t_x 及区间段，从而得出速度曲线。当 $t_x < 0.1\text{s}$ 时，单出杆液压缸活塞杆的伸出速度 v_1 为

$$v_1 = \begin{cases} 3300t & (0 \leqslant t < t_x) \\ -3300t + 6600t_x & (t_x \leqslant t \leqslant 2t_x) \end{cases} \qquad (10\text{-}18)$$

当 $t_x \geqslant 0.1\text{s}$ 时，单出杆液压缸活塞杆的伸出速度为

$$v_1 = \begin{cases} 3300t & (0 \leqslant t < 0.1) \\ 330t & (0.1 < t < t_x) \\ 3300t_x + 330 - 3300t & (t_x \leqslant t \leqslant t_x + 0.1) \end{cases} \qquad (10\text{-}19)$$

式（10-18）和式（10-19）是在单出杆液压缸活塞杆加速度为 3300mm/s^2 时的速度表达式，设定不同的加速度将得到不同的速度表达式，并将此速度、加速度引入前馈补偿。

引入前馈补偿后必须在比例环节加以限幅，不断调节 PID 参数，使系统运行在最佳状态。引入速度、加速度前馈补偿，单出杆液压缸活塞杆的速度按照预定的速度和加速度曲线运动，改善了速度跟踪性能。结果表明，单出杆液压缸的动态性能得到了提高，活塞杆伸出和缩回速度基本对称。

3. 跟随特性

为了测试新的系统方案跟踪连续变化信号的能力，分别测试了给定幅值为 50mm、频率为 1Hz 的位移信号 x_{set} 和幅值为 100mm、频率为 0.5Hz 的位移信号 x_{set} 时，单出杆液压缸的活塞杆位移、压力和电动机转速特性曲线，结果如图 10-42 所示。

测试结果表明：液压缸能够跟踪频率较低的连续变化信号，但在相位上略有滞后，幅值

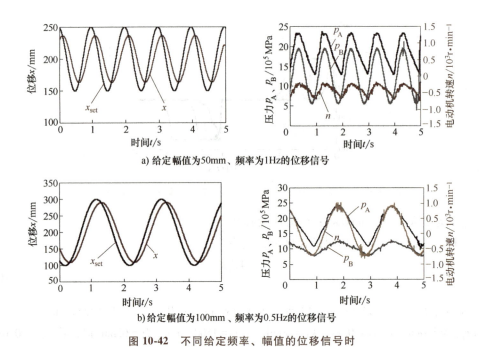

a) 给定幅值为50mm、频率为1Hz的位移信号

b) 给定幅值为100mm、频率为0.5Hz的位移信号

图 10-42　不同给定频率、幅值的位移信号时
单出杆液压缸的活塞杆位移、压力和电动机转速特性曲线

上略有衰减；电动机的转速和液压缸两腔压力在相位上基本一致，这说明电动机的转速就相当于液压缸活塞杆的速度。

10.5 变排量非对称泵控单出杆液压缸系统

10.5.1　系统原理

变排量非对称泵控单出杆液压缸系统回路原理回路如图 10-43 所示。变排量非对称泵控单出杆液压缸系统电动机转速保持恒定，通过改变非对称泵摆角来改变液压泵排量，实现对单出杆液压缸的控制。

10.5.2　系统特性

1. 不同蓄能器容积下的位移、能耗特性

基于图 10-43 所示原理，当负载质量 $m = 440kg$，设置配流盘倾角 $\beta = 0°$。电动机起动且转速 n 稳定为 $n = 1000r/min$ 后，调整配流

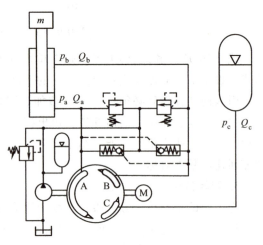

图 10-43　变排量非对称泵控单出杆
液压缸系统回路原理

盘倾角为 5°，非对称泵的油口 A 向单出杆液压缸无杆腔充油，负载开始起升。当负载到达最高位置后，调整配流盘倾角为 -5°，此时油口 B 向单出杆液压缸有杆腔充油，油口 C 向蓄能器内充油，将负载下降的势能转化为液压能存储在蓄能器中。当负载下降到初始位置后，

再次改变配流盘方向及倾角，进行第二次起升-下降作业，此时蓄能器存储的回收液压能协助非对称泵共同起升负载，从而降低电动机的功率能耗，起到节能作用。在起升-下降-起升的作业过程中，蓄能器容积 V_{Ac} 分别为 1L、1.6L 和 6.3L 的负载位移和电动机消耗能量如图 10-44 所示，其中 V_{Ac} 为蓄能器容积。

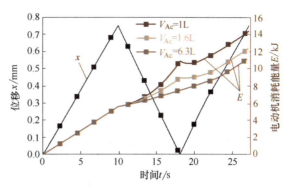

图 10-44　负载位移与电动机消耗能量曲线

由图 10-44 可知，由于蓄能器存储的液压能的协同作用，负载第二次从最低位置起升到最高位置比第一次起升所用的时间短、消耗的电能少。同时，蓄能器的容积对起升速度和能量消耗也有影响。当电动机转速 $n = 1000 r/min$、配流盘倾角 $\beta = \pm 5°$、采用不同容积的蓄能器时，负载第一次起升和第二次起升的电动机消耗能量及节能效率见表 10-3。由表 10-3 可知，当其他参数不变，$V_{Ac} = 1.6L$ 时，负载第二次起升的电动机消耗能量比第一次起升少 2.18kJ，节能效率最高，可达 39.28%。

表 10-3　负载第一次起升和第二次起升的电动机消耗能量及节能效率

蓄能器容积/L	第一次起升电动机消耗能量/kJ	第二次起升电动机消耗能量/kJ	节能效率(%)
1	5.55	3.47	37.48
1.6	5.55	3.37	39.28
6.3	5.56	3.67	33.99

2. 配流盘倾角、负载位移和速度特性

当蓄能器容积 $V_{Ac} = 6.3L$，蓄能器预存压力 $p_{Ac} = 2.5MPa$，电动机转速 $n = 1000 r/min$，负载质量 $m = 440kg$ 时，配流盘倾角、负载位移和速度随时间变化的仿真分析结果如图 10-45 所示。当配流盘倾角由 0° 变为 5° 时，负载开始升起。负载达到最高位置后，配流盘倾角变为 -5°，负载开始下降；负载达到最低位置后，配流盘倾角再次变为 5°，负载再次升起至最高位置。负载第一次和第二次升起的高度相同，所消耗的能量也相同。负载第二次从最低位置升起到最高位置比第一次升起所用时间缩短 0.88s，这是由于在第二次升起初期，蓄能器存储的液压能协助电动机驱动负载升起，且蓄能器排油压力较高，使负载升起速度较快。同样由

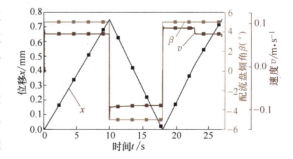

图 10-45　配流盘倾角、负载位移和速度
随时间变化的仿真分析结果

于蓄能器存储液压能的作用，第二次起升过程中电动机恒转速驱动负载所需转矩比第一次起升的小，故在第二次起升时电动机的消耗能量比第一次起升少1.89kJ。

3. 不同油口的流量、压力特性

设蓄能器容积 $V_{Ac} = 6.3L$，蓄能器预存压力 $p_{Ac} = 2.5MPa$，负载质量 $m = 440kg$，配流盘倾角由0°变为5°、由5°变为−5°、由−5°变为5°对应的时间分别为0.1s、9.93s、18.05s，变排量非对称液压泵油口A、B、C的流量、压力曲线如图10-46所示。在配流盘倾角发生变化时，油口A和B的压力出现较大脉动。合理调整液压系统各元件参数可以减小脉动。由于蓄能器容积相对较大，具有较好的缓冲作用，故油口C压力脉动较小。由−5°变为5°，由于蓄能器参与供能，导致油口A的流量增加，负载升起速度变快。

4. 不同电动机转速下的系统特性

设蓄能器容积 $V_{Ac} = 6.3L$，蓄能器预存压力 $p_{Ac} = 2.5MPa$，配流盘倾角 $\beta = \pm 5°$，负载质量 $m = 440kg$，在不同的电动机转速下，负载位移和电动机消耗能量随时间变化的结果如图10-47所示。在一定范围内，电动机转速增大时，负载起升速度快、所用时间短，通过计算两次起升过程中电动机所做的功可知，其他参数不变，对于同样的负载，电动机转速越高，负载起升速度越快，消耗的能量也越多。

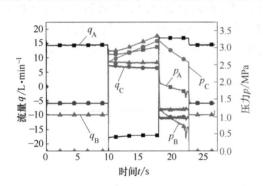

图 10-46　变排量非对称液压泵油口A、B、C
的流量、压力曲线

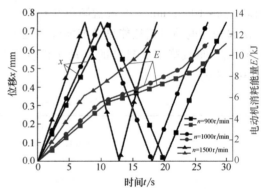

图 10-47　不同电动机转速下负载位移
与电动机消耗能量曲线

设蓄能器容积 $V_{Ac} = 6.3L$，蓄能器预存压力 $p_{Ac} = 2.5MPa$，配流盘倾角 $\beta = \pm 5°$，负载质量 $m = 440kg$，不同电动机转速下，变排量非对称液压泵油口A、B、C的流量、压力曲线分别如图10-48所示。当电动机转速增大时，非对称泵液压各油口的流量也在增大，油口A在配流盘倾角改变时压力和流量会出现明显脉动，转速越大，压力和流量脉动越明显。在下降过程中油口B处于高压区，压力脉动较大，转速越快脉动越大。油口C连接蓄能器，在不同转速下，负载下降过程中蓄能器内的充油体积相差不大，所以油口C的最大压力基本相同。

5. 不同负载质量下的系统特性

设蓄能器容积 $V_{Ac} = 6.3L$，蓄能器预存压力 $p_{Ac} = 2.5MPa$，配流盘倾角 $\beta = \pm 5°$，电动机转速 $n = 1000r/min$，不同负载质量下，液压缸活塞杆位移和电动机能耗如图10-49所示。对于相同的电动机速度和不同的负载质量，负载质量越大，提升速度越慢，电动机消耗的能量越大。当转速恒定且负载质量增大时，能量回收效率降低。主要原因是由于原型的加工和制造条件的限制，泄漏量相对较大。当负载增加时，由于系统压力的增加，泄漏损失增加，并且能量回收效率降低。

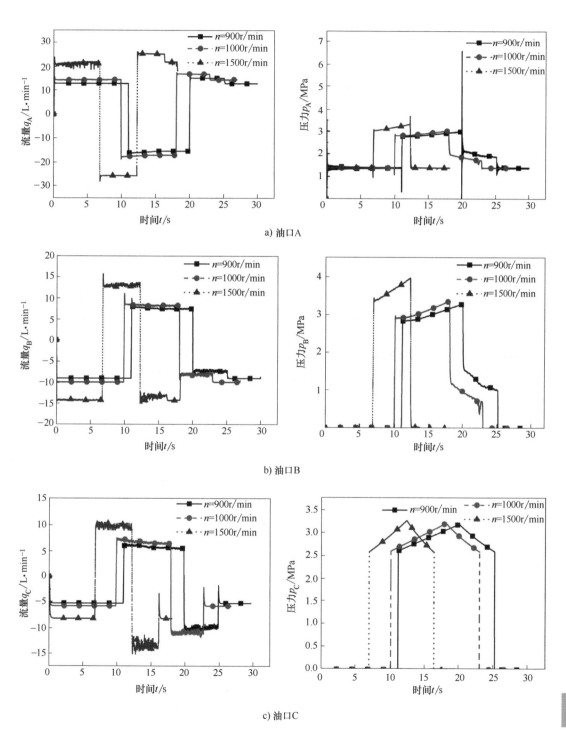

a) 油口A

b) 油口B

c) 油口C

图 10-48　不同电动机转速下变排量非对称液压泵油口 A、B、C 的流量、压力曲线

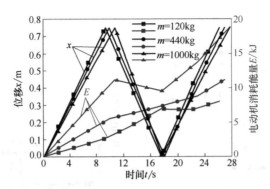

图 10-49 不同负载质量下液压缸活塞杆位移和电动机消耗能量

思考题

10-1 什么是非对称泵控单出杆液压缸系统？该系统的优点是什么？缺点是什么？

10-2 非对称轴向柱塞泵的配流盘与常规轴向柱塞泵配流盘有什么区别？配流盘是否有其他的结构型式？

10-3 串联型非对称泵控单出杆液压缸系统的优点是什么？缺点是什么？

10-4 并联型非对称泵控单出杆液压缸系统的优点是什么？缺点是什么？

泵控液压缸系统典型应用

第 11 章　泵控单出杆液压缸系统典型应用

随着工业技术的发展，特别是在以液压油为能量传导介质的液压工业领域中，人们对液压执行器的能量效率、智能化控制程度、功率密度、可靠性和紧凑性等方面的要求越来越高。传统的阀控液压缸驱动系统已逐渐无法满足现有大功率、大惯性和重载等工况下的生产要求。具有液压回路简单、驱动紧凑灵活、控制便捷和能量效率高等优点的闭式泵控单出杆液压缸系统，被广泛应用于工业制造、大型移动机械、起重机械和机械手等领域。

11.1　工业装备

11.1.1　注塑机

注塑机是集机、电、液为一体的多执行器工业自动化机械。其工作原理为借助螺杆（或柱塞）的推力，将已塑化好的熔融状态（即黏流态）的塑料以高压、高速注入闭合的模具型腔中，经冷却、固化定型后取得与模具型腔形状几乎一致的塑料制品。传统的电液控制注塑机工作原理及工艺流程如图 11-1 所示，由动力源驱动液压控制系统，进而控制锁模液压缸、顶出液压缸、座移液压缸、注射液压缸和落料马达依次完成锁模、机架前移、注射、保压、塑化和冷却、机架后退、开模、顶出制品等工艺流程。传统注塑机采用定量泵和压力（流量）比例阀结合的电液控制技术，工作过程始终存在与流量有关的能量损失，特别是保压、冷却部分在负载工况下，会产生较大的能量损耗。

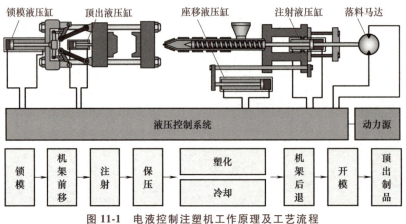

图 11-1　电液控制注塑机工作原理及工艺流程

为了提高系统动态响应、改善低速特性、提高控制精度，用交流伺服电动机替代普通异步电动机，通过交流伺服电动机改变液压泵的转速，进而控制液压泵的流量、压力，用单伺服电动机和液压泵组成的动力源控制注塑机中各液压缸的运动。新的机-电-液复合控制技术成本低，无须辅助油源，控制回路简单，而且在部分负载工况下效率高，噪声低，空载损耗趋于零，这些技术优势为注塑机的节能和高效控制开辟了新的途径。

图 11-2 所示是德国 Demag 公司的机-电-液复合控制注塑机原理，锁模与注射系统采用了变转速泵控双出杆液压缸技术。整机采用 3 台伺服电动机和一台高响应的比例泵闭环控制注塑机的所有动作。采用伺服电动机直接控制塑化工艺虽能极大地降低注塑机的能耗，但伺服电动机数量多，导致系统技术复杂，成本高。

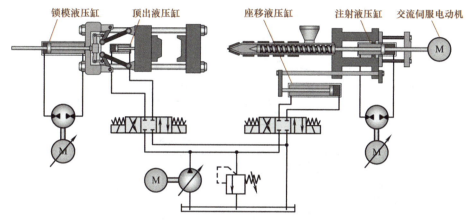

图 11-2　德国 Demag 公司的机-电-液复合控制注塑机工作原理

德国德累斯顿工业大学 HELDUSER S 和太原理工大学权龙提出的注塑机变转速泵控液压缸系统原理如图 11-3 所示。系统由液压泵 1 和液压泵 2 组成动力源，实际回路中，通过增设电控二位换向阀，切换各执行机构的动作，进而完成注塑机全部工艺流程。开模和锁模的控制回路是最典型的泵控单出杆液压缸系统；保压回路只用一个液压泵来控制，另一台液压泵向蓄能器充压；塑化回路由两台液压泵并联驱动液压马达，顶出回路利用比例换向阀和蓄能器来控制和驱动顶出液压缸。

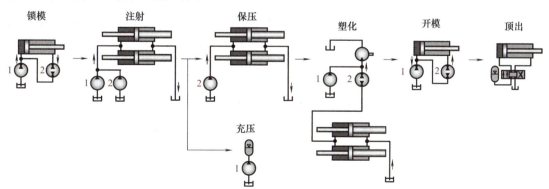

图 11-3　注塑机变转速泵控液压缸系统原理

测试结果表明，工作循环中的能量主要消耗在塑化、注射、开模、锁模过程，冷却、机架前移和顶出制品过程消耗的能量占比非常小。与采用电液控制的同样功率等级的注塑机、压制同一产品所消耗的能量对比，采用变速泵的注塑机在开模、锁模过程的能量消耗有所增加，而在其他工作过程的能量消耗均有较大幅度的减少，整机的能量利用率达到 52%。

图 11-4 所示为注塑机锁模机构的双变转速泵控单出杆液压缸系统原理。该系统采用腔压控制，使锁模液压缸活塞杆向两个方向运动时都具有较低的背压。当液压缸活塞杆伸出时，液压泵 1 用作位置控制回路的调节环节，变速泵 2 用作压力控制回路的调节环节，控制容腔 B 排出流量，在容腔 B 产生恒定的压力，使液压缸活塞杆能够双向运动，在超越负载的工况下正常工作。当液压缸活塞杆缩回时，液压泵 2 用作位置控制回路的调节环节，液压泵 1 则用作压力控制回路的调节环节，二者之间的转换根据给定控制信号的正负通过数字控制器自动进行。

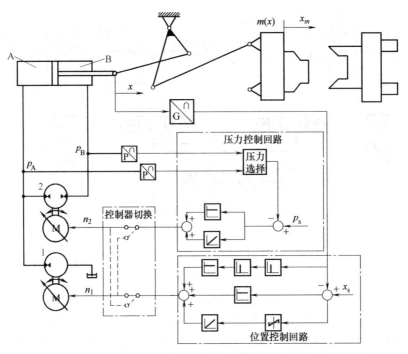

图 11-4　注塑机锁模机构的双变转速泵控单出杆液压缸系统原理

图 11-5 所示为压力控制回路设定值为 3.5MPa 的情况下，仿真与试验获得的控制锁模机构一个工作循环过程的运动特性及与采用总压力控制原理的能量消耗特性对比。试验证明，对于注塑机的锁模机构，采用腔压控制原理可获得与总压力控制原理相同的运动特性，完成 1 次开、锁模只需约 1.4s，液压缸的最大速度达到 0.65m/s。对照总压力控制结果，采用腔压控制原理时，虽然系统消耗的机械能减少许多，但电动机消耗的能量降低并不明显，由原来的 22kW·s 减少为 20kW·s。部分原因就是过高的背压产生制动能耗。

11.1.2　压力机

模锻压力机广泛用于汽车、火车、船舶、航空、矿山机械、五金工具等零件的压力加工，是现代锻造常用设备。传统模锻压力机的模具缓冲液压缸通常由伺服阀控制运行，由集中动力源的液压泵提供油液，能量损失较大。穆格公司与德累斯顿大学的研究人员将泵控单

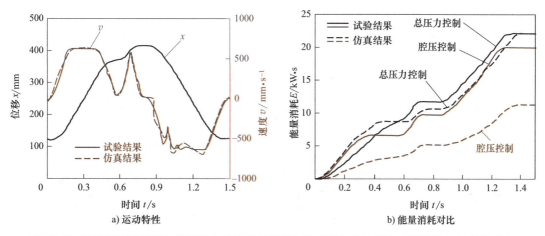

a) 运动特性　　　　　　　　　　b) 能量消耗对比

图 11-5　采用腔压控制原理锁模机构的运动特性及与采用总压力控制原理的能量消耗特性对比

出杆液压缸系统应用于模锻压力机，如图 11-6 所示。四个模具缓冲液压缸分别由伺服电机驱动的定排量径向柱塞泵直接驱动，模具缓冲液压缸的有杆腔及液压泵的一个油口与蓄能器连通，以防止模具缓冲液压缸有杆腔出现吸空现象。伺服电机在锻压过程可处于发电状态，发电能量可通过电动机伺服驱动器反馈到压力机主液压缸，实现能量的回收利用。

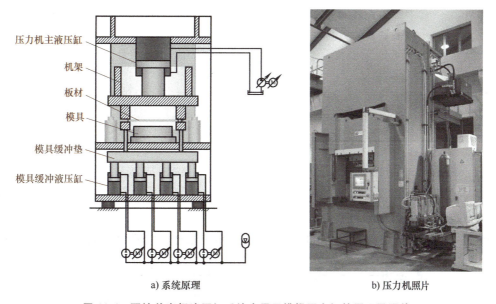

a) 系统原理　　　　　　　　b) 压力机照片

图 11-6　泵控单出杆液压缸系统应用于模锻压力机的原理及照片

根据实际测试，模锻压力机在整个运行周期内，采用泵控单出杆液压缸系统可减少 30% 的电能消耗，同时保证模锻压力机的动态性能与压力控制性能。另外，减少的节流损失可降低油液温升，因此可以大幅度减少油液冷却系统的能耗。

11.1.3　球磨机

锂电池球磨机在回转的圆筒中装入磨球，利用物料和磨球互相摩擦的原理对物料进行研磨，是锂电池生产中非常重要的设备。其应用能够有效提高正极材料的比表面积和反应速率，从而提高锂电池的性能和使用寿命。图 11-7 所示为变转速泵控单出杆液压缸系统应用于锂电池球磨机的系统原理及照片。在球磨机中，变转速泵控单出杆液压缸系统的能量效率可达 55% 以上，液压缸定位误差为 0.002mm。

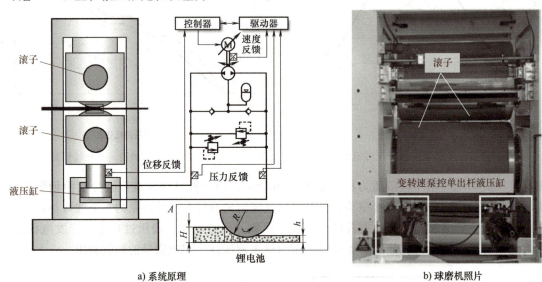

a) 系统原理　　　　　　　　　　　　　　　　b) 球磨机照片

图 11-7　变转速泵控单出杆液压缸系统应用于锂电池球磨机的系统原理及照片

11.2　非道路移动装备

11.2.1　装载机

1. 泵控单出杆液压缸转向系统

图 11-8 所示为装载机泵控单出杆液压缸转向系统原理，主要包括电控方向盘、伺服电

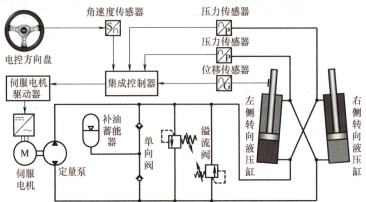

图 11-8　装载机泵控单出杆液压缸转向系统原理

机、补油蓄能器、集成控制器、伺服电机驱动器、定量泵、位移传感器和压力传感器等。装载机转向系统的两个单出杆液压缸的缸体和活塞杆分别与前、后车架相连，置于铰接点两侧，通过两个单出杆液压缸推动前、后车架绕铰接点旋转完成转向动作。在转向过程中，一侧单出杆液压缸的无杆腔和另一侧单出杆液压缸的有杆腔进油，由于两个单出杆液压缸完全相同，因此系统中液压泵的进、出口流量相同，实现了泵控单出杆液压缸系统的进、出流量平衡。此外，为提高转向系统的控制精度和转向效率，可以在泵控单出杆液压缸转向系统中采用电控方向盘代替原有转向阀和机液耦合式方向盘，通过电控方向盘的转向角度与角速度控制伺服电机的转角与转速，从而使液压泵输出转向液压缸所需的流量。

在泵控单出杆液压缸系统的工作过程中，电控方向盘将自身的转角通过信号输出反馈给集成控制器，根据设计的控制策略和预设的方向盘转角与转向液压缸的对应关系对该信号进行计算，得到伺服电机控制信号，并将该信号输入伺服电机驱动器中。通过控制伺服电机转速控制液压泵的输出流量，从而驱动单出杆液压缸活塞杆伸出，通过控制液压泵输出流量的大小和供给时间，控制单出杆液压缸活塞杆的伸出速度和位移，使液压缸推动装载机前车架绕铰接点按一定速度旋转一定角度，实现通过方向盘控制装载机的转向角度。补油蓄能器用于补充转向系统的油液泄漏，如定量泵的泄漏、液压缸的泄漏等，保证转向系统供油充足。

图 11-9 所示为传统阀控转向系统特性曲线。图 11-9a 所示为液压缸位移与系统压力曲线，转向过程中液压泵到液压缸的压力损失可达 1.9MPa，且在转向静止阶段，液压系统存在 12.8MPa 的溢流损失。图 11-9b 所示为阀控转向系统转向过程的能耗曲线，阀控转向系统峰值功率为 2.6kW，能耗为 9.2kJ。

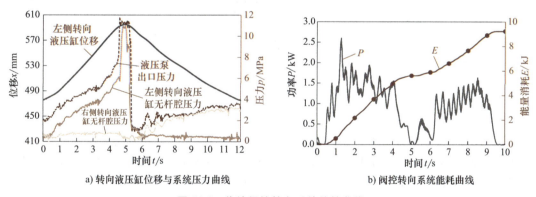

a) 转向液压缸位移与系统压力曲线   b) 阀控转向系统能耗曲线

图 11-9 传统阀控转向系统特性曲线

图 11-10 所示为泵控单出杆液压缸转向系统特性曲线。完成相同的转向工况，泵控单出杆液压缸转向系统中伺服电机的峰值功率仅为 1.3kW，整个转向过程伺服电机仅需要消耗 6.3kJ 能量。按液压泵效率为 80% 考虑，相同转向工况中，闭式泵控系统的液压泵峰值功率为 1kW，能耗为 5kJ，相较于原有阀控转向系统，峰值功率降低 62%，能量消耗降低 46%。

2. 非对称泵控单出杆液压缸工作装置系统

图 11-11 所示为装载机非对称泵控单出杆液压缸转向、举升和转斗系统原理。驾驶员通过转动方向盘或操控手柄，将控制信号输入控制系统中，控制系统则根据设定的控制程序分别对转向伺服电机、举升伺服电机和转斗伺服电机进行控制，实现装载机转向、铲料、举升和卸料作业。

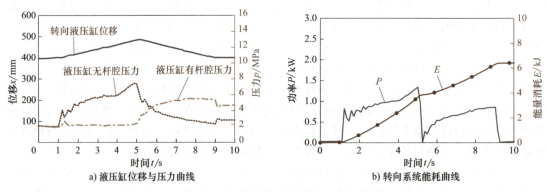

a) 液压缸位移与压力曲线　　b) 转向系统能耗曲线

图 11-10　泵控单出杆液压缸转向系统特性曲线

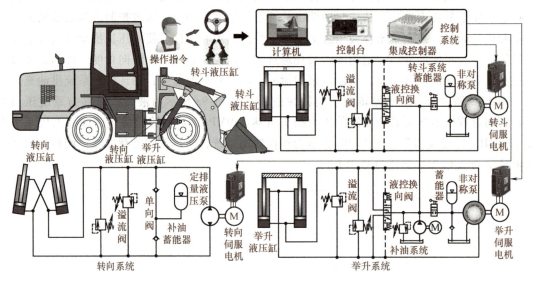

图 11-11　装载机非对称泵控单出杆液压缸转向、举升和转斗系统原理

　　采用不同系统的装载机举升系统的能耗对比见表 11-1。单出杆液压缸活塞杆运行速度 $v=50\text{mm/s}$ 时，阀控系统的液压泵输出能量为 45.6kJ，泵控单出杆液压缸举升系统的液压泵输出能量为 29.6kJ，相较阀控系统可节约能量 35%。单出杆液压缸活塞杆运行速度 $v=100\text{mm/s}$ 时，阀控系统的液压泵输出能量为 74.2kJ，泵控单出杆液压缸举升系统的液压泵输出能量为 39.2kJ，相较阀控系统可节约能量 47%。

表 11-1　采用不同系统的装载机举升系统的能耗对比

工况	泵控单出杆液压缸系统/kJ	阀控系统/kJ	节能（%）
$v=50\text{mm/s}$	29.6	45.6	35
$v=100\text{mm/s}$	39.2	74.2	47

3. 泵控集成储能腔液压缸举升系统

　　图 11-12 所示为泵控集成储能腔液压缸举升系统原理。该系统主要由动臂、集成液压缸、定量泵、蓄能器、液控单向阀、伺服电机、伺服电机驱动器、压力传感器、位移传感器和集成控制器等组成。集成储能腔液压缸的柱塞腔和有杆腔分别与定量泵的进、出油口直接

相连，构成闭式容积控制回路，柱塞腔与有杆腔有效作用面积比为 1∶1，集成储能腔液压缸进、出油口流量相等，系统只需要采用小功率补油系统即可实现定量泵、集成储能腔液压缸等元件的泄漏补偿。伺服电机直接驱动定量泵，通过控制伺服电机的转速来控制液压泵的输出流量，实时匹配定量泵供给流量与集成储能腔液压缸需求流量。

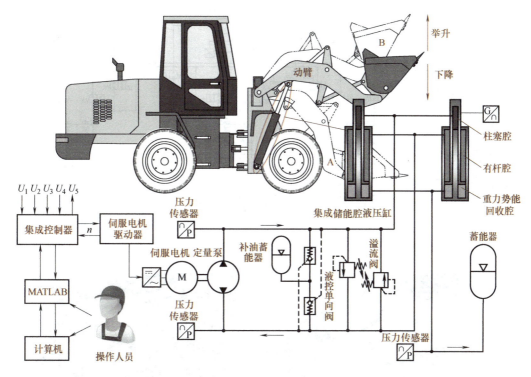

图 11-12　泵控集成储能腔液压缸举升系统原理

为高效回收、利用举升系统在举升工况中积累的重力势能，减少下降过程中节流口产生的能量损失，将集成储能腔液压缸重力势能回收腔直接与蓄能器相连。当举升系统下降时，重力势能回收腔内油液充入蓄能器，由于重力势能直接转换为液压能，此过程没有其他能量转换元件参与，故能量转换效率和回收效率较高；当举升系统上升时，蓄能器中的油液通过重力势能回收腔与柱塞腔共同驱动举升系统上升，从而直接利用存储在蓄能器中的重力势能，并进一步降低系统动力单元的能耗与装机功率；在举升系统处于静止状态时，重力势能回收腔与蓄能器直接相连，还可通过调控蓄能器的油液压力平衡举升系统的自重。

11.2.2　挖掘机

1. 单泵控单出杆液压缸系统应用

图 11-13 所示为混合动力挖掘机单变量泵控系统原理及样机照片，由普渡大学的 Monika 教授团队研发。混合动力挖掘机中，发动机同时驱动 4 个变量泵，通过切换开关阀组状态，每个液压执行器均可由单泵控系统进行驱动。发动机同时与一个液压泵/马达连接，液压泵/马达与蓄能器连接，以转矩耦合形式对挖掘机整机动能和势能进行回收、利用。与负载敏感

215

系统控制的挖掘机相比，该系统消除了节流损失，并可高效回收、利用动能和势能，燃油消耗可降低 50%。

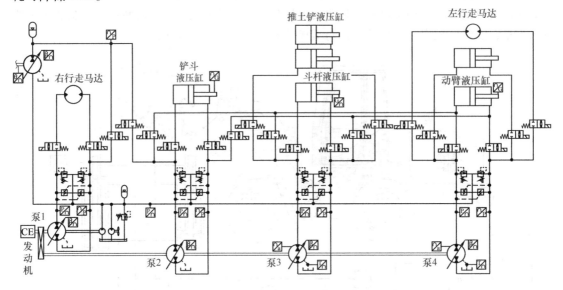

a) 系统原理

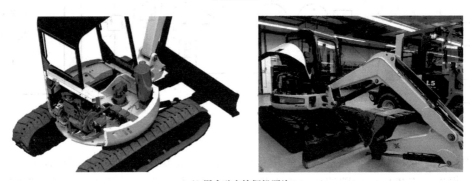

b) 混合动力挖掘机照片

图 11-13 混合动力挖掘机单变量泵控系统原理及样机照片

图 11-14 所示为单变转速泵控单出杆液压缸系统应用于挖掘机动臂、斗杆和铲斗的原理。每个泵控系统包括液压缸、溢流阀、液控单向阀、双向定量泵、伺服电机、变频器、电源与控制器等。其中，控制器用于接收通过驾驶室输入的控制各个液压执行元件速度的信号，并计算出各个液压执行元件的控制信号，再传输到变频器，变频器控制驱动液压泵的伺服电机的转速大小和转向，进而控制与其连接的双向定量泵输出的流量、压力和方向，从而对各个液压执行元件的速度、位移和方向进行控制。利用两个液控单向阀解决单出杆液压缸容积控制过程中出现的流量不平衡问题，以及系统的泄漏和补油问题，以防止出现气穴现象和空气渗入系统的现象。相比传统挖掘机的阀控液压系统，尽管伺服电机泵控系统中定量泵的效率与阀控变量泵相当，但由于避免了节流损失和溢流损失且管路大幅度缩短，因此液压系统效率可达 90% 左右，系统最终能量利用率可达 64%。

2. 非对称泵控单出杆液压缸系统应用

图 11-15 所示为混合动力挖掘机非对称泵控单出杆液压缸系统原理。动臂、斗杆和铲斗

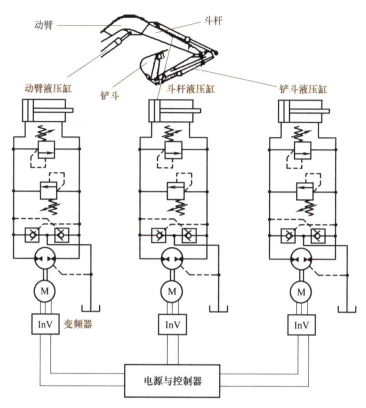

图 11-14　单变转速泵控单出杆液压缸系统应用于挖掘机动臂、斗杆和铲斗的原理

液压缸分别采用变排量非对称泵 3、4、5 控制，回转马达采用双向变量泵 2 控制。为了使动力源尽量工作在高效区，并回收和利用工作装置的动能和势能，系统引入了一个双向变排量泵 1 和蓄能器作为辅助动力源。

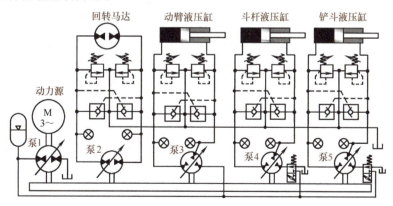

图 11-15　混合动力挖掘机非对称泵控单出杆液压缸系统原理

以动臂单独工作为例，操作员未操作手柄时，电动机转速为 0，泵 2、3、4、5 均工作在零排量处；当给出动臂举升控制信号时，变排量非对称泵 3 向动臂液压缸无杆腔供高压油，并从蓄能器和动臂液压缸有杆腔吸油；当给出动臂下放控制信号时，变排量非对称泵从动臂液压缸无杆腔吸油，并向动臂液压缸有杆腔和蓄能器排油，此时工作装置的动能和势能转换为变排量非对称泵 3 的机械能，该部分机械能通过双向变量泵 1 和变排量非对称泵 3 转换为液压能存储到蓄能器中。在整个工作过程中，双向变量泵1工作按控制策略工作在某位置，给蓄能器充液，保证电动机工作在其高效区。

图11-16所示为挖掘机整机作业过程各执行器位移与挖掘阻力曲线。在整个挖掘循环中，0.7~4.4s阶段对应斗杆和铲斗复合挖掘工况，挖掘过程中，挖掘阻力先增大后减小；4.8~7.3s阶段对应动臂举升和回转马达复合动作工况；7.3~10.9s阶段对应斗杆和铲斗液压缸活塞杆缩回工况，铲斗将挖掘的土料卸载到指定位置；11.6~14.0s阶段对应动臂下降和回转马达复合动作工况。

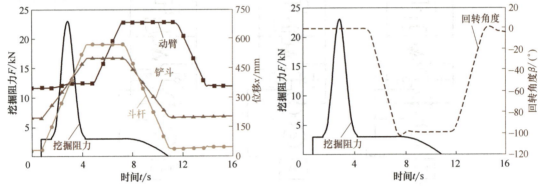

图11-16 挖掘机整机作业过程各执行器位移与挖掘阻力曲线

图11-17所示为挖掘循环中执行器、动力源和蓄能器的功率和能量曲线。如图11-17a所示，在斗杆和铲斗复合挖掘过程中，需要输入的最大功率约为26.8kW，此时蓄能器内液压能通过液压泵辅助动力源驱动挖掘机。动臂举升和回转马达复合动作工况需要的最大功率约为18.2kW，蓄能器继续释放液压能。斗杆和铲斗液压缸活塞杆缩回工况的最大功率约为4.4kW，液压泵将动力源输出的部分功率转化为液压能存储到蓄能器。动臂下降和回转马达复合动作工况下，工作装置重力势能转换为变排量非对称泵的机械能辅助驱动回转机构，而且动力源输出的能量和变排量非对称泵的机械能通过液压泵转化为液压能存储在蓄能器中。如图11-17b所示，在整个挖掘循环中，动力源输入的能量约为79.9kJ，蓄能器内液压能共减少4.8kJ，因此对整个挖掘机而言，共消耗能量约为84.7kJ。根据实际测试，负载敏感系统一次挖掘循环的液压泵输出能量平均达257.6kJ，因此与负载敏感系统相比，本系统节能比例高达67.1%。

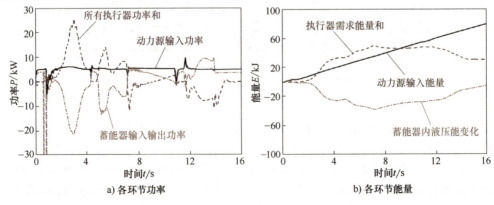

a) 各环节功率　　　　　　　　b) 各环节能量

图11-17 挖掘循环中执行器、动力源和蓄能器的功率和能量曲线

11.3　其他应用领域

1. 机器人

近年来，救援机器人、外骨骼机器人和腿部机器人等类型的机器人应用受到了越来越多的关注，人们希望机器人能替代人类完成危险任务，或者与人类一起完成复杂、危险的任务。机器人技术及其应用已经发展到一个很高的水平，人们将精确、繁重、危险的常规和非常规工作分配给机器人，进一步推动了包括机器人技术在内的科学和工程的发展。

在应用中，机器人应对意外或未知环境的能力非常重要，且为了以最大的效率执行指定的任务，机器人应用应该具有以下特征：齐全的功能设计、优化的控制单元和足够的动力驱动单元。其中，在大多数机器人应用中，电动机驱动机械执行器的方式由于具有良好的控制性能而常被采用。但是，机械传动装置可能受到意外的高冲击而降低稳健性（即执行器的耐久性），而且电动机驱动机械执行器无法实现高功重比，因此其在某些应用中可能不是最佳解决方案。例如，早稻田大学研究小组提出的双足仿人机器人如图 11-18 所示，这个双足仿人机器人可以用骨盆模型执行伸膝、屈膝运动。现有仿人机器人的缺点是每个关节都必须安装一个电动机和变速器，每条腿的根部，即髋关节，都需要一个大功率电动机，这会导致腿部变得非常沉重。随着腿部输出功率的增加，这一缺点变得尤为突出。

图 11-18　双足仿人机器人

目前，国际上一直在研发不仅能行走，还能跳跃和奔跑的机器人，这种机器人需要大功率执行器用于执行相关动作。然而，由于空间的限制，大功率电动机很难安装在仿人机器人上。液压系统具有高的功重比，因此许多研究使用液压系统驱动腿部关节。采用液压系统还可以进一步改进设备的布局。然而，传统的伺服液压驱动系统需要一个大而重的集中式动力单元，这会降低机器人的机动性，因此对一些现场机器人来说是非常不合适的。

随着泵控液压缸技术的出现、发展及其优势的突出，许多研究提出将泵控液压缸技术应用于机器人。加利福尼亚大学首次提出了将泵控液压缸技术应用于机器人系统的思想，引入了泵控驱动系统的概念。随后众多研究针对机器人泵控液压缸驱动技术开发了各种各样的应用方式，并显示出泵控液压缸确实有潜力成为机器人应用中的执行器。泵控液压缸装置的设计适用于需要更小尺寸和高功重比的应用（如手和腿的假体、外骨骼等），旨在尽可能实现最佳的任务性能，以及使用传统执行器难以实现的一些性能。

为降低机器人传统阀控液压系统能耗，早稻田大学针对机器人关节提出了一种如图 11-19 所示的基于泵控液压缸进口流量、阀控液压缸出口流量的泵控液压缸系统。系统选用定量泵，因为它比变量泵具有更好的容积效率。此外，定量泵不需要排量控制单元，因此体积小，安装方便。定量泵的流量可以通过调节转速来控制，定量泵与伺服电动机连接起来，通过调节电动机的转速来控制流量。采用基于定量泵输出流量控制单出杆液压缸活塞杆速度的原理来优化需求轨迹。该系统可独立驱动每个关节轴。控制阀 1 仅用于控制单出杆液压缸的工作方向，而不对单出杆液压缸活塞杆速度进行节流控制，故能量损失很小。控制阀2用于对单出杆液压缸出口流量进行调控，防止单出杆液压缸在超越负载作用下发生失控现象。溢流阀与定量泵出口连接，用于通过设定释放压力，对定量泵进行安全保护。

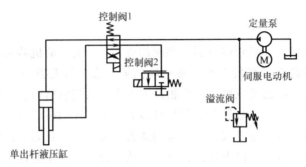

图 11-19 基于泵控液压缸进口流量、阀控液压缸出口流量的泵控液压缸系统

泵控直驱液压缸系统能够在行走运动的载荷作用下很好地跟踪机器人行走需求轨迹，系统具有良好的位置跟踪能力。此外，研究表明，与常规阀控系统相比，在泵控液压缸系统中，电动机输出功率可降低 64.9%。这些研究结果证明了在不使用高响应伺服阀的情况下，通过泵控液压缸系统构建双足仿人机器人是可行的，且节能效果显著。

英国巴斯大学提出一种使用泵控液压缸的紧凑型踝关节假肢，该假肢能够快速平稳地在被动和主动模式之间切换。这种踝关节假肢中的泵控液压缸可以在一定时间内被激活以辅助行走，在其余步态中，踝关节假肢驱动系统可以在具有一定可控阻尼的情况下被动工作，扩大了工作时间范围，保证了电池充电后的安全被动修复功能。此外，该踝关节假肢采用了一种新的基于足部应变计信号的触发方法，取代了以往基于踝关节角度的触发方法。

在这种新型泵控踝关节假肢中，动力源装置与踝关节相连，电池和控制器放在配套的背包中。采用 100W 无刷直流电动机驱动排量为 0.45mL/r 的齿轮泵。踝关节假肢泵控液压缸液压回路如图 11-20 所示。电动机与齿轮泵集成为电机泵单元，齿轮泵进、出油口与液压缸两腔直接连通构成闭式泵控回路，换

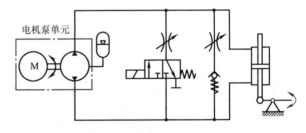

图 11-20 踝关节假肢泵控液压缸液压回路

向阀与节流阀构成被动阻尼系统。在这个紧凑型电机泵单元中，电动机在平均压力约为 6MPa 的液压油中运行。拆下齿轮泵轴密封后，电机腔中的加压液体通过齿轮泵的泄漏通道回流到闭式回路中，以补偿闭式回路中的油量变化。除了电气连接，电动机还能够承受内部压力（它有一个焊接的钢壳）。一个带有 O 形圈的端盖用于密封电动机的端部，端盖顶部连接一条动力软管，以增加电动机腔的容量。

采用集成式泵控液压缸技术，整个腿部质量仅为 2kg，踝关节驱动执行器是一个踝关节液压缸，假肢小腿与踝关节驱动通过一个法兰连接，可通过调整法兰上的螺钉来调整安装角度，以获得令人舒适的背驱旋转范围和足底弯曲旋转范围。齿轮泵的输出端口连接两个压力传感器以监测回路中的压力，磁性的电感位移传感器安装在踝关节液压缸体上，目标磁铁粘在脚架上。踝关节的角度位置可以通过测量位移传感器与其磁铁目标之间的距离来获得。

2. 500 米口径球面射电望远镜（FAST）

作为世界上最大的单口径望远镜，FAST 由馈源仓、圈梁、索网、反射面板和液压缸促动器组成。索网上铺设反射板组成反射面，由 2225 台液压缸促动器分别拉动 2225 根下拉索，拟合 500m 口径的瞬时抛物反射面形状进行天文观测。液压缸促动器的输出力、行程、速度、运动曲线等各不相同。促动器内的计算机接收总控室的指令，操控各促动器协调一致、统一动作，实现同步变位。FAST 泵控液压缸促动器由天津优瑞纳斯智能装备有限公司开发，系统原理如图 11-21 所示。图 11-22 所示为该促动器的产品实物图。步进电动机、双向定量泵与液压缸位移传感器组成容积闭环控制回路，双向定量泵在步进电动机驱动下通过调节输出流量直接控制液压缸运动，无阀控节流损失。

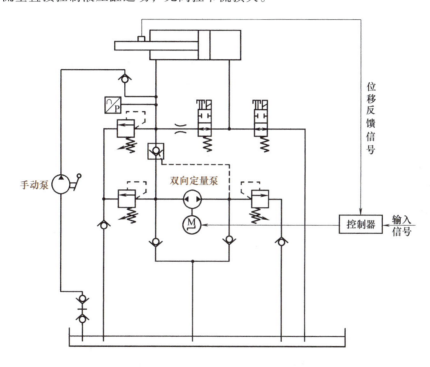

图 11-21　FAST 泵控液压缸促动器系统原理

图 11-22　FAST 泵控液压缸促动器产品

图 11-23 所示为派克汉尼汾公司为游艇设计的集成式泵控液压缸产品，用于各种工况下游艇桨叶的位置保持和运动。

图 11-24 所示为派克汉尼汾公司专为集装箱吊具设计的 GA2GM-1104 型号的泵控液压缸产品，用于驱动吊具的导板装置。图 11-25 所示为派克汉尼汾公司为无人搬运车设计的直线式泵控液压缸产品，型号为 ABD3GC-1207，水平安装，通过剪叉结构举升和降落物料平台。

图 11-23　集成式泵控液压缸技术产品用于游艇

图 11-26 所示是派克汉尼汾公司专为托盘车设计的泵控液压缸产品，用于驱动托盘的升降。图 11-27 所示是博世力士乐公司用于折弯机的泵控液压缸产品。图 11-28 所示为穆格公司用于环形轧制机的泵控液压缸产品，西马克集团与穆格公司合作开发的新型泵控环形轧制机具有极高的轧制力和极小的功耗，发展潜力巨大。

图 11-24　泵控液压缸技术产品用于集装箱吊具

图 11-25　泵控液压缸技术产品用于无人搬运车

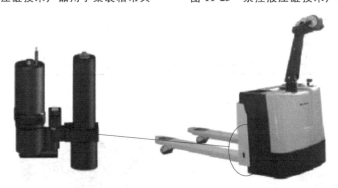

图 11-26　泵控液压缸技术产品用于托盘车

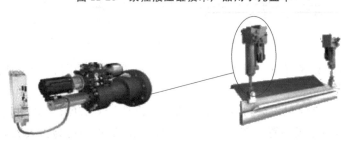

图 11-27　泵控液压缸技术产品用于折弯机

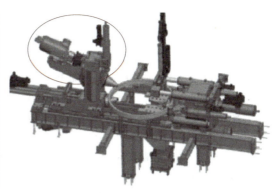

图 11-28　泵控液压缸技术产品用于环形轧制机

风力发电机的变桨机构用于控制叶片相对于旋转平面的位置角度，变桨机构使风力发电机在低风速时即可获得电能，在风速大于额定风速时可获得固定大小的风能。控制桨距角的方法不止一种，各种方法都需要对叶片桨距角进行控制的机制。控制算法可持续监测风速和发电机输出力，调节叶片的桨距角。当风速高于额定风速时，叶片桨距角大幅度增加来改变攻角、诱导失速。穆格公司针对风力发电机变桨机构开发了专用的变转速泵控单出杆液压缸系统，并将其集成于一体。图 11-29 所示为变转速泵控单出杆液压缸系统产品及其在变桨装置中的安装示意图。

图 11-29　风力发电机的变转速泵控单出杆液压缸系统产品及其在变桨装置中的安装示意图

此外，泵控液压缸技术产品还可应用于导弹起竖驱动、雷达角度调节驱动、模拟平台、压力机和举升设备等众多领域，未来潜力十分巨大。

思考题

11-1　泵控液压缸系统在非道路移动装备领域应用最主要的优势是什么？

11-2　泵控液压缸系统可应用于哪些工业装备？

11-3　泵控液压缸系统还可应用于哪些装备领域？

参 考 文 献

[1] ACHTEN P A J, SCHELLEKENS M P A, MURRENHOFF H, et al. Efficiency and low speed behavior of the floating cup pump [J]. SAE transactions, 2004 (113): 366-376.

[2] 张晓刚, 权龙, 杨阳, 等. 并联型三配流窗口轴向柱塞泵特性理论分析及试验研究 [J]. 机械工程学报, 2011, 47 (14): 151-157.

[3] 黄立培. 电动机控制 [M]. 北京: 清华大学出版社, 2003.

[4] 孙振川. 异步电动机直接转矩控制理论和技术的研究 [D]. 济南: 山东大学, 2008.

[5] 刘彬. 电驱动小型液压挖掘机功率匹配及能效特性研究 [D]. 太原: 太原理工大学, 2016.

[6] 权龙, HELDUSER S. 基于可调速电动机的高动态节能型电液动力源 [J]. 中国机械工程, 2003, 14 (7): 606-609.

[7] GE L, QUAN L, ZHANG X, et al. Power matching and energy efficiency improvement of hydraulic excavator driven with speed and displacement variable power source [J]. Chinese journal of mechanical engineering, 2019, 32 (6): 1-12.

[8] 葛磊, 杨飞, 权龙, 等. 基于转矩控制的定排量恒压电液动力源运行特性 [J]. 机械工程学报, 2022, 58 (20): 453-460.

[9] GE L, QUAN L, ZHANG X, et al. Efficiency improvement and evaluation of electric hydraulic excavator with speed and displacement variable pump [J]. Energy conversion and management, 2017, 150: 62-71.

[10] 闫政. 低能耗电液动力源动静态特性分析及其试验研究 [D]. 太原: 太原理工大学, 2017.

[11] 王成宾, 权龙. 排量、转速复合泵控差动缸系统特性研究 [J]. 农业机械学报, 2017, 48 (8): 405-412.

[12] 范存德. 液压技术手册 [M]. 沈阳: 辽宁科学技术出版社, 2004.

[13] 路甬祥. 液压气动技术手册 [M]. 北京: 机械工业出版社, 2002.

[14] 闻邦椿. 机械设计手册: 第4卷 [M]. 5版. 北京: 机械工业出版社, 2010.

[15] 秦大同, 谢里阳. 现代机械设计手册: 第4卷 [M]. 2版. 北京: 化学工业出版社, 2019.

[16] HEYBROEK K, NORLIN E. Hydraulic multi-chamber cylinders in construction machinery [C] // Hydraulikdagarna, Linköping, Sweden, 16-17 March. [S.L.: s. n.], 2015: 1-8.

[17] 权龙. 泵控缸电液技术研究现状、存在问题及创新解决方案 [J]. 机械工程学报, 2008, 44 (11): 87-92.

[18] 郝云晓, 夏连鹏, 权龙, 等. 闭式泵控液气储能重载举升机构特性研究 [J]. 机械工程学报, 2019, 55 (16): 213-219.

[19] 付永领, 韩旭, 杨荣荣, 等. 电动静液作动器设计方法综述 [J]. 北京航空航天大学学报, 2017, 43 (10): 1939-1952.

[20] 关莉, 廉晚祥. 飞机飞控作动系统电静液作动技术研究综述 [J]. 测控技术, 2022, 41 (5): 1-11.

[21] 王子蒙, 焦宗夏, 李兴鲁. 直线驱动电静液作动器的匹配设计规则 [J]. 北京航空航天大学学报, 2018, 44 (5): 1037-1047.

[22] HEYBROEK K, SAHLMAN M. A hydraulic hybrid excavator based on multi-chamber cylinders and secondary control-design and experimental validation [J]. International journal of fluid power, 2018, 19 (2): 91-105.

[23] 王春行. 液压控制系统 [M]. 北京: 机械工业出版社, 2011.

［24］ EGGERS B，RAHMFELD R，IVANTYSYNOVA M. An energetic comparison between valveless and valve controlled active vibration damping for off-road vehicles ［C］//Proceedings of the JFPS International Symposium on Fluid Power，Japan，7-10 November.［S. L.：s. n.］，2005，6：275-283.

［25］ ORPE M U，IVANTYSYNOVA M. Advanced hydraulic systems for active vibration damping and forklift function to improve operator comfort and machine productivity of next generation of skid steer loaders ［J］. SAE Technical Paper，2006：1-17.

［26］ SCHNEIDER M，KOCH O，WEBER J. Green wheel loader-improving fuel economy through energy efficient drive and control concepts ［C］//10th International Fluid Power Conference，Dresden German，8-10 March，2016，1：63-77.

［27］ RAHMFELD R，IVANTYSYNOVA M. Energy saving hydraulic actuators for mobile machines ［C］// Proceedings of 1st Bratislavian fluid power symposium，Castá-Píla，Slovakia.［S. L.：s. n.］，1998：47-57.

［28］ RAHMFELD R. Development and control of energy saving hydraulic servo drives for mobile machine ［D］. Hamburg：Hamburg University of Technology，2002.

［29］ HIPPALGAONKAR R，IVANTYSYNOVA M. Optimal power management of hydraulic hybrid mobile machines—Part Ⅰ：Theoretical studies，modeling and simulation ［J］. Journal of dynamic systems measurement and control，2016，138（5）：051002，1-23.

［30］ HIPPALGAONKAR R，IVANTYSYNOVA M. Optimal power management of hydraulic hybrid mobile machines—Part Ⅱ：Machine implementation and measurements ［J］. Journal of dynamic systems measurement and control，2016，138（5）：051003，1-12.

［31］ KETELSEN S，PADOVANI D，ANDERSEN T O，et al. Classification and review of pump-controlled differential cylinder drives ［J］. Energies，2019，12（7）：1293，1-27.

［32］ MINAV T，SAINIO P，PIETOLA M. Direct-driven hydraulic drive without conventional oil tank ［C］// Bath：Proceedings of the ASME/BATH 2014 Symposium on fluid power and motion control，2014：1-6.

［33］ PEDERSEN H C，SCHMIDT L，ANDERSEN T O，et al. Investigation of new servo drive concept utilizing two fixed displacement units ［C］//The 9th JFPS International Symposium on Fluid Power，Japan，28-31 October，2014：1-9.

［34］ 权龙，NEUBERT T，HELDUSER S. 转速可调泵直接闭环控制差动缸伺服系统静特性 ［J］. 机械工程学报，2002，38（3）：144-148.

［35］ 权龙，廉自生. 应用进出油口独立控制原理改善泵控差动缸系统效率 ［J］. 机械工程学报，2005，41（3）：123-127.

［36］ 权龙，NEUBERT T，HELDUSER S. 转速可调泵直接闭环控制差动缸伺服系统的动特性 ［J］. 机械工程学报，2003，39（2）：13-17.

［37］ 王波，郝云晓，权龙，等. 分腔独立变转速泵控电液伺服系统特性研究 ［J］. 机械工程学报，2020，56（18）：235-243.

［38］ 权龙，李凤兰，田惠琴，等. 变量泵、比例阀和蓄能器复合控制差动缸回路原理及应用 ［J］. 机械工程学报，2006，42（5）：115-119.

［39］ 张晓刚. 三配流窗口轴向柱塞泵配流理论及试验研究 ［D］. 太原：太原理工大学，2011.

［40］ WANG A，LV Z，GAO Y，et al. Potential energy recovery scheme with variable displacement asymmetric axial piston pump ［J］. Proceedings of the institution of mechanical engineers，Part Ⅰ：Journal of systems and control engineering，2019，234（8）：875-887.

［41］ 杨敬，王翔宇，权龙，等. 一种新型的装载机电驱泵控液压转向系统 ［J］. 北京理工大学学报，2020，40（2）：182-188.

［42］ 王翔宇，张红娟，杨敬，等. 非对称泵控装载机动臂特性研究 ［J］. 机械工程学报，2021，57

(12)：258-266，284.

[43] 王翔宇，郝云晓，杨敬，等. 基于三容腔液压缸的装载机举升系统能效特性 [J]. 中南大学学报（自然科学版），2021，52（9）：3194-3203.

[44] 葛磊. 分布式变转速容积驱动液压挖掘机控制原理及其特性研究 [D]. 太原：太原理工大学，2018.